WFT

Werkstoff-Forschung und -Technik
Herausgegeben von B. Ils
Band 3

G. Wranglén

Korrosion und Korrosionsschutz

Grundlagen, Vorgänge, Schutzmaßnahmen, Prüfung

Mit 151 Abbildungen

Deutsche Übersetzung von B. Weh-Langer

Springer-Verlag
Berlin Heidelberg New York Tokyo 1985

Dr. techn. Gösta Wranglén

Professor, Institut für Technische Elektrochemie und Korrosionslehre
Königl. Technische Hochschule Stockholm / Schweden

Dr. rer. nat. Bernhard Ilschner

Professor, Laboratoire de Métallurgie Mécanique
Département des Matériaux
Ecole Polytechnique Fédérale de Lausanne / Schweiz

Dipl.-Ing. Barbara Weh-Langer

Erlangen

Aktualisierte und für den deutschen Sprachraum bearbeitete Übersetzung des englischsprachigen Originalwerks »An Introduction to Corrosion and Protection of Metals«, Institut för Metallskydd, Stockholm 26

CIP-Kurztitelaufnahme der Deutschen Bibliothek:
Wranglén, Gösta:
Korrosion und Korrosionsschutz:
Grundlagen, Vorgänge, Schutzmaßnahmen, Prüfung;
[aktualisierte u. für d. dt. Sprachraum bearb. Übers. d. englischsprachigen Originalwerks] / G. Wranglén.
Dt. Übers. von B. Weh-Langer. - Berlin; Heidelberg; New York; Tokyo: Springer, 1984.
Werkstoff-Forschung und -Technik; Bd. 3)
Einheitssacht.: An introduction to corrosion and protection of metals (dt.)

ISBN-13:978-3-540-13741-2 e-ISBN-13:978-3-642-82360-2
DOI: 10.1007/978-3-642-82360-2

2362/3020-543210

Geleitwort des Herausgebers

Die neue Buchreihe "WFT/Werkstoff-Forschung und -Technik" wendet sich an Ingenieure, die Werkstoffe herstellen, verarbeiten, anwenden und prüfen, an Hüttenleute, Metallkundler, Keramiker, an Maschinen- und Fahrzeugbauer, an Physiker und Chemiker mit dem Arbeitsschwerpunkt "Festkörper" und schließlich an Studierende mit diesen Berufsperspektiven.

"WFT" ist zwar neu, hat aber einen traditionsreichen Vorläufer: die von Werner Köster über mehrere Jahrzehnte hinweg herausgeberisch betreute Reihe "Reine und Angewandte Metallkunde in Einzeldarstellungen". Aus ihr ist 1980 die für den internationalen Buchmarkt bestimmte englischsprachige Reihe "MRE/Materials Research and Engineering" hervorgegangen, die inzwischen neben dem Unterzeichner in Professor N.J. Grant vom Massachusetts Institute of Technology einen amerikanischen Mitherausgeber erhalten hat.

Bald nach dem Erscheinen der ersten Bände wurde aber der Wunsch laut, die Tradition der alten metallkundlichen Reihe des Springer-Verlages auch für denjenigen Leserkreis weiterzuführen, der deutschsprachige Fachliteratur bevorzugt. Dieser Kreis ist zwar zahlenmäßig kleiner als der für englischsprachige Veröffentlichungen, sein Gewicht als Träger großer und fortschrittlicher Entwicklungen auf allen Gebieten der Werkstofftechnik rechtfertigt gleichwohl die Herausgabe der neuen Reihe. So wird "WFT/Werkstoff-Forschung und -Technik" von nun an einschlägige Fachbücher von hohem wissenschaftlichen Niveau für den deutschen Sprachraum bereitstellen.

Die meisten der geplanten Bände werden sich mit den physikalisch-chemischen Grundlagen des Werkstoffverhaltens, laboratoriumsmäßigen Meß- und Prüfverfahren sowie modernen Technologien beschäftigen. Um besonderen Qualitätsansprüchen auch im Hinblick auf die Lesbarkeit gerecht zu werden, kommen in der Regel nur

Abhandlungen "aus einer Hand" in Betracht, also keine Tagungsberichte. Grundlegende Themen mit langfristiger Bedeutung werden sich abwechseln mit solchen, die stärker spezialisiert, aber von hoher Aktualität sind. Metallische, keramische und Verbundwerkstoffe sollen in gleicher Weise Berücksichtigung finden, während Themen, die klar dem Bereich der Hochpolymeren zuzuordnen sind, ihren Platz wie bisher in anderen Reihen des Springer-Verlages haben. Monographien über die Geschichte der Werkstofftechnik, über die Wechselbeziehungen zwischen Werkstoff und Umwelt sowie Werkstoff und Gesellschaft sollen das Themenspektrum abrunden.

Monographische Darstellungen spielen angesichts der gegenwärtigen Überflutung mit Einzelinformationen aus regulären Fachzeitschriften, aus Konferenzberichten und halboffiziellen Mitteilungsblättern eine besonders wichtige Rolle: Sie bieten nicht allein aufgelistetes, sondern geistig verarbeitetes Sachwissen. Sie fassen die wichtigsten Erkenntnisse des jeweils behandelten Themenbereichs aus überlegener Warte zusammen und stellen damit die beste Plattform für weitere wesentliche Schritte dar. Den Autoren, die sich für diese Aufgabe zur Verfügung stellen und die sehr viel Arbeit investieren, gebührt der Dank des Herausgebers. Sie dürfen sich aber auch der Anerkennung durch die Fachwelt - dem Nutznießer dieser Mühe - gewiß sein.

Lausanne, im März 1984 Bernhard Ilschner

Vorwort

Die kurze Darstellung der Korrosionswissenschaft und -technik, wie sie hier gegeben wird, basiert auf einer Vorlesung, die ich über mehr als 20 Jahre vor Studenten der Königlichen Technischen Hochschule Stockholm gehalten habe.

Entsprechend dem einführenden Charakter dieses Buches habe ich von speziellen Zitaten von Originalveröffentlichungen in Zeitschriften Abstand genommen. Die Erfahrung zeigt, daß solche Literaturverzeichnisse, die schnell unüberschaubar werden, in Lehrbüchern nicht gesucht werden. Deshalb sind nur besonders hoch angesehene Monographien und Handbücher aufgenommen. Dagegen wird von Prinzipdarstellungen, Diagrammen und Fotografien ausgiebig Gebrauch gemacht. Fotos, vor allem Makrobilder von Korrosionsschäden, erscheinen mir besonders wichtig, um dem Neuling auf diesem Gebiet das Wesentliche zu demonstrieren.

Für die Bereitstellung von Bildmaterial danke ich zahlreichen Firmen sehr herzlich, die im Bildnachweis im einzelnen aufgeführt sind. Zu Dank verpflichtet bin ich auch meiner Sekretärin, Frau Ingrid Lilja, die das dieser Ausgabe zugrundeliegende Originalmanuskript geschrieben und umgeschrieben hat, sowie mehreren Mitarbeitern, die sich um das Lesen der Korrekturen und andere Aufgaben verdient gemacht haben.

Sehr verbunden bin ich bezüglich dieser deutschsprachigen Ausgabe meines ursprünglich in Englisch verfaßten Buches Herrn Professor Dr. Bernhard Ilschner, Lausanne, für die herausgeberische Betreuung, Frau Dipl.-Ing. Barbara Weh-Langer, Erlangen, für die Übersetzung und Vorbereitung des Sachverzeichnisses, sowie dem Springer-Verlag für das langwierige Projektmanagement und die schöne Ausstattung des Buches. Abschließend sei meinem langjährigen Mitarbeiter, Herrn Dr. Jaak Berendson, jetzt Professor für Technische Elektrochemie und Korrosionslehre an der Königlichen Technischen Hochschule Stockholm, für seine vielseitige Unterstützung bei mannigfachen Arbeiten bestens gedankt.

Stockholm, im Oktober 1984 G. Wranglén

Inhaltsverzeichnis

1 Einleitung

Als Korrosion bezeichnet man die von der Oberfläche ausgehende Beschädigung eines Werkstoffs durch das ihn umgebende Medium. Der Begriff bezieht sich entweder auf den Vorgang selbst oder auf den daraus resultierenden Schaden. Entsprechend dieser allgemeinen Definition können auch andere Werkstoffe als Metalle, wie z.B. Keramik, Kunststoffe oder Beton, korrodieren. Werden keine besonderen Angaben über den Werkstoff gemacht, so handelt es sich gewöhnlich um ein Metall. In diesem Sinn ist der Begriff Korrosion auch im folgenden ausschließlich zu verstehen.

Eine von der Schädigung oder Zerstörung anderer Werkstoffe getrennte Behandlung ist darin begründet, daß diese wegen deren hoher elektrischer Leitfähigkeit normalerweise elektrochemischer Natur ist, während der chemische Angriff von elektrisch nichtleitenden Werkstoffen, wie z.B. von Kunststoffen und Keramik, durch andere physikalisch-chemische Vorgänge hervorgerufen wird.

Der metallischen Korrosion muß heute mehr Bedeutung beigemessen werden als früher, weil

-- sich der Einsatz von Metallen in allen Gebieten der Technik vergrößert hat,
-- für spezielle Anwendungsgebiete, z.B. im Bereich der Kernenergie, seltene und teure Metalle eingesetzt werden,
-- die Umgebung durch erhöhte Luft- und Wasserverschmutzung aggressiver geworden ist,
-- die heute schwächer dimensionierten Konstruktionen dem korrosiven Angriff weniger standhalten können als die massiv gebauten Konstruktionen früherer Zeiten.

Schätzungen [1.1, 1.2] haben ergeben, daß in den hochentwickelten Industriestaaten die Folgen der metallischen Korrosion, einschließlich der Maßnahmen für

Korrosionsschutz, jährliche Aufwendungen in Höhe von 5000 bis 10 000 DM pro Einwohner erfordern. Als direkte oder primäre Kosten sind Korrosionsschutzanstriche oder andere Schutzmaßnahmen wie der Austausch korrodierter Teile, die sonst hätten länger eingesetzt werden können, oder der Ersatz von unlegierten Stählen durch teure Metalle anzusehen. Zusätzlich entstehen indirekte oder sekundäre Kosten beispielsweise durch Stillegungen von Anlagen wegen korrodierter Maschinen, durch die Zerstörung großer Konstruktionen wegen kleiner korrodierter Bauteile oder infolge von Schäden, die durch das Auslaufen von Wasser oder Öl aus korrodierten Rohren oder Behältern usw. verursacht werden. Neben den wirtschaftlichen Gesichtspunkten sind auch die durch Korrosion bedingten Verletzungen und Erkrankungen von Menschen zu berücksichtigen. Weiterhin ist zu bedenken, daß eine unzureichende Korrosionsbeständigkeit von Konstruktionswerkstoffen oftmals ein Hindernis für die technische Weiterentwicklung darstellt.

Deshalb sind aus volkswirtschaftlicher Sicht Mittel für Forschung, Entwicklung und Ausbildung auf dem Gebiet der Korrosion äußerst nutzbringend eingesetzt. Der schnellste wirtschaftliche Nutzen ergibt sich durch Schulung, Ausbildung und Information, da hierdurch die Basis für die Anwendung der umfangreichen, aber nicht leicht zugänglichen Kenntnisse über die Ursachen der Korrosion und über die Korrosionsschutzmaßnahmen geschaffen wird.

Da die meisten Korrosionsvorgänge elektrochemischer Natur sind, beginnt dieses Buch mit einigen wichtigen elektrochemischen Grundbegriffen (Kap. 2). Anschließend folgt ein kurzes Kapitel (3) über die Struktur von Metallen. Die große Bedeutung der Umgebung für Korrosionsvorgänge wird in Kap. 4 aufgezeigt. In Kap. 5 werden Potential-pH-Diagramme als Grundlage für Korrosionsuntersuchungen eingeführt. Der Mechanismus der elektrochemischen Korrosion in wäßrigen Lösungen wird in den Kap. 6, 7 und 8 behandelt, während sich das Kap. 9 mit Korrosionsarten beschäftigt, die durch mechanische Faktoren beeinflußt werden. Der Umgebungseinfluß wird nochmals in den darauffolgenden Kapiteln (10, 11) aufgegriffen, welche die Korrosion in Luft und im Boden erläutern. Daran schließt sich eine systematische Behandlung der Korrosionsschutzmaßnahmen an; es wird gezeigt, wie diese eine Änderung des korrodierten Metalls (Kap. 12), des korrosiven Mediums (Kap. 13) oder des Elektrodenpotentials Metall/korrosives Medium (Kap. 14) bewirken und wie die Anwendung von Schutzanstrichen auf Metalle wirkt (Kap. 15). In Kap. 16 werden die Grundlagen von Korrosionsprüfverfahren behandelt. Für einige technisch wichtige Metalle sind in Kap. 17 die Potential-pH-Diagramme dargestellt, und es werden Angaben über die Korrosionseigenschaften der Metalle in verschiedenen Medien gemacht.

Die wichtigsten Grundlagen zum Verständnis der Korrosion bieten zweifellos die Elektrochemie und die physikalische Metallkunde. Zusätzlich sind für den Korrosionsschutz Kenntnisse der Eigenschaften verschiedener organischer und anorganischer Schutzanstriche unumgänglich. Die mechanisch-konstruktiven Gesichtspunkte sollten ebenfalls berücksichtigt werden. Daraus ist ersichtlich, daß der Korrosionsfachmann, unabhängig von seiner Ausbildung, interdisziplinär ausgerichtet sein muß.

2 Elektrochemische Mechanismen

2.1 Elektrische Leitung

2.1.1 Grundbegriffe

Der elektrische Widerstand wird mit R bezeichnet und in Ω (Ohm) gemessen, der spezifische elektrische Widerstand ρ wird in Ωm angegeben. Der Kehrwert des Widerstandes ist die elektrische Leitfähigkeit (Ω^{-1}), die spezifische elektrische Leitfähigkeit $\sigma = 1/\rho$ hat die Einheit $(\Omega\,m)^{-1} = S/m$. Der Widerstand eines elektrischen Leiters der Länge l und der Fläche A berechnet sich nach der Formel $R = \rho l/A$. Gebräuchliche Einheiten für den spezifischen Widerstand sind auch: 1 $\mu\Omega cm = 10^{-8}\ \Omega m$ sowie 1 $\Omega mm^2/m = 1\ \mu\Omega m = 100\ \mu\Omega cm$ und vor allem $1\ \Omega cm = 10^{-2}\ \Omega m$. Hieraus folgt für die spezifische elektrische Leitfähigkeit $\sigma = 1\Omega^{-1}cm^{-1} = 100\Omega^{-1}m^{-1}$ usw.

2.1.2 Elektrische Leiter

Elektrische Leiter 1. Art oder metallische Leiter besitzen elektronische Leitfähigkeit. Außer den Metallen ($\sigma > 10^6\ \Omega^{-1}m^{-1}$) gehören zu dieser Gruppe Graphit ($\sigma = 10^5\ \Omega^{-1}m^{-1}$) und Koks ($\sigma = 10^4\ \Omega^{-1}m^{-1}$), Karbide, Nitride usw. der Übergangsmetalle sowie einige häufige Oxide und Sulfide wie PbO_2 ($\sigma = 10^6\ \Omega^{-1}\ m^{-1}$), MnO_2 ($\sigma = 1{,}3\cdot10^5\ \Omega^{-1}m^{-1}$), Fe_3O_4 ($\sigma = 3\cdot10^3\ \Omega^{-1}m^{-1}$), PbS ($\sigma = 3{,}35\cdot10^4\ \Omega^{-1}m^{-1}$), CuS ($\sigma = 9\cdot10^3\ \Omega^{-1}m^{-1}$) und FeS ($\sigma = 1{,}6\cdot10^5\ \Omega^{-1}m^{-1}$). Diese metallischen Leiter können in galvanischen Zellen den positiven Pol (die Kathode) gegenüber Metallen bilden. Von besonderer Bedeutung sind in diesem Zusammenhang Graphit in Grauguß, Eisenkarbide oder Zementit (Fe_3C) in unlegierten Stählen und weißem Gußeisen, Sulfideinschlüsse in Eisen und Stahl sowie Schichten von Magnetit

(Fe_3O_4) in Form von Walzzunder auf Stahl. Silikateinschlüsse sind dagegen Nichtleiter und bilden somit keine Lokalelemente. Die spezifische Leitfähigkeit metallischer Leiter nimmt in der Regel mit zunehmender Temperatur und mit steigendem Gehalt an Verunreinigungen infolge der Verminderung der Elektronenbeweglichkeit durch die thermischen Gitterschwingungen ab.

Elektrische Leiter 2. Art oder elektrolytische Leiter besitzen ionische Leitfähigkeit. Zu dieser Gruppe zählen wäßrige Lösungen ($\sigma < 10^2\ \Omega^{-1}m^{-1}$) und Schmelzen ($\sigma < 10^3\ \Omega^{-1}m^{-1}$) dissoziierender (ionischer) Salze und Säuren. Die spezifische Leitfähigkeit steigt mit der Temperatur, hauptsächlich infolge abnehmender Viskosität.

Elektrische Leiter 3. Art oder Halbleiter zeigen i.a. sowohl elektronische als auch ionische Leitfähigkeit, wobei erstere normalerweise überwiegt. Insgesamt ist ihre spezifische Leitfähigkeit gering (in der Regel: $10^{-7}\ \Omega^{-1}m^{-1} < \sigma < 10^2\ \Omega^{-1}m^{-1}$), sie nimmt jedoch stark mit der Temperatur zu, was vor allem auf eine steigende Anzahl von Ladungsträgern zurückzuführen ist. Dabei handelt es sich entweder um Elektronen wie bei den n-Leitern oder um Elektronenlöcher (Defektelektronen) wie bei den p-Leitern. Die meisten Metalloxide und -sulfide sind wegen ihrer Gitterfehler Halbleiter. In bestimmten Fällen kann die metallische Leitfähigkeit jedoch überwiegen (siehe oben).

Der Ladungsübertritt von einem elektronischen Leiter (Elektrode) zu einem elektrolytischen Leiter ist nur durch eine Elektrodenreaktion möglich, d.h. durch eine chemische Reaktion, an der freie Elektronen beteiligt sind.

2.2 Elektrodenpotentiale

2.2.1 Thermodynamische Grundbegriffe

Für das vorliegende Problem wichtige thermodynamische Größen sind die innere Energie U und die Entropie S. Letztere ist ein Maß für die statistische Wahrscheinlichkeit eines Zustandes. Es sei T die absolute Temperatur, p der Druck und V das Volumen. Damit berechnet sich die Enthalpie oder der Wärmeinhalt zu

$$H = U + pV$$

und die Gibbssche freie Enthalpie oder das thermodynamische Potential zu

$$G = U + pV - TS = H - TS.$$

$\Delta G = 0$ ist die Gleichgewichtsbedingung für isothermes (T = const) und isobares (p = const) Gleichgewicht. Die Entropie ergibt sich bei konstantem Druck aus G durch $S = -\partial G/\partial T$.

2.2.2 Chemisches, elektrisches und elektrochemisches Potential

Das chemische Potential μ_i eines Stoffes i in einem Mehrstoffsystem ist sein Beitrag zur freien Energie des Systems, je Mol gerechnet: $\mu_i = \partial G/\partial n_i$. Da die chemischen und elektrischen Potentiale von Ionen getrennt betrachtet werden müssen, wird das elektrochemische Potential $\bar{\mu}_i$ eingeführt:

$$\bar{\mu}_i = \mu_i + z_i F \varphi,$$

wobei F die Faraday-Konstante (9,65 10^4 As/Äquivalentgewicht), φ das elektrische Potential und z_i die Wertigkeit des Ions der Sorte i bedeuten (das Äquivalentgewicht ist das Ionengewicht dividiert durch die Wertigkeit).

Für die Änderung des elektrochemischen Potentials eines am Elektrodenprozeß beteiligten Ions ergibt sich

$$\Delta\bar{\mu}_i = \Delta\mu_i + z_i F \Delta\varphi.$$

Taucht man beispielsweise ein Metall in eine seine Ionen enthaltende Lösung, so bildet sich ein dynamisches Gleichgewicht aus. Das elektrochemische Potential ist dann in beiden Phasen gleich:

$$\Delta\mu_i = -z_i F \Delta\varphi.$$

Dies besagt, daß sich die chemischen und elektrischen Potentialdifferenzen an den Phasengrenzen aufheben, so daß kein Netto-Ionentransport mehr stattfindet (Bild 2.1). Die elektrische Potentialdifferenz kann somit thermodynamisch folgendermaßen ausgedrückt werden:

$$\Delta\varphi = -\Delta\mu_i/z_i F \quad \text{oder} \quad E = -\Delta G/z_i F.$$

ΔG ist die Änderung der freien Enthalpie der Elektrodenreaktion und E wird als

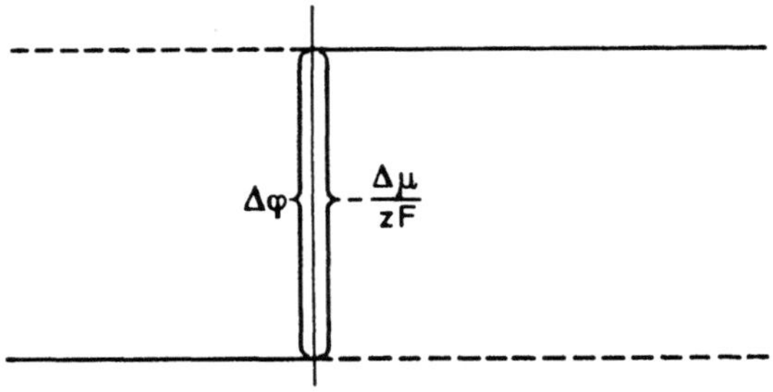

Bild 2.1. Gleichgewicht zwischen elektrischer Potentialdifferenz Δφ und chemischer Potentialdifferenz Δμ an einer Phasengrenze Metall/Lösung. Die elektrische Potentialdifferenz wird als Elektrodenpotential bezeichnet und auf einen vereinbarten Nullpunkt (Normal- oder Standardwasserstoffelektrode NWE, SWE) bezogen.

Elektrodenpotential bezeichnet. Von einem Redoxpotential spricht man, wenn sowohl die oxidierte als auch die reduzierte Form einer Substanz gelöst vorliegen. Das Potential einer Redoxreaktion wird mittels einer inerten Elektrode, z.B. Platin, gemessen.

Unter Normalbedingungen (reines Metall, Metallionenaktivtät in der Lösung gleich 1) gilt

$$E^0 = -\Delta G_i^0/z_iF.$$

Dabei ist ΔG^0 die Änderung der freien Standardenthalpie der Elektrodenreaktion und E^0 das Standard- oder Normalpotential.

2.2.3 Physikalische Grundlagen der Elektrodenpotentiale

Taucht man ein Stück Zinkblech in Wasser (Bild 2.2a), so gibt das Metall infolge seiner großen Auflösungstendenz Zn^{2+}-Ionen an das Wasser ab, die jedoch nahe der Metalloberfläche bleiben. Durch die zurückbleibenden Elektronen wird das Zinkblech relativ zur Lösung negativ geladen, wodurch eine elektrochemische Doppelschicht entsteht. Diese kann näherungsweise als ein elektrischer Kondensator mit positiven und negativen Ladungen betrachtet werden. Die Dicke der Doppelschicht liegt bei ca. 10^{-9} m (1 nm). Da die Potentialdifferenz der Doppelschicht bis zu $\pm$ 1 V oder mehr betragen kann, erreicht ihr Potentialgradient Werte bis zu 10^9 V/m.

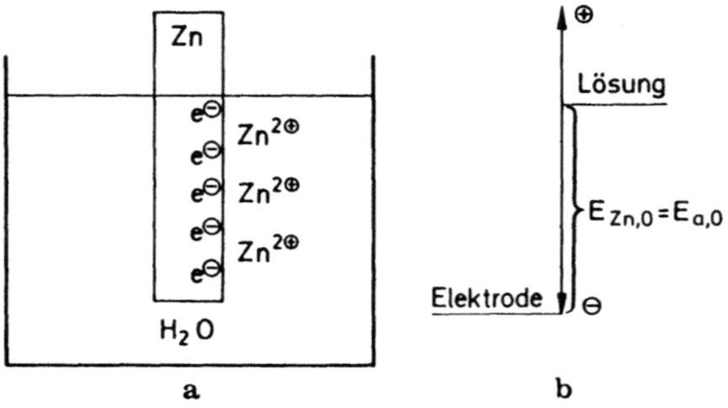

Bild 2.2. Die Abgabe der Zinkionen eines Zinkblechs an die Lösung (Wasser) führt zu einer negativen Aufladung des Metalls relativ zur Lösung.

Das Elektrodenpotential von Zink E_{Zn} ist negativ und wird als Pfeil dargestellt, der auf der Potentialachse nach unten zeigt (Bild 2.2b). Ein in Wasser getauchtes Stück Kupfer zeigt demgegenüber eine wesentlich geringere Tendenz, sich zu ionisieren (Bild 2.3a). Es bildet sich relativ zur Lösung (Wasser) ein positives Potential aus, wobei auch hier eine elektrochemische Doppelschicht entsteht. Das Elektrodenpotential von Kupfer ist positiv und wird auf der Potentialachse als Pfeil nach oben aufgetragen (Bild 2.3b).

2.2.4 Elektrochemische, galvanische und elektrolytische Zellen

Eine elektrochemische Zelle ist eine Kombination aus

elektronischem Leiter (Metallelektrode)	ionischem Leiter (Elektrolyt)	elektronischem Leiter (Metallelektrode),

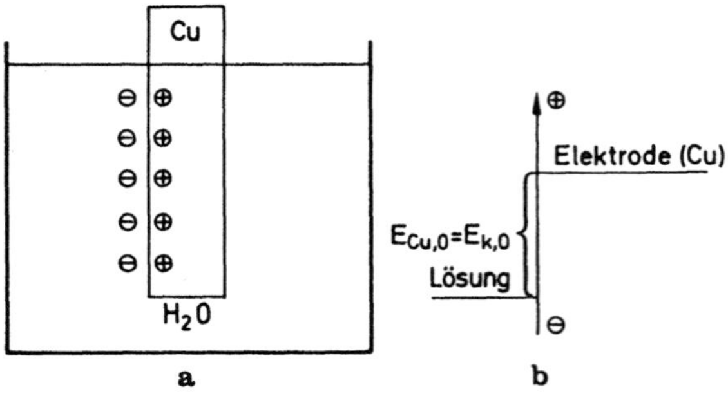

Bild 2.3. Ein Kupferblech erfährt relativ zur Lösung (Wasser) eine positive Aufladung.

in der elektrochemische Vorgänge mit (elektrischem) Stromtransport ablaufen können. Liefert die elektrochemische Zelle durch Umwandlung chemischer Energie elektrische Energie, so spricht man von einer galvanischen Zelle. Verbraucht die elektrochemische Zelle dagegen Strom aus einer externen Stromquelle, so spricht man von einer elektrolytischen Zelle.

Eine galvanische Zelle mit einer Elektrolytbrücke wird durch das Symbol // gekennzeichnet und schematisch wie folgt dargestellt:

$$Zn \;/\; Zn^{2+} \;//\; Cu^{2+} \;/\; Cu.$$

Der positive Pol wird normalerweise auf die rechte Seite geschrieben.

Für einige galvanische Zellen existieren besondere Bezeichnungen. Eine Konzentrationszelle ist eine galvanische Zelle, deren Elektroden aus demselben Material (Metall) bestehen und die sich nur in den Konzentrationen (Aktivitäten) der reagierenden Substanzen an den Elektroden unterscheiden. Unter einer Korrosionszelle versteht man eine galvanische Zelle, deren Elektrodenreaktionen zu Korrosion führen. Eine Korrosionszelle in der Größenordnung von ca. 0,1 mm bezeichnet man als Lokalzelle oder galvanische Mikrozelle. Lokalzellen treten beispielsweise bei Mehrphasenlegierungen, bei Metallen mit elektrisch leitenden Überzügen oder Oxid-, Sulfid- und Kohlenstoffeinschlüssen auf. Sie führen häufig zu lokalisiertem Angriff wie dem Lochfraß und der Spannungsrißkorrosion.

2.2.5 Definition von Anode und Kathode

Für die Bezeichnung der beiden Elektroden einer elektrochemischen (galvanischen oder elektrolytischen Zelle) gilt folgende allgemeine Definition: Die Anode ist diejenige Elektrode, durch die die positive Ladung in den Elektrolyten übergeht. Dieser Definition entsprechend gilt in der Regel, daß in einer elektrolytischen Zelle, auch beim Laden einer Batterie, die positive Elektrode die Anode und die negative Elektrode die Kathode ist. Für eine galvansiche Zelle, z.B. eine Batterie beim Entladen, ist andererseits der negative Pol die Anode und der positive Pol die Kathode (s. Abschn. 2.1.2).

Folgende Regeln haben allgemeine Gültigkeit:

— Die anodische Reaktion ist eine Oxidation, die kathodische Reaktion eine Reduktion.
-- Anionen wandern zur Anode, Kationen zur Kathode.

Man beachte besonders, daß in galvanischen Zellen, z.B. in einem Trockenelement (Bild 2.4), die positive Ladung im äußeren Stromkreis von (+) nach (-) fließt, während im Inneren der Zelle ein positives Ion von (-) nach (+) fließt.

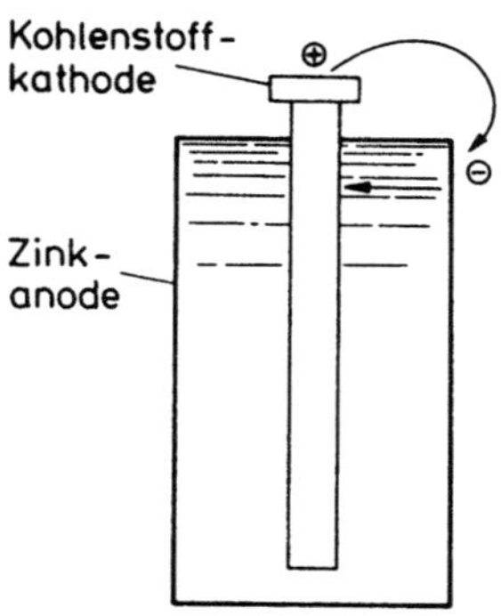

Bild 2.4. Stromrichtung in einem Trockenelement. Man beachte, daß innerhalb der Zelle positive Ionen von (-) nach (+) fließen.

2.2.6 Standardelektrodenpotentiale

Das Elektrodenpotential eines Metalls in einer Lösung, z.B. Wasser, die keine nennenswerte Konzentration von Ionen dieses Metalls enthält, ist undefiniert und irreversibel. Dennoch sind diese Potentiale für die Theorie der Korrosion äußerst wichtig und werden deshalb später behandelt.

Besser definierte, reversible Potentiale erhält man dann, wenn das Metall in einen seine Ionen enthaltenden Elektrolyten eintaucht. Liegen darüber hinaus die an einem Elektrodenprozeß beteiligten Stoffe in bestimmten Standardzuständen (reine Metalle, reine Gase unter einem Druck von 0,1 MPa, Lösungen mit einer Ionenaktivität von 1) vor, so werden die sich ergebenden Potentiale als Normal- oder Standardpotentiale bezeichnet. Diese beziehen sich auf die Normal- oder Standardwasserstoffelektrode (NWE bzw. SWE), deren Potential als Nullpunkt festgelegt wurde. Die Potentialdifferenz zwischen dieser Elektrode und der Lösung wurde durch Vereinbarung für alle Temperaturen gleich Null gesetzt (Bild 2.5).

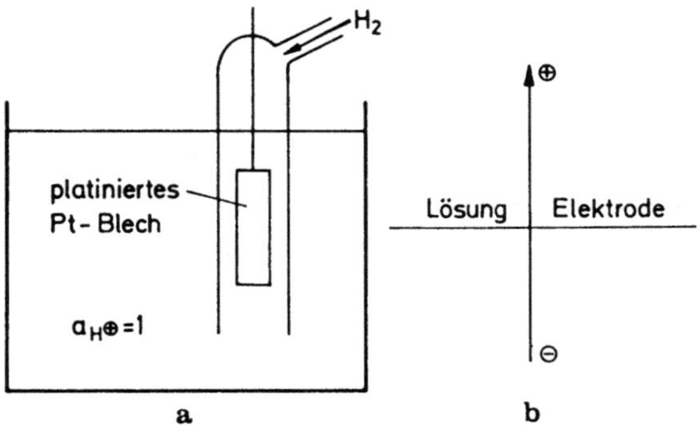

Bild 2.5. Bei einer Normal- oder Standardwasserstoffelektrode (NWE, SWE), die aus einem mit Platinschwamm bedeckten Platinblech besteht und in eine Lösung der Wasserstoffionenaktivität von 1 mit einem Wasserstoffdruck von 0,1 MPa eintaucht, wird die Potentialdifferenz vereinbarungsgemäß gleich Null gesetzt.

2.2.7 Festlegung der Vorzeichen für Standardelektrodenpotentiale

Betrachtet man das Standardelektrodenpotential als die thermodynamische Größe $\Delta G^0/z_iF$, so ist das Vorzeichen des Standardpotentials nicht eindeutig und von der Schreibweise der Elektrodenreaktion abhängig. Nach europäischer und heute auch internationaler Konvention schreibt man beispielsweise

$$Zn^{2+} + 2e^- \rightleftarrows Zn \qquad E^0_{Zn} = -0{,}76\ V$$
$$Cu^{2+} + 2e^- \rightleftarrows Cu \qquad E^0_{Cu} = +0{,}34\ V.$$

Nach einer älteren, aber noch heute gebräuchlichen amerikanischen Konvention sind Anordnung und Vorzeichen entgegengesetzt

$$Zn \rightleftarrows Zn^{2+} + 2e^- \qquad E^0_{Zn} = +0{,}76\ V$$
$$Cu \rightleftarrows Cu^{2+} + 2e^- \qquad E^0_{Cu} = -0{,}34\ V.$$

Edlere Potentiale als das der Normalwasserstoffelektrode erhält man dann mit positivem Vorzeichen, wenn man die Elektronen auf die linke Seite der Reaktionsgleichung schreibt. Das bedeutet also, daß man das Elektrodenpotential gleich der Differenz der Potentiale von Meßelektrode und Lösung setzt, was der Differenz der Potentiale von Meß- und Normalwasserstoffelektrode entspricht.

Nach amerikanischer Konvention haben diejenigen Metalle positive Potentiale, die am leichtesten positive Ionen bilden und die deshalb als elektropositiv bezeichnet werden. Für das Studium der Elektrochemie ist es jedoch wichtiger, daß die elektrochemische Spannungsreihe die richtigen Vorzeichen der Elektroden galvanischer Zellen wiedergibt. Deshalb wäre es denkbar, edlere Metalle als die Normalwasserstoffelektrode als elektrodenpositiv zu bezeichnen, obwohl sie normalerweise "Metalle mit positivem (edlem) Elektrodenpotential" genannt werden. Ähnliches gilt für Metalle, die Wasserstoff abscheiden; statt der üblichen Terminologie "Metalle mit negativem (unedlem) Elektrodenpotential", könnte man sie elektrodennegativ nennen. Im Gegensatz dazu bezieht sich der Begriff Elektronegativität auf die Neigung eines Elementes, negative Ionen innerhalb chemischer Verbindungen zu bilden. In diesem Sinn ist die Elektronegativität ein wichtiger Begriff für die Theorie chemischer Bindungen.

Die europäische Festlegung der Vorzeichen wurde als internationale Norm 1953 auf einer Konferenz in Stockholm angenommen und wird deshalb manchmal auch als Stockholmer Konvention für Vorzeichen von Elektrodenpotentialen bezeichnet. Die thermodynamische Auffassung des Elektrodenpotentials läßt es etwas inkonsequent erscheinen, die Elektronen auf die rechte Seite zu schreiben und dennoch die internationale Vorzeichenfestlegung anzuwenden. Weiterhin scheint es auch unzweckmäßig, daß in Tabellen der Standardpotentiale zuerst die unedlen Metalle aufgeführt werden oder daß in Stromspannungskurven bisweilen (besonders in Darstellungen in russischer Sprache) negative Potentiale nach oben aufgetragen werden.

Eine vereinfachte Situation ergibt sich, wenn das Elektrodenpotential als eine elektrische Potentialdifferenz E definiert wird. Diese läßt sich experimentell bestimmen, und Kupfer ist mit Sicherheit positiver als Zink. Deshalb scheint es zweckmäßig, das Elektrodenpotential als eine elektrische Größe mit unveränderlichem Vorzeichen zu betrachten. Stehen die Elektronen und der oxidierte Zustand auf der linken Seite, schreibt man $E^0 = -\Delta G^0/z_iF$, stehen die Elektronen und der oxidierte Zustand auf der rechten Seite, setzt man $E^0 = +\Delta G^0/z_iF$. Als einfache Merkregel kann die Tatsache dienen, daß für einen Kathodenstrom, mit i_- bezeichnet, ein negatives Vorzeichen und für einen Anodenstrom, mit i_+ bezeichnet, ein positives Vorzeichen in der allgemeinen Formel $E^0 = \pm\Delta G^0/z_iF$ steht.

2.2.8 Thermodynamische Berechnung von Standardpotentialen

Die Änderung der freien Enthalpie ΔG^0 einer Reaktion läßt sich für eine vollständige Redoxreaktion ohne die auftretenden Elektronen leicht angeben. Für einen Elektrodenprozeß ist dies nicht von vorneherein möglich, da die ΔG^0-Werte der Elektronen nicht bekannt sind. Diese Schwierigkeit läßt sich dadurch umgehen, daß man für die Reaktion

$$2H^+ + 2e^- \rightleftarrows H_2$$

die Änderung der freien Enthalpie ΔG^0 für alle Temperaturen gleich Null setzt. Aus der Beziehung $E^0 = -\Delta G^0/z_iF$ ergibt sich für die Normalwasserstoffelektrode bei allen Temperaturen $E^0 = 0$. Dies ist das thermodynamische Äquivalent zu der in Abschn. 2.2.6 eingeführten Bezugselektrode als Nullpotential. Da definitionsgemäß $G^0 = 0$ für H_2 bei 25 °C ist, gilt dies auch für die Summe $H^+ + e^-$.

Aus Daten von Pourbaix 2.1 erhält man als Beispiel für die Reaktion

$$\begin{array}{lccccl} & Fe + 2H_2O & & \rightarrow Fe(OH)_2 + & \underbrace{2H^+ + 2e^-} & \\ \Delta G^0 & 0 & -2\cdot 237{,}19 & -483{,}55 & 0 & (kJ/mol). \end{array}$$

Die Änderung der freien Enthalpie ΔG^0 für diese Reaktion beträgt -483,55 + 2·237,19 = -9,17 kJ/mol. Da 1 kJ = 1000 Ws und in diesem Fall $E^0 = + G^0/z_iF$ (Elektronen auf der rechten Seite) gilt, ergibt sich für $E^0 = -(9{,}17\cdot 1000)/2\cdot 96500)$ V = -0,05 V bei pH = 0. (Nach der Nernstschen Gleichung, s.u., erhält man bei pH 14 -0,88 V und bei pH 7 -0,46 V.)

2.2.9 Die Nernstsche Gleichung

Eine Elektrodenreaktion kann anschaulich folgendermaßen geschrieben werden:

$$ox + ze^- \rightleftarrows red\ ,$$

wobei "ox" für die oxidierte Form und "red" für die reduzierte Form eines Redoxpaares steht. Entsprechend der Thermodynamik chemischer Gleichgewichte gilt dann folgende Beziehung für die Änderung der freien Enthalpie (ΔG) im allgemeinen Fall und im Standardzustand (ΔG^0):

$$\Delta G = \Delta G^0 + RT \ln [red]/[ox],$$

wobei R = 8,3144 J/K mol die sog. Gaskonstante bedeutet.

Division durch -zF ergibt für die entsprechenden Elektrodenpotentiale

$$E = E^0 - (RT/zF) \ln [red]/[ox] = E^0 + (RT/zF) \ln [ox]/[red].$$

Setzt man für den natürlichen den dekadischen Logarithmus, so erhält man die übliche Form der Nernstschen Gleichung

$$E = E^0 + (0,059/z) \log [ox]/[red],$$

da (2,303 RT/F) = 0,059 V bei 25 °C.

Aus der Nernstschen Gleichung folgt, wie sich das Elektrodenpotential mit den Konzentrationen (oder besser: mit den Aktivitäten) der beteiligten Stoffe ändert. Besonders wichtig ist hierbei die Abhänigigkeit des Elektrodenpotentials von der Wasserstoffionenkonzentration, d.h. vom pH-Wert.

Für die Wasserstoffelektrode

$$2H^+ + 2e^- \rightleftarrows H_2$$

läßt sich das Elektrodenpotential von pH 0 auf pH 14 folgendermaßen umrechnen:

$$E^0_{alk} = E^0_{ac} + (0,059/2) \log [H^+]^2/p_{H_2} = 0,000 - 14 \cdot 0,059 = -0,83 \text{ V},$$

wobei dieser Wert das Standardelektrodenpotential für die Reaktion

$$2H_2O + 2e^- \rightleftarrows H_2 + 2OH^-$$

darstellt.

Für die Sauerstoffelektrode

$$\begin{array}{lllll} & O_2 + & \underbrace{4H^+ + 4e^-} & \rightleftarrows\ 2H_2O & \\ \text{mit}\ \Delta G^0 & 0 & 0 & -237{,}23 & (\text{kJ/mol}) \end{array}$$

ist das Standardelektrodenpotential

$$E^0 = -(-2 \cdot 237230/4 \cdot 96500) = +1{,}23\ \text{V}.$$

Für eine alkalische Lösung läßt sich entsprechend

$$E^0_{alk} = E^0_{ac} + (0{,}059/4)\ \log\ (p_{O_2}[H^+]^4/[H_2O]^2) = 1{,}23 - 14 \cdot 0{,}059 = \\ = 1{,}23 - 0{,}83 = 0{,}40\ \text{V}$$

umrechnen, wobei dieser Wert dem Standardelektrodenpotential der Reaktion

$$O_2 + 2H_2O + 4e^- \rightleftarrows 4OH^-$$

entspricht.

Eine Zusammenstellung der Standardelektrodenpotentiale für Wasserstoff- und Sauerstoffelektroden bei unterschiedlichen pH-Werten gibt Tabelle 2.1.

Tabelle 2.1. Standardelektrodenpotentiale für verschiedene pH-Werte

	pH 0	pH 7	pH 14
E^0_H in V	0,00	-0,41	-0,83
E^0_O in V	+1,23	+0,82	+0,40

Das Elektrodenpotential verschiebt sich auch bei anderen Elektrodenreaktionen, an denen Wasser und Wasserstoff oder Hydroxylionen beteiligt sind, um 0,059 V je pH-Einheit, sofern wirklich jedem H^+- oder OH^--Ion ein Elektron in der Formel entspricht. Anderenfalls gilt der Faktor $(y/z) \cdot 0{,}059$ V, wobei y die Zahl der H^+-Ionen und z die Zahl der an der Reaktion beteiligten Elektronen ist.

Tabelle 2.2. Standardpotentiale für Elektrodenreaktionen.
Reaktionen mit festen Reaktionsprodukten sind in der Tabelle mit (f) versehen. pH 7 (d.h. $a_{H^+} = a_{OH^-} = 10^{-7}$) ist hier als Standardzustand gewählt, da er für Korrosionsreaktionen äußerst wichtig ist. Bei bestimmten Reaktionen sind die Elektrodenpotentiale auch für pH 0 und pH 14 angegeben. Wenn weder Wasser noch dessen Ionen an der Reaktion beteiligt sind, ist in der ersten Reihe kein pH-Wert vermerkt

pH	Elektrodenreaktion: red $\rightleftarrows$ ox + ze^-		E^0 in V
	<u>Ag</u>		
-	Ag	$\rightleftarrows Ag^+ + e^-$	+ 0,799
-	$Ag + Cl^-$	$\rightleftarrows AgCl(f) + e^-$	+ 0,222
-	$Ag + 3CN^-$	$\rightleftarrows [Ag(CN)_3]^{2-} + e^-$	- 0,51
-	$Ag + 2NH_3(aq)$	$\rightleftarrows [Ag(NH_3)_2]^+ + e^-$	+ 0,373
7	$2Ag + H_2S(g)$	$\rightleftarrows Ag_2S(f) + 2H^+ + 2e^-$	- 0,45
	<u>Al</u>		
-	Al	$\rightleftarrows Al^{3+} + 3e^-$	- 1,66
7	$Al + 3H_2O$	$\rightleftarrows Al(OH)_3(f) + 3H^+ + 3e^-$	- 1,96
7	$2Al + 3H_2O$	$\rightleftarrows Al_2O_3(f) + 6H^+ + 6e^-$	- 1,90
	<u>Au</u>		
-	Au	$\rightleftarrows Au^+ + e^-$	+ 1,69
-	Au	$\rightleftarrows Au^{3+} + 3e^-$	+ 1,50
-	$Au + 2Cl^-$	$\rightleftarrows AuCl_2^- + e^-$	+ 1,11
-	$Au + 4Cl^-$	$\rightleftarrows AuCl_4^- + 3e^-$	+ 1,00
	<u>Bi</u>		
7	$Bi + Cl^- + H_2O$	$\rightleftarrows BiOCl(f) + 2H^+ + 3e^-$	- 0,115
7	$Bi + 2H_2O$	$\rightleftarrows BiOOH(f) + 3H^+ + 3e^-$	+ 0,07
	<u>Cd</u>		
-	Cd	$\rightleftarrows Cd^{2+} + 2e^-$	- 0,403
-	$Cd + 4CN^-$	$\rightleftarrows [Cd(CN)_4]^{2-} + 2e^-$	- 1,03
7	$Cd + 2H_2O$	$\rightleftarrows Cd(OH)_2(f) + 2H^+ + 2e^-$	- 0,40
	<u>Cl</u>		
-	$2Cl^-$	$\rightleftarrows Cl_2(g) + 2e^-$	+ 1,3595

Tabelle 2.2 Fortsetzung

pH	Elektrodenreaktion: red $\rightleftarrows$ ox + ze^-		E^0 in V
	Co		
-	Co	$\rightleftarrows Co^{2+} + 2e^-$	- 0,277
7	$Co + 2H_2O$	$\rightleftarrows Co(OH)_2(f) + 2H^+ + 2e^-$	- 0,32
	Cr		
-	Cr	$\rightleftarrows Cr^{3+} + 3e^-$	- 0,744
7	$2Cr + 3H_2O$	$\rightleftarrows Cr_2O_3(f) + 6H^+ + 6e^-$	- 0,99
7	$Cr_2O_3(f) + 5H_2O$	$\rightleftarrows 2CrO_4^{2-} + 10H^+ + 6e^-$	+ 0,62
	Cu		
-	Cu	$\rightleftarrows Cu^{2+} + 2e^-$	+ 0,337
-	$Cu + Cl^-$	$\rightleftarrows CuCl(f) + e^-$	+ 0,137
-	$Cu + 2CN^-$	$\rightleftarrows [Cu(CN)_2]^- + e^-$	- 0,43
-	$Cu + 4NH_3$	$\rightleftarrows [Cu(NH_3)_4]^{2+} + 2e^-$	- 0,05
7	$Cu + H_2O$	$\rightleftarrows CuO(f) + 2H^+ + 2e^-$	+ 0,16
7	$2Cu + H_2O$	$\rightleftarrows Cu_2O(f) + 2H^+ + 2e^-$	+ 0,056
7	$Cu + H_2S(g)$	$\rightleftarrows CuS(f) + 2H^+ + 2e^-$	- 0,62
	Fe		
-	Fe	$\rightleftarrows Fe^{2+} + 2e^-$	- 0,440
7	$Fe + 2H_2O$	$\rightleftarrows Fe(OH)_2(f) + 2H^+ + 2e^-$	- 0,463
-	Fe^{2+}	$\rightleftarrows Fe^{3+} + e^-$	+ 0,771
7	$Fe(OH)_2(f) + H_2O$	$\rightleftarrows Fe(OH)_3(f) + H^+ + e^-$	- 0,15
7	$Fe(OH)_3(f) + H_2O$	$\rightleftarrows FeO_4^{2-} + 5H^+ + 3e^-$	+ 1,42
	H		
0	$H_2 + 2H_2O$	$\rightleftarrows 2H_3O^+ + 2e^-$	0,000
7	$H_2 + 2H_2O$	$\rightleftarrows 2H_3O^+ + 2e^-$	- 0,414
14	$H_2 + 2OH^-$	$\rightleftarrows 2H_2O + 2e^-$	- 0,828
	Hg		
-	2Hg	$\rightleftarrows Hg_2^{2+} + 2e^-$	+ 0,792
-	$2Hg + 2Cl^-$	$\rightleftarrows Hg_2Cl_2(f) + 2e^-$	+ 0,268

Tabelle 2.2. Fortsetzung

pH	Elektrodenreaktion: red $\rightleftarrows$ ox + ze^-		E^0 in V
-	Hg	$\rightleftarrows Hg^{2+} + 2e^-$	+ 0,854
7	$Hg + H_2O$	$\rightleftarrows HgO(f) + 2H^+ + 2e^-$	+ 0,512
-	$Hg + S^{2-}$	$\rightleftarrows HgS(f) + 2e^-$	- 0,69
	<u>Mg</u>		
7	$Mg + 2H_2O$	$\rightleftarrows Mg(OH)_2(f) + 2H^+ + 2e^-$	- 2,27
7	$Mg + H_2O$	$\rightleftarrows MgO(f) + 2H^+ + 2e^-$	- 2,13
	<u>Mn</u>		
7	$Mn + 2H_2O$	$\rightleftarrows Mn(OH)_2(f) + 2H^+ + 2e^-$	- 1,14
	<u>Ni</u>		
-	Ni	$\rightleftarrows Ni^{2+} + 2e^-$	- 0,25
7	$Ni + 2H_2O$	$\rightleftarrows Ni(OH)_2(f) + 2H^+ + 2e^-$	- 0,30
7	$Ni(OH)_2(f)$	$\rightleftarrows NiOOH(2) + H^+ + e^-$	+ 0,62
	<u>O</u>		
0	$2H_2O$	$\rightleftarrows O_2 + 4H^+ + 4e^-$	+ 1,229
7	$2H_2O$	$\rightleftarrows O_2 + 4H^+ + 4e^-$	+ 0,815
14	$4OH^-$	$\rightleftarrows O_2 + 2H_2O + 4e^-$	+ 0,401
	<u>Pb</u>		
-	Pb	$\rightleftarrows Pb^{2+} + 2e^-$	- 0,126
7	$Pb + H_2O$	$\rightleftarrows PbO(f) + 2H^+ + 2e^-$	- 0,16
-	$Pb + 2Cl^-$	$\rightleftarrows PbCl_2(f) + 2e^-$	- 0,268
	<u>Pt</u>		
-	Pt	$\rightleftarrows Pt^{2+} + 2e^-$	+ 1,19
7	$Pt + 2H_2O$	$\rightleftarrows Pt(OH)_2(f) + 2H^+ + 2e^-$	+ 0,57
<u>S</u>	<u>S</u>		
7	$HSO_3^- + H_2O$	$\rightleftarrows SO_4^{2-} + 3H^+ + 2e^-$	- 0,50

Tabelle 2.2. Fortsetzung

pH	Elektrodenreaktion: red $\rightleftarrows$ ox + ze^-		E^0 in V
	Sb		
7	$2Sb + 3H_2O$	$\rightleftarrows Sb_2O_3(f) + 6H^+ + 6e^-$	- 0,26
	Sn		
7	$Sn + 2H_2O$	$\rightleftarrows Sn(OH)_2(f) + 2H^+ + 2e^-$	- 0,50
7	$Sn + 2H_2O$	$\rightleftarrows SnO_2(f) + 4H^+ + 4e^-$	- 0,51
	Ti		
7	$Ti + H_2O$	$\rightleftarrows TiO(f) + 2H^+ + 2e^-$	- 1,72
7	$Ti + 2H_2O$	$\rightleftarrows TiO_2(f) + 4H^+ + 4e^-$	- 1,47
	U		
7	$U + 2H_2O$	$\rightleftarrows UO_2(f) + 4H^+ + 4e^-$	- 1,98
	V		
7	$2V + 2H_2O$	$\rightleftarrows V_2O_2(f) + 4H^+ + 4e^-$	- 1,23
	W		
7	$W + 3H_2O$	$\rightleftarrows WO_3(f) + 6H^+ + 6e^-$	- 0,32
	Zn		
-	Zn	$\rightleftarrows Zn^{2+} + 2e^-$	- 0,763
7	$Zn + 2H_2O$	$\rightleftarrows Zn(OH)_2(f) + 2H^+ + 2e^-$	- 0,83
	Zr		
7	$Zr + 2H_2O$	$\rightleftarrows ZrO_2(f) + 4H^+ + 4e^-$	- 1,95

In Tabelle 2.2 sind Standardpotentiale für einige korrosionsspezifische Elektrodenreaktionen angegeben; sie beziehen sich normalerweise auf pH 7 als einen Standardzustand.

2.3 Polarisation

Unter Polarisation versteht man die Differenz des Potentials einer Elektrode bei gegebener Stromdichte und des Potentials derselben Elektrode bei der Stromdichte Null, d.h. $E_i - E_0$ (in dieser Reihenfolge genommen). Sie ist auf eine Hemmung der Elektrodenreaktion zurückzuführen. Die elektrochemische Polarisation läßt sich nach ihren Ursachen in drei Kategorien einteilen:

— Konzentrationspolarisation η_K,
— Widerstandspolarisation η_R,
— Aktivierungsüberspannung η_A.

Beeinflußt nur ein Elektrodenprozeß das Potential, so bezeichnet man die genannte Differenz als Überspannung, wie z.B. bei der Wasserstoffüberspannung.

2.3.1 Konzentrationspolarisation

Eine Konzentrationspolarisation liegt dann vor, wenn sich eine Abweichung der Konzentration zwischen Elektrodenoberfläche und Lösungsvolumen ausbildet. Als Beispiel sei die Kupferherstellung erwähnt. Kupfer scheidet sich an der Kathode ab, was zu einer geringeren Kupferionenkonzentration in der Nähe der Kathode im Vergleich zum Inneren der Lösung führt. Die Auflösung von Kupfer an der Anode bewirkt dort eine höhere Konzentration als im Volumen (Bild 2.6).
Ohne Stromfluß ergibt sich für beide Elektroden

$$E_0 = E^0 + (0,059/2) \log c_0,$$

wobei c_0 die Konzentration im Inneren der Lösung ist.

Bei Stromfluß gilt für jede der beiden Elektroden

$$E_i = E^0 + (0,059/2) \log c_e,$$

wobei an der Kathode $c_e < c_0$, an der Anode $c_e > c_0$ ist.

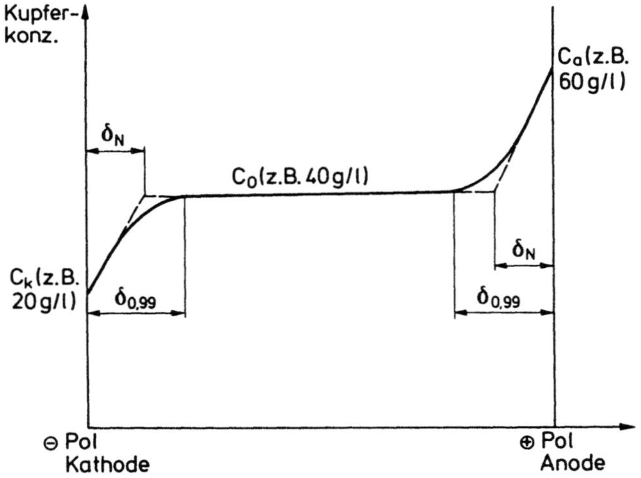

Bild 2.6. Kupferkonzentration als Funktion des Elektrodenabstands bei der elektrolytischen Kupferraffination. $\delta_{0,99}$ bezeichnet die Dicke der Diffusionsgrenzschicht, die bis zu 99 % der Konzentrationsdifferenz $/c_0 - c_e/$ berechnet wird. δ_N = Nernstsche Diffusionsschicht (s. Text), c_0 = mittlere Konzentration des Elektrolyten, c_e = Konzentration an der Elektrode, c_k = Konzentration an der Kathode, c_a = Konzentration an der Anode.

Daraus folgt für die Konzentrationspolarisation

$$E_i - E_0 = (0{,}059/2) \log (c_e/c_0)$$

mit negativem Wert für die Kathode und positivem für die Anode.

Die Diffusionsgrenzschicht, innerhalb der die Konzentration von der Volumenkonzentration abweicht, wird üblicherweise durch die Nernstsche Diffusionsschicht beschrieben, deren Dicke δ_N sich durch Anlegen der Tangente an das Konzentrationsprofil an dessen Schnittpunkt mit der Elektrodenoberfläche ergibt. Die Dicke der Diffusionsgrenzschicht beträgt ohne mechanische Rührung bei normaler Viskosität ca. 0,1 mm. Es ist zu beachten, daß kein Zusammenhang zwischen dieser Schicht und der in Abschn. 2.2.3 erwähnten elektrochemischen Doppelschicht besteht, deren Dicke nur ca. 1 nm beträgt.

Im Zusammenhang mit der Konzentrationspolarisation stellt die Grenzstromdichte I_{gr} eine wichtige Größe dar. I_{gr} (A/m^2) ist die für eine Elektrodenreaktion, z.B. Metallabscheidung, höchstmögliche Stromdichte, die aus der endlichen Diffusionsgeschwindigkeit der reagierenden Teilchen resultiert. Für eine kathodische Reaktion, wie Metallabscheidung oder Sauerstoffreduktion, wird I_{gr} erreicht, wenn sich c_e dem Wert 0 nähert. Dann schließt sich noch ein weiterer Elektrodenprozeß, z.B. die Wasserstoffentwicklung, an. Die Korrosionsgeschwindigkeit in Wasser wird oft durch die Grenzstromdichte einer kathodischen Sauerstoffreduktion bestimmt.

Bei einer anodischen Reaktion ist I_{gr} dann erreicht, wenn $c_e = c_s$, wobei c_s die Sättigungskonzentration eines Salzes, beispielsweise von $CuSO_4$ an einer Kupferanode, bedeutet. Anodische Grenzstromdichten werden häufig als Vorstufe zur anodischen Passivierung erreicht. Auch das anodische Polieren findet unter Bedingungen statt, die in die Nähe der anodischen Grenzstromdichte führen. Die Bestimmung von Grenzstromdichten bildet ferner die Grundlage für eine wichtige Methode der chemischen Analyse, die Polarographie.

Die Grenzstromdichte ist umgekehrt proportional zur Dicke der Diffusionsgrenzschicht, d.h.

$$I_{gr}\ \delta_N = \text{const.}$$

Unter der vereinfachten Annahme, daß die Dicke δ_N der Nernstschen Diffusionsgrenzschicht, der Diffusionskoeffizient D und die Überführungszahlen n_+ und n_- konstant bleiben, läßt sich für eine kathodische Reaktion einfach zeigen, daß

$$c_e/c_0 = 1 - I/I_{gr}$$

gilt. Deshalb kann die Konzentrationspolarisation bei der Kupferelektrolyse auch durch

$$E_i - E_0 = \eta_K = (0{,}059/2)\ \log\ (1 - I/I_{gr})$$

angegeben werden. Ist die Grenzstromdichte für die kathodische Reaktion bekannt, so gibt diese Gleichung die Änderung der Konzentrationspolarisation mit dem angelegten Strom wieder.

Die Konzentrationspolarisation nimmt mit zunehmender Temperatur langsam ab, was auf eine erhöhte Diffusionsgeschwindigkeit zurückzuführen ist. Sie läßt sich auch durch Konvektion verringern, da hierdurch die Dicke der Diffusionsschicht abnimmt und I_{gr} ansteigt. Daß die Konzentrationspolarisation erst einige Sekunden nach Abschalten des Stromes verschwindet, ist charakteristisch für den Zusammenhang zwischen Konzentrationspolarisation und Diffusion.

2.3.2 Widerstandspolarisation

Als Widerstandspolarisation bezeichnet man einen Ohmschen Potentialabfall, der durch eine Schicht, z.B. eine Oxidschicht, auf der Elektrodenoberfläche gebildet wird. Die Passivität von Metalloberflächen, die durch eine Oxidschicht (wie im Fall von Aluminium, Titan, Chrom, rostfreier Stahl usw.) oder ein Salz (wie an Kupferanoden bei hohen Stromdichten) verursacht wird, kann als ein Sonderfall der anodischen Widerstandspolarisation angesehen werden.

Die Widerstandspolarisation läßt sich folgendermaßen schreiben:

$$\eta_R = RI = ri,$$

wobei $R(\Omega)$ der Filmwiderstand für die gesamte Elektrodenoberfläche, I (A) der Strom, r ($\Omega\,m^2$) der Filmwiderstand für die Fläche von 1 m^2 und i (A/m^2) die Stromdichte ist.

Die Widerstandspolarisation ist in einigen Mikrosekunden nach Abschalten des Stromes abgeklungen.

2.3.3 Aktivierungspolarisation

Ursache der Aktivierungspolarisation ist eine Hemmung der Elektrodenreaktion, zu deren Überwindung eine Aktivierungsenergie aufgebracht werden muß. Taucht man ein Metall in eine seine Ionen enthaltende Lösung, so bildet sich ein dynamisches Gleichgewicht aus, wobei ebensoviel Metall aufgelöst wie abgeschieden wird (Bild 2.7a). Dieser Ionentransport durch die Phasengrenze wird in Ampère pro Flächeneinheit ausgedrückt und als Austauschstromdichte i_0 bezeichnet.

Handelt es sich bei der Elektrodenreaktion um anodische Metallauflösung, so verringert sich der kathodische Teilstrom i_k, während sich der anodische Teilstrom i_a vergrößert. Der anliegende Nettostrom ergibt sich dann zu $I_a = i_a - i_k$

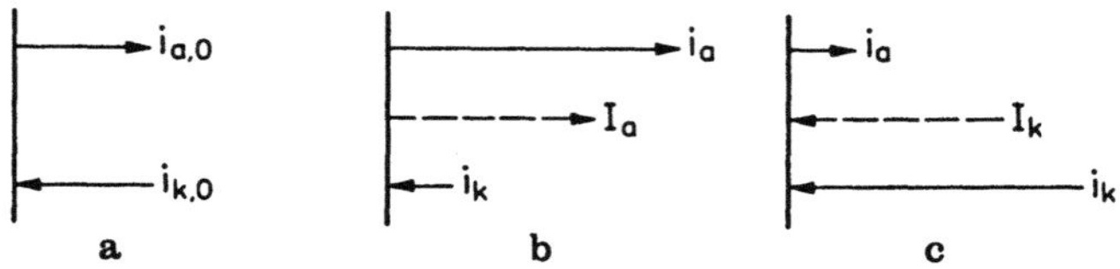

Bild 2.7. Austauschstromdichte i_0, anodische und kathodische Teilstromdichten i_a und i_k und Nettostromdichten I_a und I_k an einer Elektrode.

(Bild 2.7b). Schaltet man das Metall als Kathode, so gilt entsprechend $I_k = i_k - i_a$ (Bild 2.7c).

Das Gleichgewicht zwischen einem nichtkorrodierenden Metall und einer seine Ionen enthaltenden Lösung liegt am Punkt E_0/i_0 im Polarisationsdiagramm nach Bild 2.8. E_0 ist das reversible Gleichgewichtspotential des Metalls in der Lösung. Bei Anlegen eines anodischen Stromes I_a weicht das Elektrodenpotential des Metalls vom Gleichgewichtswert E_0 wie folgt ab:

-- Für kleine Werte von I_a (< 10 i_0) und damit auch von η_A findet man eine lineare Beziehung zwischen η_A und I_a, nämlich

$$\eta_A = (RT/zF)\ I_a/i_0.$$

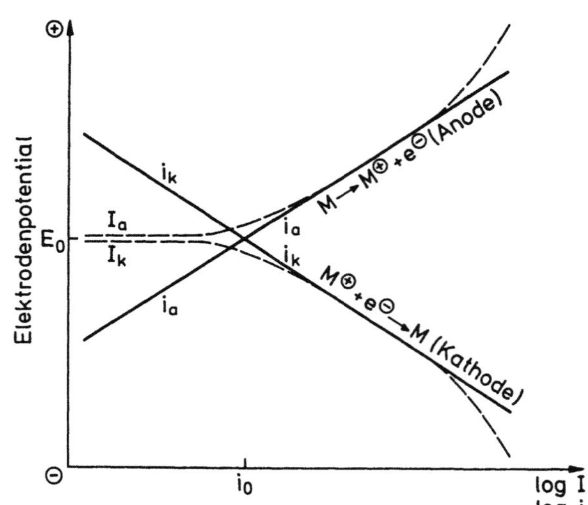

Bild 2.8. Polarisationsbedingungen an einer nichtkorrodierenden Elektrode. —— = tatsächlicher anodischer und kathodischer Strom i_a und i_k; --- = äußerer (gemessener) anodischer oder kathodischer Strom I_a und I_k; E_0 = reversibles Gleichgewichtspotential; i_0 = Austauschstromdichte.

Dies entspricht einer Kurve in einer halblogarithmischen Darstellung, so wie sie gestrichelt in Bild 2.8 abgebildet ist.

— Für $I_a > 10\, i_0$ erhält man eine logarithmische Beziehung, die allgemein als Tafel-Gleichung bekannt ist

$$\eta_A = b \log (I_a/i_0) = a + b \log I_a,$$

a und b sind Konstanten, b hat bei 25 °C oft den Wert 0,25 V. In der halblogarithmischen Auftragung von η_A gegen log I ergeben sich Geraden, die Tafel-Geraden.

— Für $I_a \gg i_0$ kommt es infolge einer Konzentrationspolarisation und/oder einer Widerstandspolarisation wieder zu einer Abweichung von den Tafel-Geraden.

Die Aktivierungspolarisation hängt stark von der Zusammensetzung der Lösung, insbesondere von ihrem Gehalt an Anionen und Inhibitoren. Anionen mit einer hohen molaren Gesamtpolarisation, P_M, die entweder auf ein permanentes Dipolmoment oder auf ein durch ein elektrisches Feld induziertes Dipolmoment zurückzuführen ist, zeigen nach der Adsorption auf einer Metalloberfläche eine starke Tendenz, Elektronenaustauschreaktionen, z.B. Elektrodenprozesse, zu beschleunigen. Diese Anionen reduzieren deshalb in einem hohen Maße anodische wie auch kathodische Überspannungen und katalysieren Korrosionsvorgänge, insbesondere lokalisierte Angriffe.

Anionen mit einem großen Gesamtgehalt an Elektronen werden in einem elektrischen Feld stark polarisiert; man bezeichnet sie deshalb als leicht verformbar oder "weich". Anionen mit einem kleineren Elektronengehalt sind weniger verformbar und werden als "hart" bezeichnet. Vergleichswerte erhält man aus Elektrokapillarkurven, in denen die Oberflächenspannung von Quecksilber als Funktion der Elektrodenspannung in verschiedenen Lösungen aufgetragen ist. Bei einigen nicht symmetrischen komplexen Anionen führt ein permanentes Dipolmoment zu einer hohen molaren Polarisation. Die molare Gesamtpolarisation nimmt etwa in folgender Reihenfolge zu und zeigt folgende Effekte:

Harte Anionen	Weiche Anionen
F^-, ClO_4^-, SO_4^{2-}, CO_3^{2-}, PO_4^{3-}, CrO_4^{2-}, OH^-	Cl^-, NO_3^-, Br^-, HS^-, J^-, SCN^-, S^{2-}
niedrige molare Polarisation	hohe molare Polarisation
niedrige Adsorptionsfähigkeit	hohe Adsorptionsfähigkeit
hohe Überspannung	niedrige Überspannung
glatte, feinkörnige Elektrolytabscheidungen	verzweigte, grobkristalline Elektrolytabscheidungen
niedrige Korrosivität	hohe Korrosivität
schwach peptisierend	stark peptisierend
passivierend	aktivierend
schwacher Elektrokapillaritätseffekt	starker Elektrokapillaritätseffekt
schwache Wasserstoffversprödung	starke Wasserstoffversprödung

Ergänzend sei erwähnt, daß die Begriffe "harte" und "weiche" Anionen in der Theorie der Komplexbildung eine große Rolle spielen.

Häufig vorkommende Anionen wie Chlorid- und Sulfidionen mit einer hohen molaren Polarisation sind bei Korrosionsvorgängen verständlicherweise besonders aktiv. Wegen ihrer polarisierenden Wirkung üben Kationen hauptsächlich einen indirekten Einfluß aus. Ferner sollte beachtet werden, daß die Beziehung zwischen der molaren Polarisation und den oben aufgeführten Effekten rein qualitativ zu sehen ist. Es können Abweichungen auftreten, und die molare Polarisation kann von anderen Einflüssen, überdeckt sein.

Die Reihenfolge der molaren Polarisation von Anionen ist ferner für das Aufbringen elektrolytischer Schichten wichtig, da eine hohe Metallüberspannung die für die Galvanisierung erforderlichen feinkörnigen Schichten ergibt, während niedrige Überspannungen bei der Metallabscheidung zu grobkristallinen, dendritischen (verzweigten) und rauhen Abscheidungen führen.

Die molare Polarisation von Anionen ist in der Kolloidchemie schon lange bekannt. In der sog. lyotropen Reihe sind sie nach ihrer steigenden Fähigkeit, an Kolloiden zu adsorbieren und diese zu peptisieren, geordnet. Wegen ihrer Fähigkeit, sowohl in einen passivierenden Oxidfilm einzudringen als auch ihn aufzulösen, scheinen Anionen auch für Korrosionsvorgänge von Bedeutung zu sein.

Das oben Gesagte gilt für neutrale Lösungen. In stark sauren Lösungen nimmt die Adsorptionsfähigkeit der entsprechenden Säuren ebenfalls von links nach rechts zu: $HClO_4$ < H_2SO_4 < HCl < HBr < HJ. Daraus resultiert für die Säurekorrosion sowie für das Beizen von unlegierten Stählen eine Zunahme der Polarisation und der Inhibition in gleicher Richtung. Offenbar können die adsorbierten Anionen die Elektronentransportreaktionen nicht begünstigen, wenn sie durch Wasserstoffionen neutralisiert sind.

Inhibitoren sind Substanzen, die, in die Elektrolytphase eingebracht, die Elektrodenreaktion hemmen bzw. die Korrosion herabsetzen. In der Elektrochemie versteht man unter Inhibitoren Stoffe, die die Polarisation erhöhen. Einige Anionen, wie Phosphate, Chromate und Nitrite, üben durch die Bildung unlöslicher Salze oder Oxide mit den Metallen einen besonderen Einfluß auf die anodische Polarisation aus und sind deshalb wirkungsvolle anodische Korrosionsinhibitoren. Andere, insbesondere organische Substanzen, die Schwefel und Stickstoff enthalten, werden auf allen Metalloberflächen stark adsorbiert und inhibieren deshalb sowohl anodische als auch kathodische Reaktionen. Dieselben organischen Substanzen können daher als Inhibitoren für das Kristallwachstum (Glanzmittel) in der Galvanotechnik sowie als Korrosions- und Beizinhibitoren eingesetzt werden.

Die Aktivierungspolarisation ist unabhängig von der Konvektion einer Lösung, nimmt aber stark mit steigender Temperatur ab, da die Austauschstromdichte i_0 mit der Temperatur ansteigt. Nach Stromabschaltung klingt die Aktivierungspolarisation innerhalb weniger Millisekunden ab.

2.3.4 Wasserstoffüberspannung

Die als Wasserstoffüberspannung bezeichnete Polarisation bei der Wasserstoffentwicklung variiert stark für unterschiedliches Kathodenmaterial und dessen Oberflächenzustand. Sie ist häufig für die Korrosion von Metallen in Säuren entscheidend. In Tabelle 2.3 sind die Wasserstoffüberspannungen einiger Stoffe mit metallischer Leitfähigkeit nach steigender Überspannung aufgeführt.

Die Werte in Tabelle 2.3 erklären, warum viele Metalle, die unedler sind als Wasserstoff, z.B. Zink, Cadmium, Zinn und Blei, sich in reinem Zustand nur sehr langsam in Säuren lösen. Es sind jedoch schon geringe Mengen an Verunreinigungen edlerer Metalle mit einer niedrigeren Wasserstoffüberspannung ausrei-

Tabelle 2.3. Wasserstoffüberspannung unterschiedlicher Materialien bei verschiedenen Stromdichten

Material	Wasserstoffüberspannung bei 10^{-3} A/cm^2 in V	10^{-2} A/cm^2 in V	10^{-1} A/cm^2 in V
Pt (platiniert)	0,015	0,030	0,04
Pt (glänzend)	0,025	0,07	0,29
Ni_3S_2	-	0,1	0,2
NiS	0,2	0,3	0,4
Fe_3C	0,05	0,8	-
Au	0,24	0,39	0,59
Koks	0,27	0,34	0,41
Mo	0,30	0,44	0,57
Ni	0,33	0,42	0,51
Fe	0,40	0,53	0,64
Ag	0,44	0,66	0,76
Graphit	0,47	0,76	0,99
Cu	0,60	0,75	0,82
Zn	0,72	0,75	1,06
Sn	0,85	0,98	0,99
Cd	0,91	1,20	1,25
Pb	0,91	1,24	1,26
Hg	1,04	1,15	1,21

chend, um die Auflösungsgeschwindigkeit beträchtlich zu erhöhen. Bei der Auflösung in Säuren werden diese metallischen Verunreinigungen wieder an der Zinkoberfläche abgeschieden und dienen dann als wirksame Lokalkathoden für die Wasserstoffentwicklung.

Demgegenüber wird ein edleres Metall mit einer hohen Wasserstoffüberspannung wie Quecksilber nicht als Kathode in Korrosionszellen wirken. Quecksilbertropfen auf Stahl erhöhen beispielsweise nicht dessen Korrosionsgeschwindigkeit in Säuren, da die Wasserstoffüberspannung von Quecksilber (ungefähr 1 V) größer ist als die EMK der Eisen-Quecksilber-Zelle (ungefähr 0,6 V). Quecksilber auf Zink ist stark korrosionshemmend. Quecksilber amalgamiert sich nicht nur mit Zink, sondern löst auch metallische Verunreinigungen auf, die sich sonst auf Zink abscheiden und als Lokalkathoden dienen würden.

2.4 Potential-Abstands-Diagramme

2.4.1 Offene galvanische Zelle

Angenommen, das Zink- und das Kupferblech von Abschn. 2.2 tauchen in dieselbe Lösung. Ein stromloser elektrischer Leiter habe ein gleichförmiges und konstantes Potential. Die Lösung zwischen den beiden Elektroden besitzt somit dasselbe Potential. Die beiden Potentiale an den Phasengrenzen zwischen den Metallelektroden bilden eine elektromotorische Kraft (EMK) oder Ruhespannung U_0 entsprechend Bild 2.9. Dieses Potential-Abstands-Diagramm erhält man, indem die Potentialwerte für die Zink- und Kupferelektrode dem Elektrodenabstand entsprechend aufgetragen werden. Für das Auffinden der entsprechenden Potentialdifferenzen in einem derartigen Diagramm empfiehlt sich folgende Vorgehensweise:

Man umfährt das Diagramm einmal und erhält für die Summe der Potentialdifferenzen den Wert Null. Ein "Potentialpfeil" wird positiv gezählt, wenn er in Richtung des Umlaufsinns zeigt und negativ, wenn er in die entgegengesetzte Richtung weist. Dieses einfache Beispiel ergibt:

$$U_0 - E_{Cu} + E_{Zn} = 0$$

oder

$$U_0 = E_{Cu} - E_{Zn}$$

oder allgemein

$$U_0 = E_k - E_a.$$

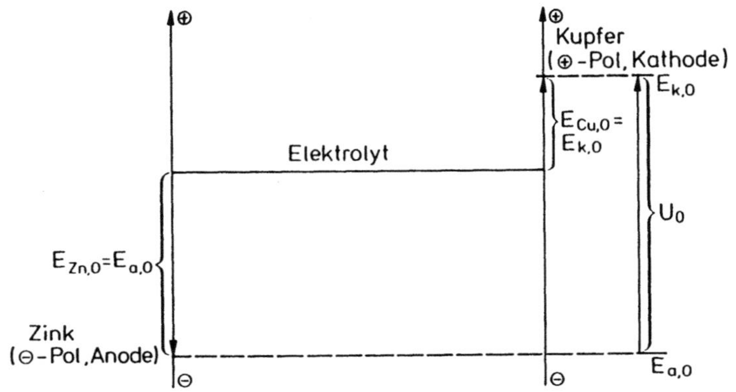

Bild 2.9. Potential-Abstands- und Potential-Pfeil-Diagramm für eine offene galvanische Zelle, die aus einem Kupfer- und einem Zinkblech in Schwefelsäure besteht. $U_0 = E_{k,0} - E_{a,0}$.

Für die weitere Anwendung ist es zweckmäßig, die EMK mit ihren Komponenten der beiden Elektroden und den entsprechend unterschiedlichen Potentialabfällen auf ein und derselben Achse darzustellen (s. Bild 2.9 rechte Seite). Es ergibt sich dann ein Diagramm, das wir hier mit Potential-Pfeil-Diagramm bezeichnen wollen. Dieser Diagrammtyp wird später mit der Korrosionsgeschwindigkeit oder dem Korrosionsstrom I (genauer log I) als Abszisse zu Stromspannungs- oder Polarisationsdiagrammen entwickelt (s. Bilder 6.1, 6.4).

2.4.2 Unpolarisierte galvanische Zelle mit äußerem Widerstand

In einem nächsten Schritt sollen das Zink- und das Kupferblech über einen äußeren Widerstand R_a entsprechend Bild 2.10 miteinander verbunden werden. Weiterhin sei angenommen, daß es sich bei dem Elektrolyten um eine schwefelsaure Lösung handelt und daß der innere (Elektrolyt-) Widerstand R_i ist. Der Zwang zur Erhaltung der Ladungsneutralität im Metalldraht verursacht einen Elektronenfluß von Zink nach Kupfer, der elektrische Strom fließt also in entgegengesetzter Richtung im Draht: Die Elektronen neutralisieren H^+-Ionen auf dem Kupferblech unter Wasserstoffentwicklung. Außerhalb des Kupferbleches verlieren die SO_4^{2-}-Ionen dadurch ihre Gegenionen und wandern zu den positiven Zn^{2+}-Ionen, die sich in der Nähe des Zinkbleches befinden. Die Zn^{2+}-Ionen ihrerseits wandern zusammen mit den H^+-Ionen zu den negativen Ionen außerhalb des Kupferbleches. Da die positiven Ladungsträger in der Lösung von Zink nach Kupfer fließen, muß das elektrische Potential in derselben Richtung abnehmen.

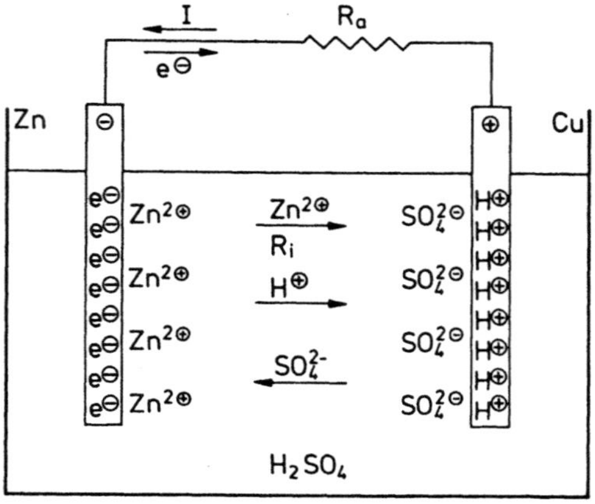

Bild 2.10. Elektronen- und Ionenfluß in einem geschlossenen galvanischen Stromkreis.

Es ist zu beachten, daß die Zn^{2+}- und H^+-Ionen in der geschlossenen Zelle zu dem positiven Kupferblech wandern, da die Lösung außerhalb dieser Elektrode ein niedrigeres Potential aufweist als außerhalb des Zinkbleches. Aus demselben Grund wandern die negativen SO_4^{2-}-Ionen zum negativen Zinkblech. An den Elektroden finden nur die am leichtesten ablaufenden Reaktionen statt, welche in diesem Fall die kathodische Wasserstoffentwicklung sowie die anodische Zinkauflösung sind. Weiterhin ist anzumerken, daß die in Abschn. 2.2.5 gegebenen Definitionen und Regeln auch hier gültig sind: Das Kupferblech ist der positive Pol oder die Kathode, das Zinkblech ist der negative Pol oder die Anode. Die Potentialverteilung in der geschlossenen Zelle läßt sich aus Bild 2.11 entnehmen. Bezeichnet man die Zellspannung mit U, erhält man

$$U = R_a I$$

und

$$U_0 - R_i I = 0, \text{ d.h.}$$

$$U_0 = I(R_a + R_i).$$

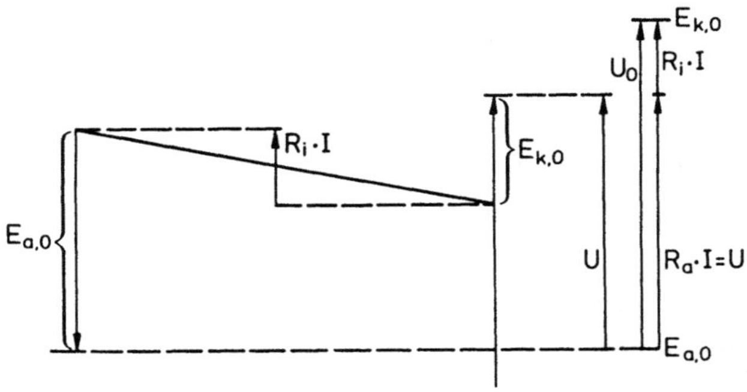

Bild 2.11. Potential-Abstands- und Potential-Pfeil-Diagramm für eine unpolarisierte galvanische Zelle mit äußerem Widerstand. $U_0 = E_{k,0} - E_{a,0} = I(R_a + R_i)$ (Ohmsches Gesetz).

2.4.3 Polarisierte galvanische Zelle mit äußerem Widerstand

In der Praxis liegt immer eine Polarisation vor, die eine weitere Herabsetzung der Zellspannung bewirkt. Durch eine Polarisation werden die beiden Elektrodenpotentiale im Sinne einer Annäherung gegeneinander verschoben. Die Potentialabfälle an den Elektroden nehmen mit den Polarisationen η_K und η_A ab. Das entsprechende Potentialdiagramm ist in Bild 2.12 dargestellt. Die kathodische Polarisation η_k ist immer negativ und verschiebt das Kathodenpotential in negativer Richtung. Bei der Addition der Potentialabfälle innerhalb der Zelle

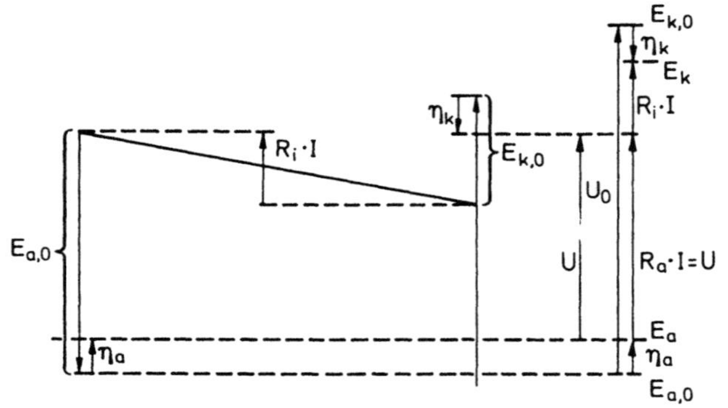

Bild 2.12. Potential-Abstands- und Potential-Pfeil-Diagramm für eine polarisierte galvanische Zelle mit äußerem Widerstand. $U_0 = E_{k,0} - E_{a,0} = I(R_a + R_i) + \eta_a + /\eta_k/$.

muß η_k als Absolutwert $/\eta_k/$ genommen werden. Die anodische Polarisation η_a ist immer positiv und verschiebt das Anodenpotential in positiver Richtung. Mit äußerem und innerem Widerstand sowie der Polarisation an beiden Elektroden erhält man gemäß S.29

$$U_0 - /\eta_k/ - R_i I - \eta_a = 0 \text{ und schließlich}$$
$$U_0 = I(R_a + R_i) + \eta_a + /\eta_k/.$$

2.4.4 Kurzgeschlossene galvanische Zelle (Korrosionszelle) mit innerem Potentialabfall (lokalisierte Korrosion)

In einem korrodierenden Metall sind sowohl die Widerstände als auch die Korrosionsströme so klein, daß der Potentialabfall im Metall vernachlässigbar ist. Dasgleiche gilt auch für zwei in unmittelbarem Kontakt befindliche Metalle, die weder durch Oxidfilme noch durch andere hochohmige Schichten getrennt sind. Für die Zellspannung ergibt sich dann $U = R_a I = 0$, die Korrosionszelle ist also kurzgeschlossen. Weiterhin erhält man

$$U_0 - /\eta_k/ - R_i I - \eta_a = 0 \text{ oder}$$
$$U_0 = R_i I + \eta_a + /\eta_k/.$$

Wenn auf der Oberfläche anodische und kathodische Bereiche in bestimmten Abständen nebeneinander vorliegen, wie es bei der lokalisierten Korrosion der Fall ist, kommt es in der Lösung (korrosives Medium) zwischen den Elektroden zu

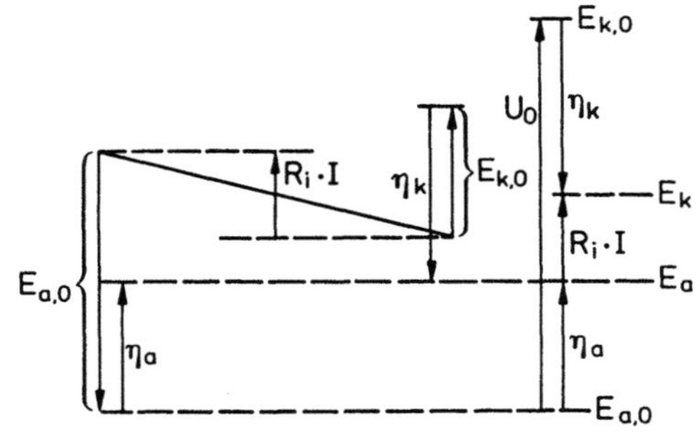

Bild 2.13. Potential-Abstands- und Potential-Pfeil-Diagramm für eine kurzgeschlossene galvanische Zelle (Korrosionszelle) mit innerem Potentialabfall $R_i I$ (lokalisierte Korrosion). $U_0 = E_{k,0} - E_{a,0} = R_i \cdot I + \eta_a + /\eta_k/$ (vgl. Bild 6.4a).

einem inneren Potentialabfall. Die entsprechenden Potential-Abstands- und Potential-Pfeil-Diagramme zeigt Bild 2.13.

2.4.5 Kurzgeschlossene galvanische Zelle (Korrosionszelle) ohne inneren Potentialabfall (gleichmäßige Korrosion)

Wenn sich der Korrosionsangriff gleichmäßig über einen größeren Bereich der Metalloberfläche erstreckt, die dann gleichzeitig anodisch sowie kathodisch wirkt, kommt es zu keinem inneren Potentialabfall $R_i I$ in der Lösung, und die elektromotorische Kraft (EMK) wird durch die Polarisation an den Elektroden ganz aufgebraucht. Bild 2.14 zeigt das entsprechende Potentialdiagramm. Gemäß der auf S.29 angegebenen Vorgehensweise erhält man $U_0 - /\eta_k/ - \eta_a = 0$ und schließlich $U_0 = \eta_a + \eta_k$.

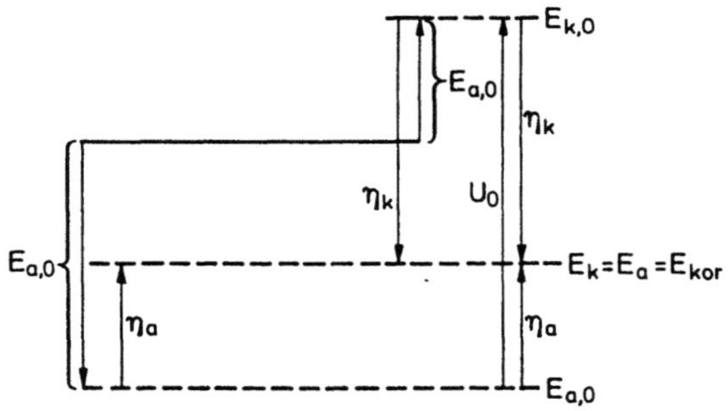

Bild 2.14. Potential-Abstands- und Potential-Pfeil-Diagramm für eine kurzgeschlossene galvanische Zelle (Korrosionszelle) ohne inneren Potentialabfall (gleichmäßige Korrosion). $U_0 = \eta_a + /\eta_k/$ (vgl. Bild 6.4b).

2.5 Meßmethoden zur Bestimmung von Elektrodenpotentialen und der Polarisation

Elektrodenpotentiale werden durch Messen der EMK zwischen der Test- oder Meßelektrode und einer Bezugselektrode mit bekanntem und konstantem Potential bestimmt. Obwohl Elektrodenpotentiale im allgemeinen auf die Normalwasserstoffelektrode bezogen werden, ist diese Elektrode in der Praxis wenig gebräuchlich. Tabelle 2.4 gibt einige Beispiele für zweckmäßigere Bezugselektroden, die auch als Beispiele von Elektroden 2. Art dienen können. Bei den meisten Bezugselektroden wird das Potential über die Anionenkonzentration (Cl^-, SO_4^{2-} usw.) ermittelt. Die Potentiale der Elektroden 2. Art können aus den Standardpotentialen der entsprechenden Me^{n+}/Me-Elektroden (+0,792 V für Hg^{2+}/Hg, +0,799 V für Ag^+/Ag) mit Hilfe der Nernstschen Gleichung berechnet werden. Dazu müssen das Löslichkeitsprodukt des festen Salzes ($HgCl_2$, AgCl, Hg_2SO_4 usw.) sowie die Konzentration und der Aktivitätskoeffizient des leitenden Elektrolyten der Bezugselektrode (KCl, K_2SO_4 usw.) bekannt sein.

Zur Messung der Potentialdifferenz zwischen Meß- und Bezugselektrode werden diese mit einem Potentiometer verbunden. Die höchste Genauigkeit erhält man

Tabelle 2.4. Bezugselektroden

Bezeichnung	Zusammensetzung	Elektroden-reaktion	Potential bezogen auf die NWE in V	Temperatur-koeffizient in mV/°C
Kalomel-elektrode (GKE)	Hg, Hg_2Cl_2(f)/ KCl (gesättigt)	$Hg_2Cl_2 + 2e^- \rightleftarrows 2Hg + Cl^-$	+ 0,2446	- 0,76
0,1 molare Kalomel-elektrode	Hg, Hg_2Cl_2(f)/ KCl (0,1 molar)	-"-	+ 0,3338	- 0,07
0,1 molare Silberchlo-ridelektrode	Ag, AgCl(f)/ KCl (0,1 molar)	$AgCl + e^- \rightleftarrows Ag + Cl^-$	+ 0,2881	- 0,65
1 molare Quecksilber-elektrode	Hg, Hg_2SO_4(f)/ K_2SO_4 (1 molar)	$Hg_2SO_4 + 2e^- \rightleftarrows 2Hg + SO_4^{2-}$	+ 0,660	- 0,80
Kupfersul-fatelektrode (gesättigt	Cu/$CuSO_4$ (ge-sättig-te Lösung)	$Cu^{2+} + 2e^- \rightleftarrows Cu$	+ 0,320	

unter Verwendung einer Kompensationsschaltung, weil hierdurch die Messung ohne Strombelastung der Meßzelle durchgeführt werden kann. Für Korrosionsuntersuchungen ist es jedoch normalerweise völlig ausreichend, wenn man ein elektronisches Potentiometer mit hohem Eingangswiderstand verwendet. Um einen geschlossenen Stromkreis zu erhalten, muß eine Elektrolytbrücke eingebaut werden (s. Bild 2.15).

An der Grenzfläche von zwei verschiedenen Elektrolyten bildet sich aufgrund der unterschiedlichen Ionenbeweglichkeiten ein Diffusionspotential aus. Um dieses möglichst klein zu halten, wird meist KCl als Elektrolyt für die Salzbrücke gewählt, da die Ionenbeweglichkeiten von K^+ und Cl^- nahezu gleich sind. Ferner ist es zweckmäßig, die Elektrolytbrücke zwischen den beiden Lösungen in ein Zwischengefäß zu geben. Auf diese Weise vermeidet man eine Verunreinigung der Meßlösung und der Bezugselektrode.

Die Messung verläuft für stromdurchflossene und stromlose Elektroden unterschiedlich. Ist die Meß- oder Testelektrode stromlos, wie bei der Bestimmung der Korrosionspotentiale auf einer gleichmäßig korrodierenden Metalloberfläche, kann die Elektrolytbrücke an jeder beliebigen Stelle des Meßgefäßes enden, da in diesem Fall keine Gefahr besteht, einen zusätzlichen Ohmschen Potentialabfall zu messen. Wird andererseits die Messung in einer geschlossenen elektrolytischen oder galvanischen Zelle mikro- oder makroskopischer Dimension, z.B. bei

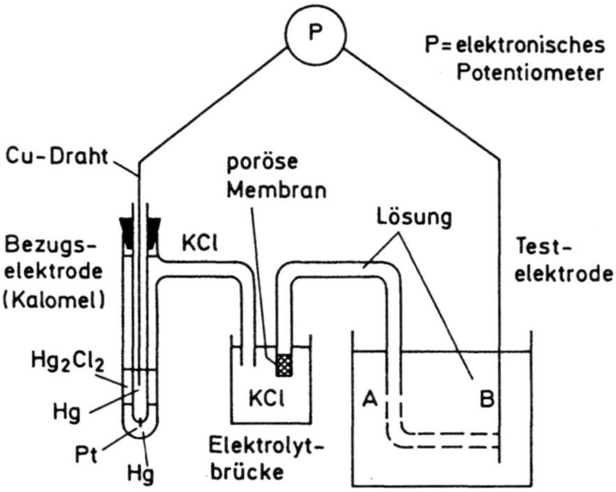

Bild 2.15. Meßgerät zur Bestimmung von Elektrodenpotentialen und der Polarisation. A: Testelektrode ohne äußeren Strom zur Bestimmung von Korrosionspotentialen. B: Testelektrode mit äußerem Strom zur Aufnahme von Polarisationskurven. Der metallische Stromkreis der Bezugselektrode besteht, von unten nach oben gesehen, aus: Hg + Pt + Hg + Cu.

der lokalisierten Korrosion, durchgeführt, muß die Elektrolytbrücke als eine dünne Kapillarsonde (Luggin-Kapillare) ausgezogen sein und so nah wie möglich an der Testelektrode oder an der gewünschten Stelle enden. Anderenfalls ist ein Teil des Ohmschen Potentialabfalls fälschlicherweise in der Messung inbegriffen. Endet deshalb die Kapillare in der stromdurchflossenen Zelle irgendwo zwischen Anode und Kathode, wird nach Bild 2.16 das gemessene Anodenpotential höher als das wirklich vorhandene und das gemessene Kathodenpotential unterhalb des wirklichen Wertes liegen. Die im Meßwert mit enthaltenen Potentialabfälle R_aI und R_kI können deshalb als anodische und kathodische Polarisation betrachtet werden. Außerdem zeigt Bild 2.16, daß durch Verschiebung der Kapillarspitze von der Anode zur Kathode der lokalen Korrosionszelle das gemessene Potential mit dem überstrichenen Potentialabfall R_iI, s. auch Bilder 2.11-2.13, steigt.

Tatsächlich sind derartige Potentialabfälle auch für die Bestimmung und Interpretation von Potentialen gleichmäßig korrodierender Metalle von Bedeutung. Bei oxidbedeckten Metallen findet die anodische Reaktion an der Phasengrenze Metall/Oxid statt, während die Messung an der Grenzfläche Oxid/Lösung durchgeführt wird, wodurch sich ein höherer Wert ergibt.

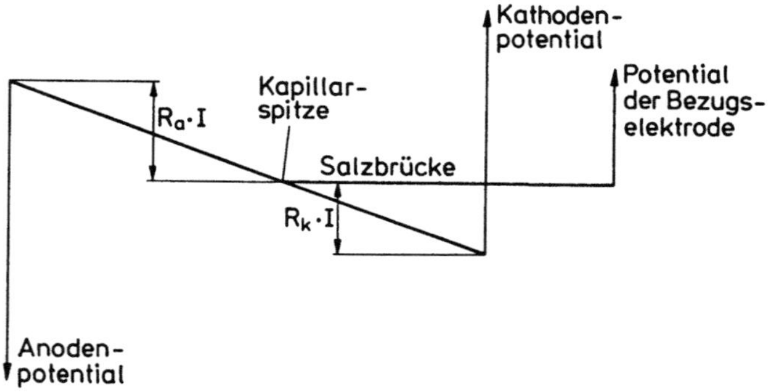

Bild 2.16. Wenn die Kapillarspitze (Luggin-Kapillare) der Bezugselektrode in einem bestimmten Abstand von der Metalloberfläche endet, liegt das gemessene Potential höher als das tatsächliche Anodenpotential, aber niedriger als das tatsächliche Kathodenpotential. Ebenso erhöht sich das Potential eines mit einem Oxidfilm bedeckten Metalls im Vergleich zum oxidfreien Zustand infolge eines Potentialabfalls in dem Oxidfilm oder in der Lösung von Poren des Films. Dieser Potentialabfall wirkt wie eine anodische Polarisation.

2.6 Polarisationskurven

Polarisationskurven geben die Beziehung zwischen Elektrodenpotential und Stromdichte wieder und werden deshalb als Stromdichte-Spannungs-Diagramme, kurz auch als Stromspannungskurven bezeichnet. In diesem Buch wird, wie international üblich, der Strom auf der Abszisse, und zwar mit positiven Werten nach rechts, aufgetragen, das Elektrodenpotential auf der Ordinate, und zwar mit positiven Werten nach oben. Beispiel einer Polarisationskurve wird in Bild 6.5 gegeben, das die anodische Polarisationskurve von Eisen in Schwefelsäure zeigt. Für die Anwendung der Tafel-Gleichung, s. Abschn. 2.3, ist es oft zweckmäßig, in Polarisationsdiagrammen als Abszisse log I aufzutragen.

Diese Festlegungen vereinfachen die erwünschten Vergleichsmöglichkeiten zwischen Polarisationskurven einerseits und Potential-Abstands- sowie Potential-Pfeil-Diagrammen andererseits, die in diesem Buch eingeführt werden. Dasselbe gilt für Potential-pH-Diagramme (Kap. 5).

Eine Vorrichtung, die eine regelbare Strombelastung der Meßelektrode erlaubt und die die Stromstärke unabhängig von der Änderung des Zellinnenwiderstandes für jeden Meßpunkt konstant hält, wird als Galvanostat bezeichnet. Dieser kann sehr einfach aufgebaut sein und im wesentlichen aus einem großen, mit der Elektrolysezelle in Reihe geschalteten Widerstand bestehen. Passivitätserscheinungen lassen sich jedoch nur dann den heutigen Ansprüchen entsprechend untersuchen, wenn das Elektrodenpotential kontinuierlich variiert und sehr stabil gehalten werden kann. Diese Voraussetzungen erfüllen elektronisch geregelte Potentiostate.

3 Metallkundliche Aspekte

3.1 Metalle und Legierungen

Da die Struktur von Metallen und Legierungen für ihre Korrosionseigenschaften entscheidend ist, können diese nicht ohne die Anwendung metallkundlicher Begriffe diskutiert werden. Im folgenden werden einige Grundlagen der Metallkunde eingeführt, die sich jedoch hauptsächlich auf Eisen und Stahl beschränken. Besondere Aufmerksamkeit gilt dabei den rostfreien Stählen.

Eine Legierung setzt sich aus zwei oder mehr Elementen zusammen, von denen zumindest eines ein Metall ist. Je nach der gegenseitigen Löslichkeit der Komponenten können die Legierungen entweder einphasig (homogen) oder mehrphasig (heterogen) sein.

Technische Metalle und Legierungen bestehen überwiegend aus unregelmäßig geformten Kristallen, den Körnern. Innerhalb jedes Kornes ist die Orientierung des Kristallgitters gleich oder nahezu gleich. Die Grenzfläche zwischen zwei Kristallen wird als Korngrenze bezeichnet. Sie stellt einen diskontinuierlichen Bereich dar, in dem die Gitter der angrenzenden Kristalle stark gestört sind, so daß die Wahrscheinlichkeit für die Anreicherung von Verunreinigungen größer ist als im Inneren, wo eine regelmäßige Atomanordnung vorliegt (Bild 3.1). Aber auch im Korninneren sind verschiedene Arten von Defekten wie Versetzungen und Stapelfehler zu finden.

Unter einer Versetzung versteht man einen linienhaften Defekt, den man sich z.B. durch Einschieben einer zusätzlichen Halbebene von Atomen erzeugt denken kann (Bild 3.2). Das Ausmaß der durch eine Versetzung erzeugten Verzerrung des Gitters wird durch den sog. Burgers-Vektor beschrieben. Bei konstantem Burgers-

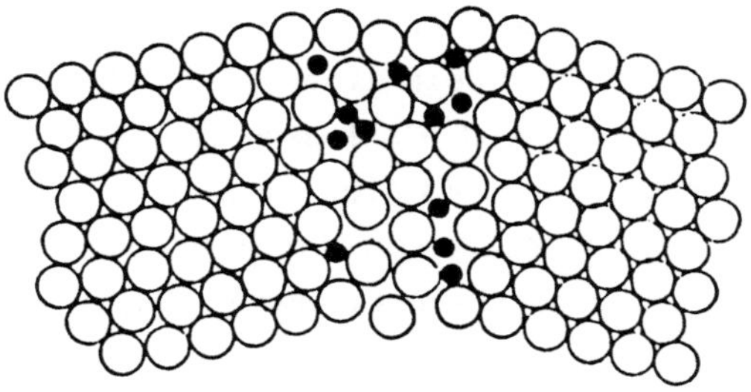

Bild 3.1. Atomanordnung an einer Korngrenze eines polykristallinen Metalls. • bezeichnet Fremdatome (Verunreinigungen).

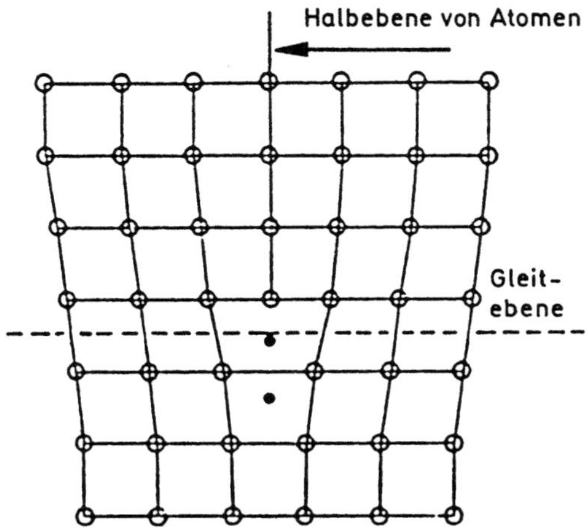

Bild 3.2. Schematische Darstellung einer Stufenversetzung. • bezeichnet Fremdatome, die die Gleitung erschweren.

Vektor spricht man von einer Stufenversetzung, bei vom Zentrum auswärts steigendem Burgers-Vektor von einer Schraubenversetzung. Versetzungen spielen für die Bildung und das Wachstum von Kristallen eine bedeutende Rolle; ihr Verhalten bestimmt maßgeblich die mechanischen Eigenschaften der metallischen Werkstoffe.

Je nach den Bindungsverhältnissen in den Metallen spalten die im Prinzip linienhaften Versetzungen zu schmalen Bändern auf, den Stapelfehlern. Auch diese stellen innere Grenzflächen dar, sind also - wie die Korngrenzen - zur Adsorption von Fremdatomen geeignet. Die Versetzungen spielen insbesondere in modernen Theorien für die Ursachen und den Ablauf der Spannungsrißkorrosion eine zentrale Rolle.

Viele Legierungen bestehen aus einer primären Phase (der Matrix, in der Regel einem Mischkristall) und aus feinverteilten Partikeln einer oder mehrerer anderer Phasen, die in geringen Mengen vorliegen und als Ausscheidungen oder sekundäre Phasen bezeichnet werden. Häufig handelt es sich um Karbide oder intermetallische Verbindungen. Derartige Ausscheidungsteilchen finden sich bevorzugt auf Korngrenzen oder auf Gleitbändern, die aus einer Vielzahl von Gleitebenen gebildet werden. Gleitebenen sind Atomschichten, entlang denen das Metall unter der Wirkung einer Schubspannung bei plastischer Verformung abgleitet. Die Gleitebenen sind in der Regel die dichtest gepackten Atomschichten, da diese die größten Abstände untereinander und damit die schwächsten Querverbindungen haben.

Das Gefüge, d.h. die Anordnung der Körner und Phasen eines metallischen Werkstoffs, kann im Lichtmikroskop betrachtet und photographiert werden (Bild 3.3). Die metallographische Probenpräparation umfaßt folgende Schritte: mechanisches Schleifen auf Schleifpapieren (SiC-Körner), Polieren mit Diamantpasten oder Aufschlämmungen von Al_2O_3 oder MgO, manchmal auch elektrolytisches Polieren, und schließlich Ätzen. Das Ätzen erfolgt üblicherweise durch kurzes Eintauchen der polierten Probe in eine saure Lösung, die häufig Salz-, Salpeter-, Essig- oder Pikrinsäure in Alkohol enthält, es kann aber auch anodisch erfolgen. Während des Ätzvorganges werden vielfach Korngrenzen zuerst angegriffen, da sie aufgrund von Gitterstörungen und Anreicherungen von Verunreinigungen stärker reagieren. Das Innere der Körner wird je nach ihrer Orientierung und Zusammensetzung unterschiedlich angegriffen, wodurch es zu unterschiedlich reflektie-

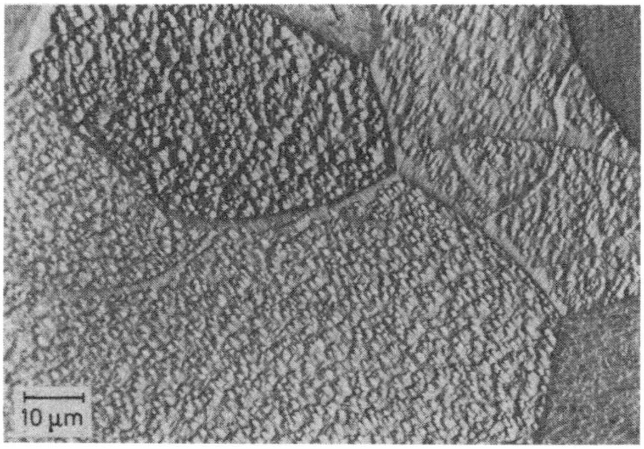

Bild 3.3. Prinzip der lichtmikroskopischen Darstellung einer geätzten Metalloberfläche.

renden Bereichen kommt. Deshalb erscheinen im reflektierten Licht eines Mikroskopes die Korngrenzen als dunkle Linien und die angeätzten Körner als helle oder dunkle Flächen. Durch das Ätzen können auch Ausscheidungen, Poren, Vorzugsorientierungen von Kristallen, der Einfluß des Substrates auf die Struktur von metallischen Überzügen und Oxidschichten usw. aufgedeckt werden. Durch Veränderung von Ätzlösung und Ätzzeit lassen sich bei ein und derselben Probe verschiedene Effekte verstärken. Schlackeneinschlüsse lassen sich normalerweise auf polierten, aber ungeätzten Oberflächen erkennen. Bisweilen ist Schleifen und Polieren ohne Benetzung mit Wasser, dann aber unter Verwendung organischer Flüssigkeiten zweckmäßiger (s. Abschn. 3.5).

Der Ätzvorgang ist deshalb interessant, weil es sich um eine Art Korrosion elektrochemischer Natur handelt, bei der anodische und kathodische Oberflächen in Lokalelementen den unterschiedlichen Widerstand verschiedener Phasen und Bereiche wiedergeben.

Das Ätzen kann auch wie ein Mikrokorrosionstest durchgeführt werden. Dazu wird eine frisch polierte Metallprobe sorgfältig entfettet. Anschließend gibt man einen Tropfen einer korrosiven Lösung, die ein Benetzungsmittel enthalten sollte, auf die Probe und beobachtet die eintretende Reaktion unter dem Mikroskop. Hierdurch läßt sich zeigen, daß Lochfraß in der Nähe von bestimmten Gefügebestandteilen oder um diese herum entsteht, wobei sie dann als Lokalkathoden für die Wasserstoffentwicklung (auch in neutralen Medien) wirken. Hierzu gehören beispielsweise bestimmte intermetallische Verbindungen in Magnesium- oder Aluminiumlegierungen oder bestimmte elektrochemisch aktive Sulfideinschlüsse (vgl. Bild 3.8) in unlegierten Stählen. Enthält die korrosive Lösung etwas Kupfersulfat, so kann man die Abscheidung von metallischem Kupfer an kathodischen Stellen beobachten (Mikrokorrosionsprobe nach T.M. Norén-Brandel, nicht veröffentlicht).

3.2 Unlegierte und niedriglegierte Stähle

3.2.1 Allotrope Modifikationen von Eisen

Im festen Zustand tritt Eisen in drei allotropen Modifikationen auf; sie werden mit α, γ und δ oder Ferrit, Austentit und δ-Ferrit bezeichnet. Jede Modifikation existiert nur in einem bestimmten Temperaturintervall:

α-Eisen oder Ferrit:	< 911 °C,
γ-Eisen oder Austenit:	911 - 1392 °C,
δ-Eisen oder δ-Ferrit:	1392 - 1536 °C,
Schmelze:	≥ 1536 °C.

Eisen ist bei Raumtemperatur ferromagnetisch, mit steigender Temperatur nimmt der Ferromagnetismus jedoch ab und ist bei 769 °C (Curie-Punkt) völlig verschwunden.

α- und δ-Eisen sind beide kubisch raumzentriert (Atome an den Ecken und in der Mitte der Einheitszelle) und können deshalb als dieselbe Modifikation betrachtet werden, obwohl δ-Eisen infolge der höheren Temperatur größere Atomabstände besitzt. γ-Eisen kristallisiert im kubisch flächenzentrierten Gitter (Atome an den Ecken und auf den Flächenmitten der Elementarzelle), weshalb diese Struktur eine dichtere Atompackung (kubisch dichtgepackt) und folglich auch eine höhere Dichte als α-Eisen aufweist. Eine Umwandlung von einer Modifikation zur anderen ist mit einer Volumenänderung verbunden, wodurch innere Spannungen in der neuen Modifikation entstehen können.

3.2.2 Das Eisen-Kohlenstoff-Zustandsdiagramm

Stähle sind Legierungen, die aus Eisen (mehr als 50 %) und einem oder mehreren Legierungselementen bestehen. Das wichtigste Legierungselement ist der Kohlenstoff, der zu unterschiedlichen Prozentsätzen in allen Stahlsorten vorhanden ist. Der für Stähle relevante Teil des Eisen-Kohlenstoff-Zustandsdiagramms ist in Bild 3.4 dargestellt.

Besondere Bedeutung hat der eutektoide Punkt S bei 0,8 Gew.-% C und 723 °C. Das Eutektoid, welches Perlit heißt, besteht aus Ferrit und Zementit, einem Eisenkarbid der Zusammensetzung Fe_3C (6,7 Gew.-% Kohlenstoff).

Die Kohlenstofflöslichkeit der einzelnen Modifikationen variiert stark. Wegen der beträchtlichen Größenunterschiede von Eisen- und Kohlenstoffatomen kommt es zu einem sog. interstitiellen Einbau von Atomen, bei dem die Kohlenstoffatome Zwischengitterplätze im Eisengitter belegen. Das kubisch flächenzentrierte Gitter des Austenits verfügt über mehr Platz für den Kohlenstoff als das raumzentrierte Gitter des Ferrits. Deshalb verengt sich mit zunehmendem Kohlenstoffgehalt das Existenzgebiet des Ferrits, während sich das des Austenits

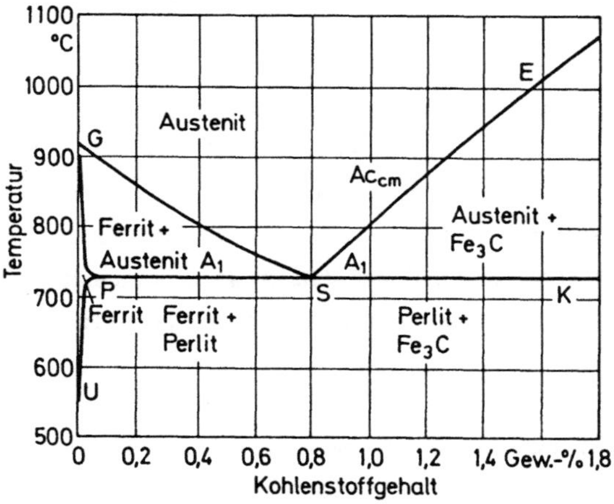

Bild 3.4. Eisen-Kohlenstoff-Zustandsdiagramm. Das eutektoide Gemisch aus Ferrit und Zementit (Fe_3C), das sich bei der normalen Umwandlung von Austenit bildet, wird als Perlit bezeichnet.

öffnet. Der Kohlenstoff wird daher als austenitstabilisierendes Legierungselement bezeichnet.

Für die wichtigsten Phasengrenzen ist folgende Benennung gebräuchlich: PSK = A_1, GS = A_3, SE = Ac_{cm}.

3.2.3 Definition von Stahl

Legierungen aus Eisen und Kohlenstoff werden üblicherweise in Stähle und Gußeisen unterteilt. Die Grenze zwischen beiden Gruppen liegt bei einer maximalen Kohlenstofflöslichkeit von 2,0 %. Die Stähle ihrerseits werden nach DIN 17 006 in unlegierte und legierte Stähle gegliedert. Unter unlegiertem Stahl versteht man einen Stahl, der neben Kohlenstoff und Eisen noch geringe Mengen anderer Elemente enthält, die entweder zufällig vorhanden sind oder zum Zweck der Desoxidation zugefügt wurden. Demgegenüber enthalten legierte Stähle neben Kohlenstoff einen höheren Anteil eines oder mehrerer speziell zugesetzter Legierungselemente wie Silicium, Mangan, Kupfer, Vanadium, Molybdän, Wolfram sowie Chrom und Nickel, insbesondere für rostfreie und säurebeständige Stähle. Ein "niedriglegierter" Stahl enthält von keinem Legierungselement mehr als 5 %, ein "hochlegierter" Stahl enthält von mindestens einem Legierungselement mehr als 5 %.

3.2.4 Beruhigter und unberuhigter Stahl

Stahl wird aus Roheisen durch Raffination mittels Oxidation des Kohlenstoffs und einiger anderer Elemente (Phosphor, Silicium, Schwefel u.a.) hergestellt. Bei diesem Prozeß wird überschüssiger Sauerstoff im geschmolzenen Eisen gelöst. Der Hauptanteil dieses Sauerstoffs wird durch Desoxidation mit Mangan, Silicium oder Aluminium gebunden. Ein Teil des restlichen Sauerstoffs wird während des Vergießens durch die Erstarrung von der Kokillenwand nach innen gedrückt und anschließend mit gelöstem Kohlenstoff zu Kohlenmonoxid gebunden. Dadurch erhält man unberuhigten Stahl, der sich durch eine sehr reine Ferritaußenschicht mit niedrigem Kohlenstoffgehalt und durch Kränze von Kohlenmonoxid-Blasen innerhalb dieser Ferritschicht charakterisieren läßt. Wird jedoch auch der Rest des gelösten Sauerstoffs durch stark desoxidierende Zusätze wie Silicium oder Aluminium gebunden, so erstarrt der Stahl gleichmäßig ohne Randschichten und es entsteht beruhigter Stahl.

Unlegierte Stähle mit einem Kohlenstoffgehalt oberhalb von 0,4 % und legierte Stähle werden immer beruhigt vergossen, während unlegierte Stähle mit niedrigerem Kohlenstoffgehalt in beiden Zuständen vorliegen können. Bei den unberuhigten unlegierten Stählen liegen die Silicium- und Aluminiumgehalte bei ca. 0,01 %, beruhigte Stähle enthalten ungefähr 0,25 % Silicium oder Aluminium in Form von feinverteiltem Oxid (SiO_2 bzw. Al_2O_3).

Bezüglich seiner Korrosionseigenschaften wird im allgemeinen der unberuhigte Stahl wegen seiner Ferritschicht bevorzugt, da Zementit sowie Sulfidteilchen Lokalzellen bilden und alle Schlackeneinschlüsse die Bildung von passivierenden Oxidfilmen sowie die Adhäsion von Schutzschichten gefährden. Dies ist besonders bei der Erstarrung von glasigen Emailüberzügen zu berücksichtigen. Unberuhigter Stahl ist wegen seiner weichen Ferritschicht auch als Trägersubstanz für elektroplattierte Überzüge, zumindest für dünne Überzüge, besser geeignet. Außerdem läßt sich unberuhigter Stahl leicht polieren und wird deshalb bevorzugt ohne eine vorausgehende Kupferplattierung direkt mit Nickel plattiert. Auf diese Weise erhält man eine dichte Nickelschicht, was auf beruhigtem Stahl mit seinen nichtleitenden Oxideinschlüssen in der Oberfläche schwieriger ist, besonders dann, wenn der Durchmesser der Oxidteilchen größer ist als die Dicke der Nickelschicht. Beim Feuerverzinken (d.h. Eintauchen in flüssiges Zink) erhält man mit unberuhigtem Stahl vorwiegend reine Zinkschichten, während beruhigter Stahl zur Bildung von dicken Schichten mit hohem Anteil an Eisen-Zink-Legierungen neigt.

3.2.5 Austenitbildung in unlegierten Stählen

Eine Anzahl von in der Praxis vorkommenden Wärmebehandlungen zielt darauf ab, eine zumindest partielle Umwandlung des Stahls in eine austenitische Struktur, die freien Zementit enthalten kann, und eine anschließende Umwandlung des Austenits durch Abkühlen oder Abschrecken zu bewirken.

In der Praxis wird die Austenitisierung von unlegiertem Stahl durch Aufheizen und Halten bei Temperaturen knapp über A_3 oder zwischen A_1 und Ac_{cm} erreicht. Mit dieser Austenitisierung will man durch Auflösung von Fe_3C einen genügend hohen Kohlenstoffgehalt des Austenits erzielen, ohne gleichzeitig zu grobe Körner zu erzeugen.

3.2.6 Die Austenitumwandlung während des Abkühlvorganges

Die Abkühlgeschwindigkeit des Austenits beeinflußt die Temperatur, bei der die Austenitumwandlung endet, sowie die Art der Umwandlungsprodukte. Beim Abkühlen aus dem Austenitgebiet entsteht bei niedrigeren Kohlenstoffanteilen zunächst Ferrit, bei Kohlenstoffgehalten oberhalb von 0,8 % zunächst Zementit. Später erhält man ein eutektoides Gefüge, welches als Perlit bezeichnet wird und aus Lamellen von Ferrit und Zementit besteht. Sehr feiner Perlit wurde früher Sorbit genannt; bei niedrigeren Temperaturen bildet sich das Eutektoid in Form von Bainit mit einer nadelförmigen Struktur.

In der Praxis wird die Abkühlgeschwindigkeit durch die Wahl verschiedener Kühlmittel verändert. Die langsamste ist die Ofenabkühlung, bei der die Temperatur geregelt werden kann. Schneller erfolgt die Luftabkühlung und am schnellsten wird der Stahl durch Eintauchen in Öl oder Wasser abgeschreckt.

3.2.7 Martensitbildung

Wird der Austenit so schnell abgekühlt, daß weder im Perlit- noch im Bainitbereich eine diffusionsgesteuerte Umwandlung stattfinden kann, so wandelt sich der Austenit bei niedrigerer Temperatur durch einen Umklappvorgang um. Dies führt zu einer neuen (nicht-kubischen) Struktur, die als Martensit bezeichnet wird und die bei nicht zu niedrigem Kohlenstoffgehalt ein hartes und sprödes Gefüge bildet. Martensit ist eine metastabile, an Kohlenstoff übersättigte

Kristallstruktur, die durch den gelösten Kohlenstoff stark tetragonal verzerrt ist. Eine Wärmebehandlung, die durch Austenitisierung und Abschrecken des Stahls zu einer Martensitstruktur führt, wird als Härten bezeichnet.

Die Bildung der einzelnen Martensitplatten erfolgt schlagartig, ist also von der Zeit unabhängig. Die Menge des gebildeten Martensits hängt jedoch bei einer vorgegebenen Zusammensetzung des Austenits von der Temperatur ab, auf die abgeschreckt wird: je tiefer diese Temperatur ist, desto vollständiger ist die Umwandlung. Durch Tempern (Anlassen) zerfällt Martensit in Ferrit und Karbid; bei Temperaturen zwischen 200 und 400 ^{o}C bildet sich ein feinverteiltes Karbid (ε-Karbid) der ungefähren Zusammensetzung $Fe_{2,4}C$. Oberhalb von 400 ^{o}C entsteht normaler Zementit (Fe_3C). Wie bei der Bildung von Ferrit, Perlit und Bainit, so kommt es auch bei der Bildung von Martensit zu einer Volumenausdehnung gegenüber dem Austenit, was zu Eigenspannungen Anlaß gibt.

3.3 Rostfreie Stähle

3.3.1 Der Einfluß der Legierungselemente auf das Zustandsdiagramm

Bei legierten und unlegierten Stählen findet man die Phasen Ferrit, Austenit, Martensit und Karbid. Ein Unterschied zwischen beiden Stahlsorten besteht darin, daß bei den legierten Stählen neben Fe_3C-Karbiden auch andere Karbidarten auftreten können. Die Stabilitätsbereiche der einzelnen Phasen sind stark von den Legierungselementen abhängig. Ein Legierungselement, daß sich in einer Phase bevorzugt löst, stabilisiert diese, begünstigt also ihre Bildung. Die Legierungselemente der Stähle werden deshalb in Austenit- und Ferritstabilisatoren unterteilt (s. auch Abschn. 3.2.2). Zu den wichtigsten Austenitstabilisatoren gehören Kohlenstoff, Stickstoff, Nickel und Mangan, während Chrom, Silicium, Molybdän, Niob und Titan den Ferrit stabilisieren.

Bei den ferritischen rostfreien Stählen mit z.B. 13 % Chrom und einem niedrigen Kohlenstoffgehalt stabilisiert der Chromgehalt den Ferrit so stark, daß sich kein Austenit bilden kann. Die austenitischen rostfreien Stähle erhält man demgegenüber durch Zusatz eines beträchtlichen Anteils an Nickel, z.B. X12CrNi18 8. Trotz des hohen Chromgehaltes (18 %) wird der Austenit durch den Nickelgehalt so stabilisiert, daß überhaupt kein Ferrit entsteht.

Viele Legierungselemente bilden mit Kohlenstoff Karbide, wobei ihre Tendenz zur

Karbidbildung unterschiedlich ist. Für einige der wichtigsten Bestandteile von rostfreien Stählen gilt folgende Reihenfolge für die zunehmende Kohlenstoffaffinität: Nickel, Eisen, Chrom, Molybdän, Titan, Niob und Tantal. Die Legierungselemente können entweder Sonderkarbide wie z.B. Cr_7C_3 oder Doppelkarbide auf der Basis von Zementit: $(Fe,M)_3C$ bilden.

3.3.2 Unterteilung der rostfreien und säurebeständigen Stähle

Die meisten rostfreien Stähle können nicht gehärtet werden, weil es sich entweder um eine austenitische Struktur handelt, die sich auch bei niedrigen Temperaturen nicht in Martensit umwandeln läßt, oder weil es sich um einen Ferrit handelt, der sich auch bei hohen Temperaturen nicht in einen Austenit umwandelt.

In Abhängigkeit von ihrer Zusammensetzung und Wärmebehandlung lassen sich die rostfreien Stähle in folgende Hauptgruppen unterteilen, die nach den auftretenden Phasen benannt sind:

- ferritisch,
- martensitisch,
- austenitisch,
- ferritisch-austenitisch,
- ausscheidungsgehärtet.

Die drei zuletzt genannten Arten sind wegen ihres höheren Legierungselementanteils den beiden ersten in Hinblick auf ihre chemische Beständigkeit oft überlegen. Dennoch können auch die widerstandsfähigeren rostfreien Stähle unter bestimmten Bedingungen angegriffen werden.

In Tabelle 3.1 sind einige wichtige rostfreie Stähle nach amerikanischer und deutscher Norm aufgeführt.

3.3.3 Ferritische Stähle

Chromstähle mit niedrigem Kohlenstoffgehalt sind wie erwähnt ferritisch, sofern ihr Chromgehalt 13 % übersteigt (Bild 3.4). Bei höheren Chromgehalten darf der Kohlenstoffanteil unter Beibehaltung der ferritischen Struktur bis zu 0,25 % steigen. Die ferritischen rostfreien Stähle sind in ihren mechanischen Eigen-

Tabelle 3.1. Übersicht über einige genormte rostfreie und säurebeständige Stähle

Amerikanische Norm AISI	Deutsche Werkstoff-Nr.	Zusammensetzung in Gew.-% Cr	Ni	C	Si max.	Mn max.	Sonstige
Martensitische Stähle: raumzentriert, tetragonal verzerrt, magnetisch, für Wärmebehandlung geeignet							
403	1.4024	11,15-13,0		< 0,15	0,5	1,0	
410	1.4006	11,5-13,5		< 0,15	1,0	1,0	
414	1.4057	11,5-13,5	1,25-2,25	< 0,15	1,0	1,0	
420	1.4034	12,0-14,0		0,3-0,4	1,0	1,0	
431	1,4057	15,0-17,0	1,25-2,5	< 0,20	1,0	1,0	
Ferritische Stähle: kubisch-raumzentriert, magnetisch, für Wärmbehandlung geeignet							
405	1.4002	11,5-14,5		< 0,08	1,0	1,0	Al 0,1-0,3
430	1.4016	14,0-18,0		< 0,12	1,0	1,0	
446	-	23,0-27,0		< 0,2	1,0	1,5	N < 0,25
Austenitische Stähle: kubisch-raumzentriert, nicht-magnetisch, nicht für Wärmebehandlung geeignet							
301	1.4310	16-18	6- 8	< 0,15	1,0	2,0	
302	1.4300	17-19	8-10	< 0,15	1,0	2,0	
304	1.4301	18-20	8-12	< 0,08	1,0	2,0	
304L	1.4306	18-20	8-12	< 0,03	1,0	2,0	
309	1.4828	22-24	12-15	< 0,20	1,0	2,0	
310S	1.4845	24-26	19-22	< 0,08	1,5	2,0	
316	1.4401	16-18	10-14	< 0,08	1,0	2,0	Mo 2,0-3,0
316Cb	1.4580	16-18	10-14	< 0,08	1,0	2,0	Mo 2-3, Nb > 10xC
316Ti	1.4571	16-18	10-14	< 0,08	1,0	2,0	Mo 2-3, Ti > 5xC
317	1.4449	18-20	11-15	< 0,08	1,0	2,0	Mo 3-4
318	1.4580	17-19	13-15	< 0,08	1,0	2,0	Mo 1,75-2,75, Nb+Ta > 10xC
321	1.4541	17-19	9-12	< 0,08	1,0	2,0	Ti > 5xC
347	1.4550	17-19	9-13	< 0,08	1,0	2,0	Nb+Ta > 10xC

schaften unlegierten Stählen ähnlich, wenn auch härter und spröder; sie sind magnetisch.

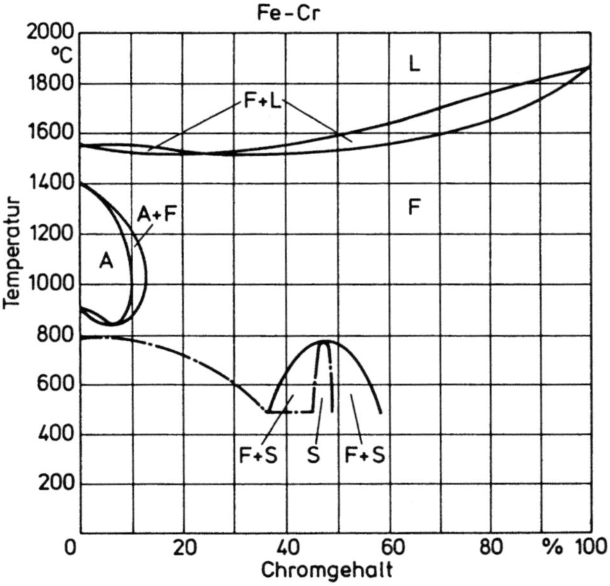

Bild 3.5. Eisen-Chrom-Zustandsdiagramm. L = Schmelze, A = Austenit, F = Ferrit, S = Sigmaphase (FeCr).

Der vorhandene Kohlenstoff bildet mit einem Teil des Chroms Karbide, welche die Korrosionsbeständigkeit der Matrix reduzieren. Die ferritischen Stähle sollten deshalb so wärmebehandelt werden, daß der Anteil an Karbiden möglichst gering gehalten wird. Ferner zeigen die ferritischen Chromstähle bei höheren Temperaturen eine Tendenz zum Kornwachstum.

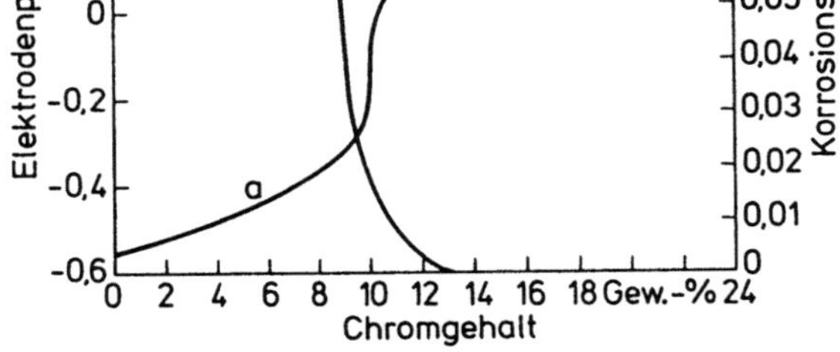

Bild 3.6. a) Korrosionspotentiale von Eisen-Chrom-Legierungen in 4%iger NaCl-Lösung, RT; b) Korrosionsraten von Eisen-Chrom-Legierungen bei periodischem Wassersprühtest.

Das elektrochemische Potential der Legierung wird durch die Anwesenheit von Chrom erhöht und die Beständigkeit gegen atmosphärische und viele chemische Einflüsse verbessert (Bild 3.6). Für die rostfreien Stähle ist es charakteristisch, daß sie Sauerstoff oder andere oxidierende Substanzen zur Erhaltung des passiven Zustandes benötigen (Bild 3.7).

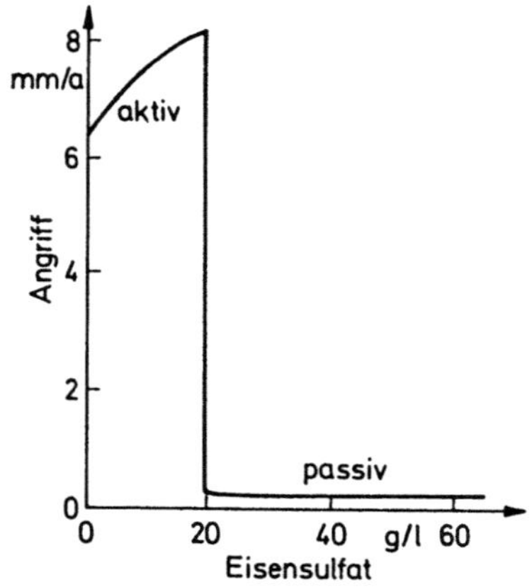

Bild 3.7. Korrosion von Chromstahl (12,5 % Chrom) in 10%iger H_2SO_4 mit Zusätzen von Eisen(III)sulfat.

3.3.4 Martensitische Stähle

Martensitische Stähle enthalten als Hauptlegierungsbestandteil 13-17 % Chrom, haben aber zusätzlich einen so hohen Kohlenstoffanteil, daß sie durch Härten martensitisch werden können; die Härte wird dabei durch den Kohlenstoffgehalt bestimmt. Infolge ihres hohen Kohlenstoffanteils neigen die martensitischen Stähle zur Bildung von Chromkarbiden. Korrosionsbeständig werden sie durch eine dem Härten vorausgehende Wärmebehandlung bei Temperaturen, die eine Auflösung aller Karbide in der Austenitphase bewirken. Wie die ferritischen Stähle sind auch die martensitischen Stähle magnetisch.

3.3.5 Austenitische Stähle

Austenitische Stähle enthalten hauptsächlich Chrom (12-25 %) und Nickel (8-25 %) als Legierungselemente. Die Kombination aus hohem Nickelgehalt und entsprechender Wärmebehandlung ergibt einen austenitischen Stahl, der folglich unmagnetisch ist.

Außerdem verringert der hohe Nickel- und Chromgehalt die Geschwindigkeit der allotropen Umwandlung, so daß diese bei den gebräuchlichen Stählen sehr klein wird. Nach dem ternären Zustandsdiagramm für Eisen-Chrom-Nickel sollte z.B. der 18-8 Chrom-Nickel-Stahl bei Raumtemperatur ferritisch sein, er behält jedoch seinen austenitischen Zustand, wenn er hinreichend schnell vom Austenitbereich abgekühlt wird. Die Stabilität ist vom Nickelgehalt abhängig. Ist dieser niedriger als 7 %, so wandelt sich der Austenit bei Kaltumformung schnell in Ferrit um, während der Austenit bei einem Nickelgehalt von 14 % für alle praktischen Zwecke stabil ist. Neben seinem Einfluß auf die Struktur, steigert ein Nickelanteil von mehr als 8 % die Korrosionsbeständigkeit erheblich. Obwohl der Zusatz von Nickel nicht die Korrosionsbeständigkeit in stark oxidierenden Medien wie Salpetersäure erhöht, wird die Beständigkeit gegen nichtoxidierende Substanzen wie Schwefelsäure und viele organische Säuren deutlich verbessert.

Die Ausscheidung von Chromkarbiden bei der Wärmebehandlung ist in austenitischen Stählen besonders gefährlich, da sie vorwiegend an den Korngrenzen stattfindet. Der effektive Chromanteil in einer schmalen Zone entlang der Korngrenze kann für eine Passivierung zu niedrig werden, wodurch der Stahl für die interkristalline Korrosion sensibilisiert wird. Demgegenüber sind die Karbide in martensitischen und ferritischen Stählen gleichmäßig verteilt, wodurch die Beständigkeit gegen einen gleichmäßigen Angriff reduziert wird.

Um die Gefahr der interkristallinen Korrosion beispielsweise nach dem Schweißen (sog. Schweißnahtzerfall) zu verringern, werden die austenitischen Stähle häufig mit Titan, Niob oder Tantal legiert, da diese Elemente durch ihre starke karbidbildende Wirkung eine lokale Chromverarmung verhindern. Derartige Stähle bezeichnet man als stabilisiert, obwohl auch sie nach dem Schweißen bei hohen Temperaturen und nach Einwirkung korrosiver Medien eine besondere Art von Schweißnahtzerfall, die sog. Messerschnittkorrosion, zeigen können. Ein wirksameres Mittel gegen die interkristalline Korrosion und für erhöhte Schweißbarkeit ist es deshalb, einen Stahl mit einem sehr niedrigen Kohlenstoffgehalt zu verwenden, der entsprechend der Stärke der sensibilisierenden Bedingungen und des korrosiven Angriffs zwischen 0,03 und 0,05 % liegt.

Durch Zusatz von unterschiedlichen Molybdänanteilen in Chrom-Nickel-Stählen erhält man eine Gruppe korrosionsbeständiger Stähle, die sich hervorragend in bestimmten organischen Säuren und in verdünnter Schwefelsäure bewähren und die außerdem eine gute Beständigkeit gegen Lochfraß in chloridhaltigen Lösungen aufweisen. Zur Erhaltung des austenitischen Zustandes muß der Nickelgehalt des

Stahls, wegen der Zugabe des Ferritstabilisators Molybdän, erhöht werden. Austenitische rostfreie Stähle, die Molybdän enthalten, werden üblicherweise als säurebeständig bezeichnet. Die Wirkung des Molybdäns läßt sich durch Zulegieren von Silicium und Kupfer weiter erhöhen. Für stark korrosive Medien werden Nickel-Basislegierungen mit Chrom und Molybdän (z.B. Hastelloy, Chlorimet) eingesetzt (s. auch Abschn. 3.6.2 und Tabelle 3.3).

3.3.6 Ferritisch-austenitische Stähle

Ferritisch-austentitische Stähle haben einen höheren Chromgehalt (ca. 26 %) und einen niedrigeren Nickelgehalt (4-6 %) als die austenitischen Stähle und enthalten deshalb gleichzeitig Austentit und Ferrit. Der prozentuale Anteil an Ferrit läßt sich mit Hilfe magnetischer Messungen ermitteln. Die Vorzüge der ferritischen und austenitischen Werkstoffe sind in diesen Stählen in vieler Hinsicht vereint. Kornwachstum bei hohen Temperaturen tritt weniger in Erscheinung als bei den ferritischen Stählen, weshalb sich wesentlich zähere Schweißnähte ausbilden. Aus diesen Stählen geschweißte Konstruktionen sind im allgemeinen auch gegen interkristalline Korrosion beständig. Die Korrosionsbeständigkeit läßt sich durch weiteren Zusatz von Molybdän verbessern und ist mit derjenigen von molybdänhaltigen austenitischen Stählen zu vergleichen (oder manchmal auch besser).

3.3.7 Ausscheidungsgehärtete Stähle

Bei ausscheidungsgehärteten Stählen läßt sich eine hohe Festigkeit durch eine gezielte Wärmebehandlung (Anlassen nach einer Lösungsglühung) erreichen. Sie enthalten genau definierte Zusätze von Chrom und Nickel neben anderen Legierungselementen wie Aluminium, Kupfer, Chrom und Titan.

Die hohe Festigkeit dieser Stähle beruht auf Ausscheidungen einer zweiten Phase, beispielsweise einer Aluminium-Nickel-Phase (in 17/7 PH) oder einer kupferreichen Phase (in 17/4 PH). Die Zahlen bezeichnen den Chrom- und Nickelgehalt, während PH für Ausscheidungshärtung (engl. precipitation hardening) steht und die Struktur des Stahls charakterisiert. Bezüglich ihrer Korrosionsbeständigkeit liegen diese Stähle zwischen martensitischen Chromstählen und austenitischen Stählen.

3.4 Wärmebehandlung der Stähle

Unter Wärmebehandlung im weiteren Sinn versteht man jedes Erwärmen und anschließendes Abkühlen, welches eine Änderung der Materialeigenschaften bewirkt. Die wichtigsten Wärmebehandlungen der Stähle sind: Normalisieren, Härten, Anlassen und Glühen.

Die Normalisierung eines unlegierten Stahls besteht aus Austenitisierung und langsamer Abkühlung an Luft und führt zu einem normalen Kornwachstum sowie einem normalen lamellaren Perlit.

Das Härten (s. Abschn. 3.2.7) von unlegierten Stählen oder martensitischen rostfreien Stählen mit hohem Kohlenstoffgehalt umfaßt eine Austenitisierung und eine so schnelle Abkühlung unterhalb von A_1 (Bild 3.4), daß die Perlitbildung unterdrückt wird und stattdessen Martensit entstehen kann. Unlegierte Stähle müssen in Wasser abgeschreckt werden, während für niedriglegierte Stähle Öl und für martensitische rostfreie Stähle Luftabkühlung ausreichend ist.

Das Anlassen besteht aus einer langsamen Erwärmung auf eine Temperatur unterhalb von 700 °C. Gehärtete martensitische Stähle werden angelassen, um die beim Härten entstandenen Spannungen abzubauen. Einen gehärteten Stahl, der durch eine Wärmebehandlung in einen Zustand höherer Zähigkeit, aber geringerer Härte überführt wird, bezeichnet man als angelassenen Martensit. Andererseits bilden sich beim Anlassen von ausscheidungsfähigen Stählen die härtenden Teilchen.

Für unlegierte Stähle sowie für ferritische und martensitische rostfreie Stähle ist das Weichglühen gebräuchlich. Diese Wärmebehandlung wird bei einer Temperatur um A_1 (s. Bild 3.4) durchgeführt, bei der sich die Zementitlamellen einformen und im Verlauf längerer Zeiten körnigen Perlit bilden.

Besonders gute Korrosionseigenschaften ergeben sich für rostfreie austenitische und ferritisch-austenitische Stähle, wenn man sie einer Glühung mit anschließendem Abschrecken unterzieht. Dabei wird der austenitische Stahl auf eine Temperatur von 1050-1150 °C gebracht. Hierdurch werden alle Karbide aufgelöst, und man erhält nach dem Abschrecken eine homogene austenitische Struktur.

3.5 Schlackeneinschlüsse im Stahl

Stähle enthalten in der Regel vom Herstellungsverfahren her erhebliche Mengen an nichtmetallischen Einschlüssen (Schlackeneinschlüsse). Ihr Anteil kann zwischen 0,1 und 1 Gew.-% liegen. Diese Einschlüsse sind gewöhnlich aus Oxiden, Silikaten und Sulfiden zusammengesetzt. In unberuhigten Stählen bestehen sie vorwiegend aus FeO und (Fe,Mn)O, in beruhigten Stählen aus Oxiden der Beruhigungselemente, d.h. im allgemeinen aus SiO_2, Al_2O_3 und MnO. MnO und SiO_2 bilden zusammen Mangansilikat.

Die erwähnten Oxide und Silikate sind keine metallischen Leiter und können deshalb nicht als Lokalelektroden in Korrosionszellen wirken. Sie können jedoch die Korrosionseigenschaften der Stähle dadurch beeinflussen, daß sie in elektroplattierten Metallüberzügen Poren bilden und die Adhäsion verschiedener Schutzüberzüge (z.B. glasiger Emaille) verschlechtern. Ein hoher Anteil an Schlackeneinschlüssen beeinträchtigt auch die Güte der Oberfläche, die als Voraussetzung für die Passivität des rostfreien Stahls möglichst fein und glänzend poliert sein sollte. Ferner können Schlackeneinschlüsse als Ansatzpunkte für Spannungsspitzen bei den verschiedenen Arten der Rißkorrosion wirken.

Sulfidische Einschlüsse bestehen meistens aus MnS. Der Mangangehalt der verschiedenen Stähle ist normalerweise ausreichend (0,5-2 %), um mit dem vorhandenen Schwefel (0,03-0,05 %) zu MnS zu reagieren, während der Schwefelgehalt der Matrix vernachlässigbar ist. Der Schmelzpunkt von reinem MnS liegt bei ca. 1600 ^oC. Bei der Erstarrung des Stahls werden zuerst flüssige FeS-Tropfen abgesondert. Während der anschließenden langsamen Abkühlung und Durchwärmung der großen Blöcke wird FeS allmählich in fast reines MnS umgewandelt. Ist der Mangangehalt des Stahls zu niedrig, verbindet sich der Schwefel vorwiegend oder teilweise mit Eisen zu FeS, welches einen niedrigen Schmelzpunkt (ca. 1200 ^oC) hat und deshalb erst relativ spät als dünner Film an den Korngrenzen erstarrt. Bei starkem Aufheizen schmelzen diese "Schwefelschichten" und verursachen ein Aufbrechen entlang der Austenitkorngrenzen, was auch als Rotbruch bezeichnet wird. In Gegenwart von FeS kann der Schwefelgehalt der metallischen Matrix bis zu 0,01 % ansteigen.

Im Gegensatz zu den silikatischen Schlacken und den meisten Oxideinschlüssen sind die Sulfideinschlüsse in Stahl elektrische Leiter. FeS (σ = 1,6 10^5 $\Omega^{-1}m^{-1}$) besitzt eine weitaus bessere spezifische Leitfähigkeit als MnS (σ = 10

$\Omega^{-1}m^{-1}$). Wie in Abschn. 2.3.3 erwähnt, können Sulfidionen Elektrodenprozesse stimulieren. Beispielsweise haben leitfähige Metallsulfide eine niedrige Wasserstoffüberspannung (s. Tabelle 2.3). Dementsprechend sind Sulfideinschlüsse für korrosive Angriffe, insbesondere den Lochfraß, verantwortlich. Das Korrosionsmuster eines in Wasser korrodierten unlegierten Stahls ist ähnlich dem eines sog. Schwefelabdruckes nach Baumann. Diesen erhält man dadurch, daß man ein in H_2SO_4 getränktes photographisches Papier auf eine polierte Stahlfläche aufbringt und anschließend wässert und fixiert.

Mit Hilfe des sog. Mikrokorrosionstests (s. Abschn. 3.1) läßt sich nachweisen, daß die Sulfideinschlüsse in wesentlich stärkerem Maße für die Korrosionseinleitung verantwortlich sind als andere Einschlüsse. Wie aus Bild 3.8 ersichtlich, lassen sich auf diese Weise tatsächlich aktive von inaktiven Sulfideinschlüssen trennen. Sie unterscheiden sich meistens nicht in ihrer eigenen Zusammensetzung, sondern in der ihrer unmittelbaren Umgebung. Aktive Sulfide sind von einer feinen Sulfiddispersion umgeben, die die anodische Auflösung der metallischen Matrix fördert. Sie finden sich teilweise in schnell abgekühlten (z.B. in stranggegossenen) Stählen, die vor dem Walzen nicht ausreichend erwärmt wurden. Eine große Anzahl aktiver Sulfide bewirkt eine hohe Lochfraßan-

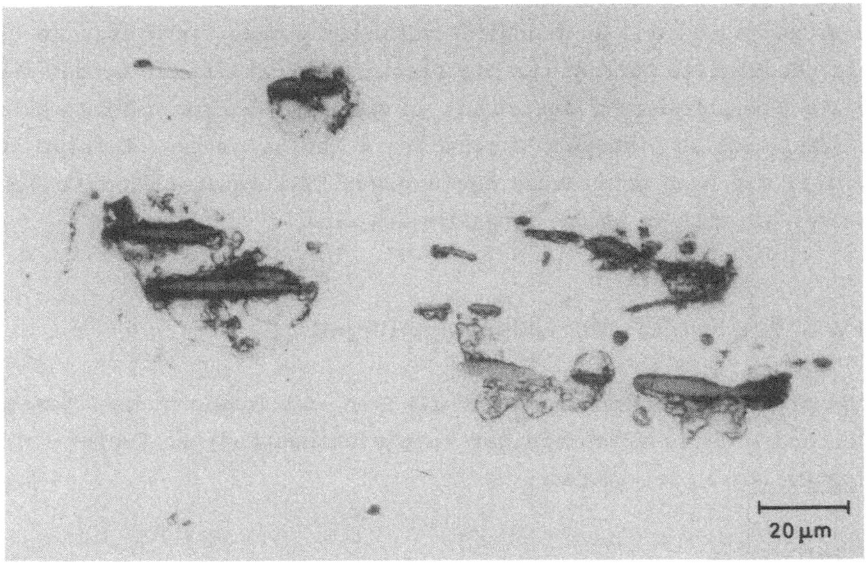

Bild 3.8. Mikrokorrosionstest (30 s in 3%iger NaCl-Lösung) auf einem stranggegossenen Stahl mit aktiven Sulfideinschlüssen, in deren unmittelbaren Umgebung es zu anodischem Angriff kommt.

fälligkeit. Strangegossene Stähle zeigen bei richtiger Wärmebehandlung vor dem Walzen keinen höheren Anteil an aktiven Sulfiden oder eine höhere Korrosionsempfindlichkeit als die konventionell in Blöcken vergossenen Stähle. Durch gewöhnliches Beizen in einer Säure lassen sich lösliche Sulfideinschlüsse von der Stahloberfläche entfernen, was die Korrosionsbeständigkeit von legierten sowie unlegierten Stählen verbessert.

Besonders gefährlich vom Korrosionsstandpunkt aus sind wasserlösliche Sulfide, wie MgS und CaS. MgS tritt in duktilem Gußeisen auf, dem Mg zur Bildung von Kugelgraphit zugesetzt wird. CaS wird in Stählen gefunden, die mit einer Calciumverbindung, öfters CaSi, entschwefelt wurden. In dieser Weise kann die Korrosionsanfälligkeit in neutralen Medien tatsächlich zunehmen, auch wenn der Schwefelgehalt um eine Zehnerpotenz vermindert wird. CaS kann jedoch auch in Stählen auftreten, die stark mit Al desoxydiert wurden, weil dann MnS in CaS umgewandelt wird (und Ca-Silikat in Ca-Aluminat, nach der in Abschn. 9.2 angegebenen Reaktionsformel). Unglücklicherweise werden solche wasserlöslichen Sulfideinschlüsse nach der üblichen metallographischen Probenvorbereitung nicht entdeckt, weil diese mit der Verwendung von Wasser beim Schleifen und Polieren verbunden ist. Sie können jedoch durch Schleifen und Polieren mit Diamantpaste, die in einer organischen Flüssigkeit fein verteilt wurde, und durch eine nachfolgende kurze Ätzung in destilliertem Wasser (modifizierte Mikrokorrosionsprobe nach J. Berendson und G. Wranglén) gefunden werden. In dieser Weise wurden viele rätselhafte Korrosionserscheinungen aufgeklärt. In beiden der genannten Fälle (Späroidisierung von Graphit in duktilem Gußeisen und Entschwefelung von Stahl) ist es sicherer, Cerium statt Magnesium bzw. Calcium zu verwenden, weil die dann gebildeten Ceriumoxysulfide (hauptsächlich Ce_2O_2S) sowohl in Wasser als auch in Säuren schwerlöslich sind.

3.6 Einige wichtige Kupfer- und Nickellegierungen

Abschließend sollen in Ergänzung zu Eisen und Stahl die Bezeichnungen, Zusammensetzungen und Eigenschaften einiger korrosionsbeständiger Kupfer- und Nickellegierungen betrachtet werden.

3.6.1 Kupferlegierungen

Kupfer ist ein relativ edles Metall, das unter nichtoxidierenden Bedingungen gute Korrosionseigenschaften aufweist. Es wird häufig zur Verbesserung der mechanischen Eigenschaften mit weniger edlen Metallen (z.B. Zink) legiert, was jedoch im ganzen die Korrosionsbeständigkeit vermindert. Durch einen Zusatz von passivierenden Metallen wie Nickel können sowohl die mechanischen Eigenschaften als auch die Korrosionseigenschaften verbessert werden. Einige wichtige Kupferlegierungen sind in Tabelle 3.2 aufgelistet und werden weiter unten erläutert.

Tabelle 3.2. Einige wichtige Kupferlegierungen nach DIN 17 660

Bezeichnung	Zusammensetzung in Gew.-%				
	Cu	Zn	Sn	Ni	Sonstige
MS 85	85	15	-	-	-
MS 80	80	20	-	-	-
MS 72	70	30	-	-	-
SoMS 71	71	28	1		0,04 As
SoMS 76	77	21	-	-	2 Al, 0,04 As
MS 60	60	40	-	-	-
SoMS 60	60	39	1	-	-
NS 6512	65	25	-	10	-
MS 90	90	10	-	-	-
SnBz 8	90	-	10	-	0,25 P
CuNi 10	90	-	-	10	-
AlBz 8	92	-	-	-	8 Al
CuNi 30	70	-	-	30	-

Messinge (Kupfer-Zink-Legierungen mit einem Zinkgehalt von 15-40 %) haben bessere mechanische Eigenschaften als Kupfer. Ihre Lochfraßbeständigkeit liegt in der Größenordnung derjenigen von Kupfer, während ihr Widerstand gegen Erosionskorrosion weitaus besser ist. Sie zeigen jedoch eine Anfälligkeit für Entzinkung und Spannungsrißkorrosion. Die Tendenz der Kupfer-Zink-Legierungen, in der genannten Weise zu korrodieren, ändert sich mit dem Zinkgehalt entsprechend Bild 3.9.

Die Messingarten MS 85 (15 % Zink) und MS 80 (20 % Zink) verhalten sich einer Entzinkung gegenüber relativ immun, sind aber für Erosionskorrosion anfälliger als MS 72 (30 % Zink), welches jedoch in Meerwasser und in weichem Frischwasser allmählich entzinkt wird. Diese Tendenz läßt sich durch einen Zusatz von 1 % Zinn (SoMS 71) verzögern. Kleine Mengen von Arsen, Antimon oder Phosphor unter-

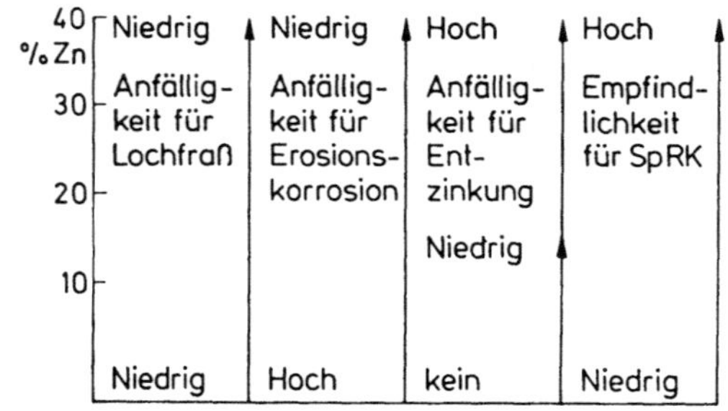

Bild 3.9. Tendenz zu Lochfraß, Erosionskorrosion, Entzinkung und SpRK mit steigendem Zinkgehalt in Kupfer-Zink-Legierungen (Messinge).

drücken die Entzinkung noch weiter (s. Abschn. 8.3). Dasselbe gilt auch für SoMS 76 (s. Tabelle 3.2), welches häufig in Brack- oder Meerwasser Verwendung findet. Obwohl SoMS 76 gegen Lochfraß empfindlich ist, ist es gegen Erosionskorrosion beständiger als SoMS 71. MS 60 (40 % Zink) wird vorwiegend für Kühlsysteme eingesetzt, die mit Frischwasser betrieben werden. Eine ähnliche, aber widerstandsfähigere Zusammensetzung hat SoMS 60 (1 % Zinn). NS 6512 (25 % Zink, 10 % Nickel) dient häufig als Substrat für Silberplattierungen.

Die Korrosion der Messingarten mit 90 % Kupfer, die üblicherweise für Schiffsschrauben eingesetzt werden, wird durch kathodischen Schutz über den Stahlrumpf verhindert.

Kupfer-Nickel-Legierungen sind sowohl gegen Lochfraß als auch gegen Erosionskorrosion besonders widerstandsfähig. Ferner unterliegt eine Kupfer-30% Nickel-Legierung weitaus weniger der Spannungsrißkorrosion als eine Kupfer-30% Zink-Legierung. Die weißen Kupfer-Nickel-Legierungen werden heute allgemein als Münzmetall anstelle von Silber verwendet.

Die erwähnten Korrosionsarten werden in den Kap. 8 und 9 behandelt.

3.6.2 Nickellegierungen

Nickel ist ein passivierendes Metall, daß sich auch im aktiven Zustand nur langsam auflöst. Durch Legieren läßt sich seine Korrosionsbeständigkeit noch weiter verbessern. Die Standardzusammensetzung einiger handelsüblicher korrosionsbeständiger Nickel-Basislegierungen sind in Tabelle 3.3 aufgeführt.

Tabelle 3.3. Einige wichtige Nickellegierungen

Bezeichnung	Zusammensetzung in Gew.-%					
	Ni	Cr	Mo	Fe	Cu	Sonstige
Monel 400	66	-	-	1	32	1
Inconel 600	76	16	-	7	-	1
Hastelloy B[1]	65	-	28	6	-	Si 1
Hastelloy C[1]	59	16	16	5	-	W 4
Hastelloy D	88	-	-	-	3	Si 9
Hastelloy F	50	22	7	17	-	Nb 3, W 1

[1] Chlorimet 2 und 3 entsprechen Hastelloy B bzw. C.

Der Zusatz von Kupfer zu Nickel erhöht dessen Säurebeständigkeit unter reduzierenden Bedingungen sowie die Lochfraßbeständigkeit in Meerwasser. Oberhalb von ca. 65 % Kupfer verlieren die Kupfer-Nickel-Legierungen (s. Tabelle 3.2) die passiven Eigenschaften des Nickels und verhalten sich mehr wie Kupfer, behalten jedoch eine merklich verbesserte Beständigkeit gegen Erosionskorrosion. Dagegen unterliegen die 70% Nickel-30% Kupfer-Legierungen (Monel) in stehendem Meerwasser dem Lochfraß, während sie in fließendem belüfteten Meerwasser, welches eine gleichmäßige Sauerstoffzufuhr gewährleistet, nicht angegriffen werden.

Legieren von Nickel mit Chrom (Inconel 600) führt wie bei Eisen zu einer erhöhten Widerstandsfähigkeit gegen oxidierende Säuren (z.B. HNO_3) und gegen Hochtemperaturoxidation. Andererseits liegt die Lochfraßempfindlichkeit in Chloridlösungen bei Nickel-Chrom-Legierungen höher als bei reinem Nickel.

Durch den Zusatz von Molybdän (Hastelloy B) wird die Beständigkeit von Nickel gegenüber nichtoxidierenden Säuren erheblich verbessert. Diese Legierungen passivieren zwar nicht, ihre Auflösungsgeschwindigkeit im aktiven Zustand ist jedoch sehr gering. Da die Nickel-Molybdän-Legierungen aktive Korrosionspotentiale besitzen, bilden sie keine Aktiv-Passiv-Zellen und können deshalb in stark sauren Medien, denen sie in der Praxis gewöhnlich ausgesetzt sind, nicht durch Lochfraß angegriffen werden.

Legieren von Nickel mit Molybdän und Chrom führt zu einer Legierung (Hastelloy C), die sowohl gegen oxidierende als auch gegen nichtoxidierende Säuren resistent ist. Eine andere Nickellegierung (Hastelloy F), die weniger Molybdän, aber mehr Chrom und Eisen sowie ca. 3 % Niob enthält, ist ebenfalls unter oxidierenden Bedingungen beständig. Abschließend sei noch die Nickel-Silicium-Legierung Hastelloy D erwähnt, die durch H_2SO_4, H_2SO_3, H_3PO_4 und organische Säuren innerhalb eines großen Temperatur- und Konzentrationsbereiches nicht angegriffen wird.

4 Metallische Korrosion in verschiedenen Medien

4.1 Systematik der Korrosion

Die Einteilung der Korrosion erfolgt üblicherweise nach folgenden Kriterien:

- Korrosionsmedien,
- Korrosionsmechanismen,
- Korrosionsarten,
- Metalle,
- Anwendungsgebiet oder Industriezweig,
- Korrosionsschutzmaßnahmen.

Eine systematische Übersicht der Korrosion beginnt am zweckmäßigsten mit dem Korrosionsmedium: feuchte Umgebung, heiße Gase, schmelzflüssige Salze, wasserfreie organische Flüssigkeiten usw. Dies führt gleichzeitig zu einer Unterteilung nach Mechanismen: z.B. elektrochemische Mechanismen in wäßrigen Lösungen, chemische Mechanismen in wasserfreien organischen Flüssigkeiten. Auch die Test- und Untersuchungsmethoden werden durch das korrosive Medium vorgegeben. Die verschiedenen Korrosionsarten wie Lochfraß und Spannungsrißkorrosion sind natürliche Gliederungspunkte. Eine Aufteilung nach verschiedenen Metallen ist gebräuchlich und praktisch für Handbücher, hat jedoch vom systematischen Standpunkt aus wenig Bedeutung. Demgegenüber ist die Unterteilung nach Anwendungsgebiet oder Industriezweig im weiteren Sinn wieder auf den Umgebungseinfluß zurückzuführen. Die Korrosionsschutzmethoden können abschließend entsprechend ihren Einsatzgebieten und der Art der vorgenommenen Änderungen folgendermaßen gegliedert werden:

- Änderung des Metalls,
- Änderung des korrosiven Mediums,
- Änderung des Elektrodenpotentials Metall/korrosives Medium,
- Trennung von Metall und korrosivem Medium mittels Oberflächenbeschichtungen.

Die Korrosionsphänomene können nach ihrer Umgebung und folglich auch nach ihren grundlegenden Reaktionsmechanismen in folgende Hauptgruppen unterteilt werden (Tabelle 4.1):

Tabelle 4.1. Korrosionsmechanismen

Korrosionsmechanismus	Korrosionsmedium	Beispiel
elektrochemisch	feucht	- Korrosion in Wasser und wäßrigen Lösungen
	"	- atmosphärische Korrosion
	"	- Bodenkorrosion
elektrochemisch	geschmolzene Salze und Schlacken	
chemisch	heiße Gase (z.B. Oxidation)	- Anlaufen und Verfärbung (bei normaler Temperatur) - Verzunderung (bei hoher Temperatur)
chemisch	wasserfreie organische Flüssigkeiten und Gase	- Korrosion in chlorierten Kohlenwasserstoffen - Korrosion in Alkoholen
physikalisch	geschmolzene Metalle	

4.2 Korrosion in feuchten Medien

Eine für die Korrosionsrate entscheidende Einflußgröße ist das Medium. Tabelle 4.2 zeigt die ungefähren Korrosionsraten einiger Metalle in verschiedenen feuchten Medien in μm nach 10 Jahren.

Da es sich bei den korrosiven Medien um Elektrolytlösungen handelt, erfolgt die Korrosion erwartungsgemäß über Elektrodenprozesse. Dabei ist die Metallauflösung die anodische Reaktion. Gleichzeitig läuft die kathodische Reaktion ab, bei der das korrosive Agens, normalerweise gelöster atmosphärischer Sauerstoff, manchmal auch Wasserstoffionen, verbraucht wird. Korrosionsschutzmaßnahmen sollen entweder eine oder beide Reaktionen verhindern.

Tabelle 4.2. Korrosionsraten in verschiedenen feuchten Medien

	Luft			Wasser			Boden	
	Industrie	Stadt	Land	Fluß	Meerwasser	hartes Leitungswasser	hoch korrosiv	korrosiv	leicht korrosiv
Werkstoff	Korrosionsrate in µm in 10 Jahren								
ungeschützter Stahl[1]	1000	500	100	500	1000	100	1000	300	50
verzinkter Stahl	100	50	20	300	200	150	150	100	30
Aluminiumlegierungen		10[2]	0,5[3]				350	35	5
Kupfer		10	5				30	15	5

[1] Löcher können 5 mal so tief sein wie die mittlere Dickenabnahme
[2] Löcher können 10 mal so tief sein wie die mittlere Dickenabnahme
[3] Löcher können 100 mal so tief sein wie die mittlere Dickenabnahme

4.2.1 Wasser und wäßrige Lösungen

Hartes Leitungswasser, welches einen relativ hohen Anteil an Calciumhydrogencarbonat enthält, wirkt weniger korrosionsfördernd als weiches Wasser (z.B. Regenwasser), da die aus dem harten Wasser gebildeten Calciumcarbonatablagerungen einen gewissen Korrosionsschutz darstellen.

Warmes Wasser ist im allgemeinen korrosiver als kaltes. Die Zunahme der Korrosionsrate mit der Temperatur läßt sich für Stahl in Wasser auf eine höhere Diffusionsrate des Sauerstoffs bis zu einem Maximalwert bei ungefähr 80 °C zurückführen. Bei weiterer Temperaturerhöhung nimmt die Korrosionsrate infolge der verringerten Sauerstofflöslichkeit im Wasser wieder ab.

4.2.2 Die Atmosphäre

Die atmosphärische Korrosion ist im allgemeinen das Ergebnis von zwei sich beeinflussenden Faktoren: Sauerstoff und Feuchtigkeit (Wasser in flüssiger Form). Fehlt einer der beiden Faktoren, tritt keine Korrosion auf. Deshalb rostet Stahl nicht in trockener Luft sowie unterhalb des Gefrierpunktes oder unterhalb einer relativen Luftfeuchtigkeit von etwa 60 %; die Korrosion in Polar- und Wüstengebieten ist daher vernachlässigbar gering. Stahl rostet ebenfalls nicht in geheizten trockenen Räumen. In ungeheizten Gebäuden dagegen ist in der Regel die relative Feuchtigkeit so hoch, daß das Rosten von Stahl nicht ausgeschlossen ist.

Eine starke Zunahme der atmosphärischen Korrosion ergibt sich, wenn die Luft durch Abgase verunreinigt ist, insbesondere durch Schwefeldioxid aus fossiler Verbrennung oder durch aggressive Salze in der Nähe von Schornsteinen oder in maritimer Umgebung. Aus diesem Grund ist die atmosphärische Korrosion besonders stark in Industrie- und Küstengebieten vertreten. Größere Ausmaße nimmt die Korrosion dann an, wenn die Metalloberfläche mit festen Partikeln wie Staub, Schmutz und Ruß bedeckt ist, weil hierdurch Feuchtigkeit und Salze längere Zeit haften bleiben (s. auch Kap. 10).

4.2.3 Der Boden

Tabelle 4.2 zeigt, daß die Korrosionsraten im Boden höher als in der Atmosphäre und manchmal sogar so hoch wie im Meerwasser liegen können. Die Korrosivität wird hauptsächlich durch den elektrischen Widerstand des Bodens bestimmt, wobei ein niedriger Bodenwiderstand meist zu einer hohen Korrosivität führt und umgekehrt. Ursache für eine höhere Leitfähigkeit sind die Anwesenheit von Feuchtigkeit und löslichen Salzen, zwei Faktoren, die die Korrosion fördern und das Fließen von Korrosionsströmen erleichtern. In größeren Tiefen ist die Korrosion durch eine geringere Sauerstoffzufuhr begrenzt. Manchmal können jedoch bei fehlendem Sauerstoff sulfatreduzierende Bakterien hohe Korrosionsraten bewirken. Korrosion im Boden wird in Kap. 11 recht eingehend behandelt.

4.3 Korrosion (Oxidation) in trockenen Gasen (Luft, Abgase, Dampf bei hohen Temperaturen)

Grundsätzlich kann auch die Korrosion in trockenen, oft heißen Gasen elektrochemisch als ein Ergebnis von Elektrodenprozessen in einer galvanischen Zelle aufgefaßt werden. Im Unterschied zur Korrosion in wäßrigen Lösungen liegen jedoch die anodischen und kathodischen Grenzflächen nicht nebeneinander an der Oberfläche, vielmehr sind sie übereinander an den Grenzflächen Metall/Korrosionsprodukt/Gasphase angeordnet: Die Grenzfläche Metall/Oxid ersetzt die Anode (Reaktion: $Me \rightarrow Me^{2+} + 2\,e^-$) und die Oberfläche der Oxidschicht die Kathode (Reaktion: $1/2\,O_2 + 2\,e^- \rightarrow O^{2-}$), während der Oxidfilm aufgrund seiner halbleitenden Eigenschaften sowohl als äußerer Stromkreis als auch als Elektrolyt in der galvanischen Zelle wirkt. Die Oxidationsrate ergibt sich meist aus dem

Massentransport durch den Oxidfilm, bei dem in der Mehrzahl der Fälle die Metallionen nach außen, seltener die Sauerstoffionen nach innen wandern.

Eine trockene Oxidation bei niedrigen Temperaturen bezeichnet man häufig als Verfärbung, während die durch Hochtemperaturoxidation entstehenden dicken, oft abplatzenden Schichten Zunder genannt werden. Reibkorrosion (s. Abschn. 9.6) ist auch ein Beispiel trockener Korrosion. Sie wird deshalb bisweilen auch als Reiboxidation bezeichnet.

4.4 Korrosion in wasserfreien organischen Flüssigkeiten und Gasen

Das Auftreten von Korrosion in organischen Flüssigkeiten und Gasen ist relativ selten. Beispiele finden sich in der Korrosion von Aluminium in chlorierten Kohlenwasserstoffen wie CCl_4 und $CHCl_3$ sowie in Alkoholen wie Äthanol, Propanol und Butanol und ferner von Magnesium und Titan in Methanol. Diese Reaktionen laufen in flüssigem oder gasförmigem Korrosionsmedium in gleicher Weise ab und sind offensichtlich nicht elektrochemischer Natur, was mit der Tatsache übereinstimmt, daß die Korrosionsmedien Nichtelektrolyten sind. Wasser wirkt in diesen Fällen als Inhibitor.

Es sollte andererseits darauf hingewiesen werden, daß die meisten Korrosionsschäden in organischen Flüssigkeiten, z.B. Benzin und Öl, auf das Vorhandensein von geringen Wassermengen zurückzuführen sind, die oft Salze oder Säuren enthalten und folglich elektrochemischer Natur sind.

4.5 Korrosion durch geschmolzene Metalle

Die Korrosion durch geschmolzene Metalle beruht auf der Auflösung oder Rißbildung von festen Metallen, die sich in Kontakt mit flüssigem Metall wie z.B. Blei, Natrium und Quecksilber befinden. Hierbei handelt es sich nicht um einen chemischen Angriff, sondern um die physikalische Auflösung unter Legierungsbildung, die mit dem Eindringen von flüssigem Metall in die Korngrenzen verbunden sein kann. Zu dieser Korrosionsart zählt auch der Angriff von Quecksilber auf Messing, der unter mechanischer Beanspruchung zur Rißbildung führt sowie der Angriff von Quecksilber auf Aluminium, welches nach der Amalgambildung sofort oxidiert, da sich kein Schutzfilm ausbilden kann.

5 Potential-pH-Diagramme

Die meisten Metalle sind deshalb korrosionsanfällig, weil sie zusammen mit den umgebenden Medien wie Wasser und Luft ein thermodynamisch instabiles System darstellen, welches bestrebt ist, Energie (bzw. freie Enthalpie) durch Bildung einer chemischen Verbindung des Metalls (Oxid oder wasserhaltiges Oxid) freizusetzen. Das Metall als solches wird unter Aufwand von Energie aus seinen natürlich vorkommenden Verbindungen, den Erzen, gewonnen. Der Korrosionsvorgang kann also als das Bestreben des Metalls angesehen werden, wieder in den ursprünglichen oxidierten Zustand zurückzukehren. Deshalb ist es wichtig, die Thermodynamik dieser Korrosionsvorgänge zu betrachten, da sie Aufschluß über die Bedingungen gibt, unter denen ein Metall korrodieren kann.

Eine übersichtliche Darstellung der Voraussetzungen für elektrochemische Korrosion in feuchter Umgebung findet man in Potential-pH-Diagrammen, die nach ihrem Erfinder auch Pourbaix-Diagramme genannt werden. Als Ordinate wird das Redoxpotential des korrodierenden Systems und als Abszisse der pH-Wert aufgetragen. Mit Hilfe thermodynamischer Daten und der Nernstschen Gleichung für Elektrodenpotentiale können die Grenzen der Stabilitätsbereiche abgeleitet werden. Eine vereinfachte Darstellung dieser Diagramme für Kupfer und Eisen zeigen die Bilder 5.1 und 5.2.

Die thermodynamischen Daten für Eisen, wie auch für viele andere Systeme, sind zu unvollständig und ungenau, um alle Grenzen der Stabilitätsbereiche bestimmen zu können. Die Diagramme werden üblicherweise für eine Temperatur von 25 °C und eine Metallionenkonzentration von 10^{-6} mol gelösten Metalls pro Liter Lösung aufgestellt. Bei einer niedrigeren Metallionenkonzentration der Lösung wird eine Korrosion als nicht erfolgt betrachtet.

Die Steigungen der gestrichelten Linien in den Diagrammen geben die entsprechenden Redoxpotentiale der Lösungen wieder, die mit Wasserstoff und Sauerstoff im Gleichgewicht stehen. Daraus ist ersichtlich, daß das mit dem Sauerstoff im Gleichgewicht befindliche Redoxpotential der Lösung um 1,23 V höher liegt als in Anwesenheit von Wasserstoff und daß das Redoxpotential in beiden Fällen um 0,059 V abnimmt, wenn der pH-Wert um eine Einheit erhöht wird. Allgemein läßt sich sagen, daß sich alle schrägen Linien im Diagramm auf ein pH-abhängiges Redoxgleichgewicht beziehen, während die horizontalen Geraden nicht pH-abhängige Redoxgleichgewichte (z.B. Cu^{2+}/Cu und Fe^{3+}/Fe^{2+}) wiedergeben. Vertikale Linien bezeichnen Gleichgewichte ohne Elektronenumsatz und verlaufen deshalb unabhängig vom Potential (z.B. das Lösungsgleichgewicht zwischen der amphoteren $Cu(OH)_2$-Verbindung und Säure oder Alkali).

Befindet sich ein Metall im stabilen Zustand, so daß keine Korrosion auftritt, spricht man von Immunität. In den Fällen, in denen eine Verbindung des Metalls im thermodynamisch stabilen Zustand vorliegt, kann Korrosion stattfinden. Bilden schwer lösliche Verbindungen des Metalls einen schützenden Film auf der Oberfläche, wird die Korrosionsrate vernachlässigbar klein. Das Metall verhält sich dann passiv. Voraussetzung hierfür ist, daß durch die schwer lösliche Verbindung (häufig ein Oxid) ein festhaftender, dichter Film auf dem Metall entsteht. Ob die Korrosionsschicht passivierende Eigenschaften hat, kann thermodynamisch nicht geklärt werden. Es handelt sich hierbei um empirische Ergebnisse, die mehr mit der Reaktionskinetik verbunden sind. Dennoch werden Potential-pH-Diagramme unter Heranziehung von Passivitätsuntersuchungen wesentlich aussagekräftiger.

Aus Bild 5.1 ist ersichtlich, daß für Kupfer bei allen pH-Werten das Potential der Wasserstoffelektrode innerhalb des Immunitätsbereiches liegt. Folglich wird metallisches Kupfer nicht durch entlüftete Lösungen nichtoxidierender und nichtkomplexbildender Säuren, Salze oder Alkalien angegriffen, während es in belüfteten Lösungen korrodiert. Entsprechend des amphoteren Charakters von Cu(II)-Hydroxid entstehen in sauren Lösungen Cu^{2+}-Ionen, in stark alkalischen Lösungen CuO_2^{2-}-Ionen. Im pH-Bereich von 6,7-12,7 wird die Kupferoberfläche durch unlösliches CuO bedeckt. Bildet dieses Oxid einen dichten, kohärenten Film, ist der Korrosionsangriff sofort beendet. Bei pH-Werten nahe den Grenzlinien zwischen Korrosion und Passivität treten häufig fehlerhafte Schichten und lokalisierte Angriffe auf. Bild 5.1 gilt nicht in Anwesenheit von Komplexbildnern wie Ammoniak und Zyaniden, die völlig andere Elektrodenreaktionen und -potentiale verursachen. In diesen Medien ist die Korrosionsgefahr wesentlich

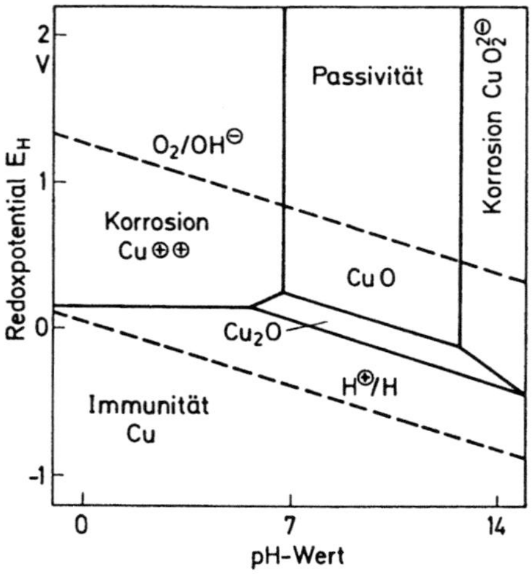

Bild 5.1. Potential-pH-Diagramm für Kupfer in einer wäßrigen Lösung mit 10^{-6} Grammatomen Kupfer pro Liter; Raumtemperatur.

größer, da das Gebiet der Immunität kleiner ist und sich Kupferoxide in NH_3 und CN^- lösen.

Für Eisen liegt das Redoxpotential der Wasserstoffelektrode entlang der gesamten pH-Skala über dem Gebiet der Immunität. Daraus folgt, daß sich Eisen unter Wasserstoffentwicklung in wäßrigen Lösungen aller pH-Werte auflösen kann. Dennoch bildet sich im pH-Intervall von 9,4-12,5 eine passivierende Schicht von $Fe(OH)_2$. Bei niedrigeren pH-Werten korrodiert Eisen unter Bildung von Fe^{2+}-Ionen, bei höheren pH-Werten löst sich das Eisenhydroxid unter Freisetzung von $HFeO_2^-$-Ionen auf. In den letztgenannten Korrosionsbereich fällt auch die Laugensprödigkeit der Stähle, die ein Beispiel für die Spannungsrißkorrosion ist. Bei höheren Redoxpotentialen des korrosiven Mediums ist die passivierende Schicht aus Fe_3O_4 oder $Fe_2O_3 \cdot nH_2O$ zusammengesetzt. In sehr stark oxidierenden und besonders alkalischen Medien kann es zu Korrosion unter Bildung von Ferrationen (FeO_4^{2-}) kommen. Komplexbildende Ionen führen zu einer Änderung des Diagramms und erhöhen die Korrosionsgefahr für Eisen.

Man betrachte nun eine Eisenprobe, die in eine sauerstofffreie Lösung von pH 6 eintaucht. Bestimmt man das Elektrodenpotential der Probe aus dem Gleichgewicht zwischen Metall und Metallionen der Lösung, so würde das Potential auf die horizontale Grenzlinie zwischen den Bereichen der Immunität und der Korrosion fallen. Würde sich andererseits die Eisenprobe wie ein inertes Metall verhalten und als Wasserstoffelektrode wirken, läge das Potential auf der gestrichelten Geraden der betreffenden Elektrode. Tatsächlich befindet sich jedoch das Potential zwischen den beiden Gleichgewichtspotentialen. Das sich einstellende Korrosionspotential ist ein Beispiel für ein sog. Mischpotential, welches durch zwei gleichzeitig ablaufende und elektrisch gekoppelte Elektrodenreaktionen bestimmt wird.

Nach Bild 5.2 ergeben sich drei Möglichkeiten, die Eisenprobe aus dem korrosiven Bereich zu entfernen:

-- Durch Herabsetzen des Elektrodenpotentials in den Bereich der Immunität. Dazu wird die Probe in einer galvanischen oder elektrolytischen Zelle als Kathode geschaltet, was man als kathodischen Schutz bezeichnet. Ein weiteres Beispiel hierfür ist die Herabsetzung des Potentials aus dem FeO_4^{2-}-Bereich in den Passivitätsbereich, was jedoch oft nur einen unvollkommenen kathodischen Schutz bietet.
-- Durch Erhöhung des Elektrodenpotentials in den Bereich der Passivität. Dazu kann das Metall in einer galvanischen oder elektrolytischen Zelle als Anode geschaltet werden (anodischer Schutz). Gebräuchlicher ist es jedoch, die

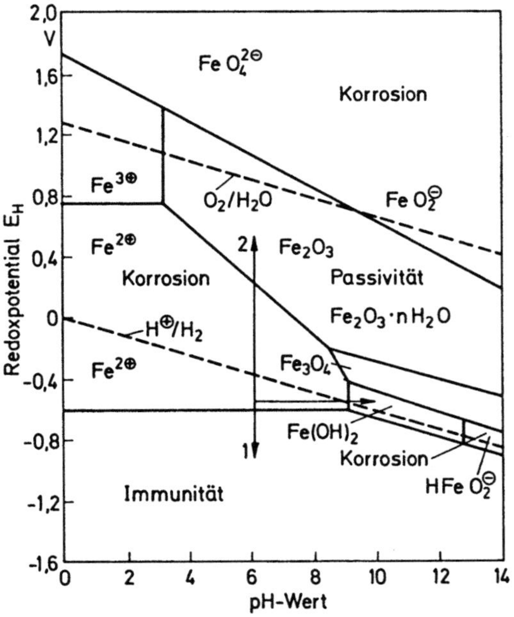

Bild 5.2. Potential-pH-Diagramm für Eisen. Die Eisenkonzentration beträgt 10^{-6} Grammatome pro Liter; Raumtemperatur.

Potentialerhöhung mittels Zugabe von anodischen Inhibitoren zu erreichen. Dabei handelt es sich meist um ein oxidierendes Agens, welches einen passivierenden Film auf der Metalloberfläche entwickelt.

— Durch Erhöhung des pH-Wertes oder der Alkalität der Lösung, was ebenfalls eine Passivschichtbildung bewirkt.

Die theoretischen Potential-pH-Diagramme nach Pourbaix sind ein äußerst wirksames Mittel, um thermodynamische Daten korrodierender Systeme zu erfassen und darzustellen. Deshalb sind sie der natürliche Ausgangspunkt für die Betrachtung von Korrosionsvorgängen. Es sollte jedoch dabei berücksichtigt werden, daß ihre Anwendung gewisse Grenzen aufweist, die in der Natur der Diagramme liegen. Hierzu gehören:

— Das Pourbaix-Diagramm setzt voraus, daß sich zwischen dem Metall und dessen Ionen sowie zwischen den in der Lösung und in den Korrosionsprodukten enthaltenen Ionen Gleichgewicht herrscht. In der Praxis kann man jedoch weit vom Gleichgewichtszustand entfernt sein.
— Der Begriff der Passivität ist im Pourbaix-Diagramm auf den Existenzbereich von Oxiden, Hydroxiden oder anderer schwer löslicher Substanzen bezogen, ohne Berücksichtigung ihrer schützenden Eigenschaften.
— Der im Diagramm angegebene pH-Wert ist der an der Oberfläche des betreffenden Metalls vorherrschende. Dieser kann jedoch örtlich variieren und ist normalerweise im Bereich der anodischen Fläche niedriger und im Bereich der kathodischen höher als der (gemessene) Wert im Inneren der korrosiven Lösung.
— Das Pourbaix-Diagramm gibt keine Information über die Korrosionsrate, da das Diagramm nicht auf kinetischen, sondern auf thermodynamischen Daten basiert.

Wird jedoch das theoretische Potential-pH-Diagramm durch Versuchs- und Erfahrungswerte der Passivität ergänzt, erhält man empirische Potential-pH-Diagramme, die von größter praktischer Bedeutung für die Korrosionsüberwachung sind (s. Anhang).

6 Die Kinetik der elektrochemischen Korrosion. Passivität

6.1 Elektrodenpotentiale korrodierender Systeme – Die galvanische Reihe

Die Bestimmung des Elektrodenpotentials, das sich auf einer Metalloberfläche in einer korrosiven Flüssigkeit entwickelt, ist ebenso wichtig wie schwierig. In der Regel enthält diese Flüssigkeit anfänglich noch keine Ionen des Metalls der Elektrode. Das sich in diesem Fall einstellende irreversible Elektrodenpotential weicht deshalb merklich von dem reversiblen Gleichgewichtspotential einer Metallelektrode ab, die sich in der Lösung ihrer eigenen Ionen befindet.

Im Laufe der Zeit ergibt sich unter der Einwirkung des korrosiven Mediums auf das Metall eine geringere Metallionenkonzentration nahe der Metalloberfläche. Diese Konzentration läßt sich im Falle der Bildung einer schwer löslichen Verbindung aus deren Löslichkeitsprodukt bestimmen. Daraus folgt, daß das Elektrodenpotential korrodierender Metalle häufig als annähernd reversibles Potential betrachtet werden kann. Es kann deshalb über die Nernstsche Gleichung aus den Standardpotentialen der entsprechenden Elektroden 2. Art oder der Me^{n+}/Me-Elektrode berechnet oder wenigstens abgeschätzt werden.

Lösungen, welche Komplexionen mit dem korrodierenden Metall bilden, entsprechen einer sehr niedrigen Metallionenkonzentration. Das Elektrodenpotential wird daher stark in negativer Richtung verschoben. In einigen Fällen läßt sich das Korrosionspotential über ein Redoxsystem, welches das aufgelöste Metall nicht enthält, bestimmen, z.B. die Wasserstoff- oder Sauerstoffelektrode.

Passivierende Oxidfilme verschieben das Korrosionspotential normalerweise stark in positive Richtung. Wie in Bild 2.16 kann auch hier die Verschiebung als anodische, Ohmsche Polarisation angesehen werden, die durch den ionischen

Widerstand des Oxidfilms (bzw. von Poren, die mit Elektrolytflüssigkeit gefüllt sind) verursacht ist; demgegenüber ist die kathodische Polarisation aufgrund des Elektronenwiderstands der Oxidschicht in der Regel kleiner.

Diese verschiedenartigen Effekte erklären, warum die Elektrodenpotentiale korrodierender Metalle häufig mehr oder weniger vom reversiblen Standardpotential abweichen, das unter Gleichgewichtsbedingungen in Lösungen beobachtet wird, in denen die Ionen der entsprechenden Metalle die Aktivität 1 besitzen. Die Korrosionspotentiale von Metallen und Legierungen in einer bestimmten Lösung, beispielsweise in einer 3%igen NaCl-Lösung (ungefähre Zusammensetzung von Meerwasser), werden häufig in einer sog. galvanischen Reihe zusammengefaßt. Die Reihenfolge der Metalle entspricht nicht der einer elektrochemischen Spannungsreihe, die auf den Standardpotentialen der Metalle basiert (Tabelle 2.2). Als Vergleich zeigt Tabelle 6.1 für einige gebräuchliche Metalle die galvanische Spannungsreihe (in 3 % NaCl) und zwei elektrochemische Spannungsreihen. Die eine bezieht sich auf Me/Me^{n+}-Potentiale in Lösungen des entsprechenden Metallions mit einer Aktivität von 1, die andere auf Elektroden 2. Art (Me/Me_xZ_y).

Tabelle 6.1. Vergleich von Standardelektrodenpotentialen und Korrosionspotentialen (in 3%iger NaCl-Lösung) für einige gebräuchliche Metalle

Spannungsreihe von Standardelektroden bezogen auf die NWE			Galvanische Spannungsreihe (in 3%iger NaCl-Lösung) bezogen auf die NWE
	Me/Me^{n+}	Me/Me_xZ_y, pH7	
Pt/Pt^{2+}	+1,20 V	+0,57 (Pt/PtO)	Pt +0,47 V
Ag/Ag^{+}	+0,80 V	+0,22 (Ag/AgCl)	Ti +0,37 V
Cu/Cu^{2+}	+0,34 V	+0,05 (Cu/Cu_2O)	Ag +0,30 V
H_2/H^{+}	0,00 V	-0,414 (H_2/H_2O)	Cu +0,04 V
Pb/Pb^{2+}	-0,13 V	-0,27 ($Pb/PbCl_2$)	Ni -0,03 V
Ni/Ni^{2+}	-0,25 V	-0,30 (Ni/NiO)	Pb -0,27 V
Fe/Fe^{2+}	-0,44 V	-0,46 (Fe/FeO)	Fe -0,40 V
Zn/Zn^{2+}	-0,76 V	-0,83 (Zn/ZnO)	Al -0,53 V
Ti/Ti^{2+}	-1,63 V	-0,50 (Ti_2O_3/TiO_2)	Zn -0,76 V
Al/Al^{3+}	-1,67 V	-1,90 (Al/Al_2O_3)	

Beim Vergleich dieser drei Reihen ist besonders auffällig, daß die Bildung eines passivierenden Oxidfilms das Titan-Potential um mehr als 2 V und das von Aluminium um mehr als 1 V erhöht. Für Platin, Silber, Kupfer, Blei, Eisen und Zink wurden Oxid- oder Chloridelektroden entwickelt, deren gemessene Elektrodenpotentiale gut mit denen für pH 7 oder $[Cl^-] = 1$ berechneten übereinstimmen. Die praktisch gleichlautenden Werte von Eisen und Zink in den drei Reihen sind rein zufällig.

Die praktische Spannungsreihe findet immer dann Verwendung, wenn es sich um Korrosionsvorgänge handelt. Aus ihr ist beispielsweise ersichtlich, daß in der galvanischen Zelle Zink-Aluminium das Zink zum negativen Pol wird und sich auflöst oder korrodiert. In Meerwasser oder maritimer Atmosphäre ist deshalb Zink eine kathodische Schutzschicht für Aluminium ebenso wie für Stahl.

Einen tieferen Einblick in die Theorie der Korrosionspotentiale liefert die Theorie der Mischpotentiale. Letztere berücksichtigt die Tatsache, daß das Elektrodenpotential eines korrodierenden Metalls über zwei simultan ablaufende Elektrodenprozesse (d.h. Oxidation des Metalls und Reduktion des korrosiven Agens) bestimmt werden muß.

6.2 Mischpotentiale und Polarisationsdiagramme

Das Prinzip des Mischpotentials wurde bereits im Zusammenhang mit den thermodynamischen Potential-pH-Diagrammen eingeführt. Wie die Bezeichnung schon andeutet, wird angenommen, daß sich ein derartiges irreversibles Nichtgleichgewichtspotential durch Anpassung der Potentiale zweier Elektroden ergibt, die über einen gemeinsamen Strom aneinander gekoppelt sind. Verursachen diese Elektrodenreaktionen einen Korrosionsvorgang, so spricht man von einem Korrosionspotential. Eine deutliche Vorstellung über die Bildung von Korrosions- oder Mischpotentialen geben die Polarisationsdiagramme, welche deshalb eine Grundlage der elektrochemischen Korrosionstheorie darstellen.

Bild 6.1 zeigt das Polarisationsdiagramm für ein korrodierendes Metall M, wobei die kathodische Reaktion eine Wasserstoffabscheidung ist. Bei einem gleichmäßigen Korrosionsangriff kann die ganze Oberfläche als Anode für die Oxidationsreaktion des Metalls und als Kathode für die Reduktion des korrosiven Mediums angesehen werden. Würde das Metall nicht korrodieren, aber in einem reversiblen Ionenaustausch der Stromdichte $i_{0,M}$ mit der Lösung stehen, so würde es das

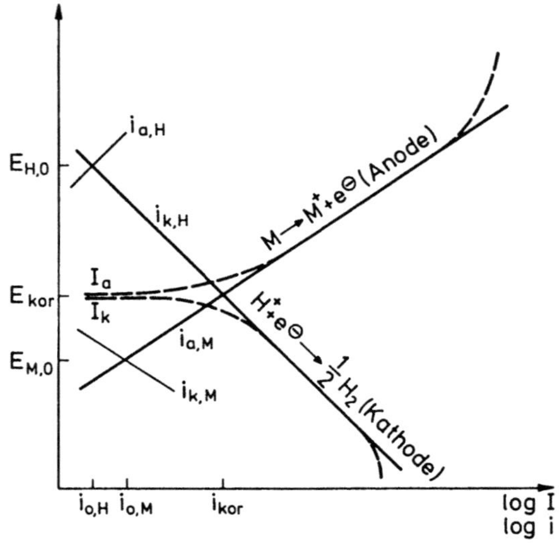

Bild 6.1. Polarisationsbedingungen einer korrodierenden Elektrode. —— = tatsächlicher anodischer oder kathodischer Strom i_a oder i_k; --- = äußerer (gemessener) anodischer oder kathodischer Strom I_a oder I_k; E_{kor} = Korrosionspotential; i_{kor} = Korrosionsstrom.

Gleichgewichtspotential $E_{M,0}$ annehmen. Stünde demgegenüber die mit Wasserstoff gesättigte nichtkorrodierende Elektrode in einem reversiblen Ionenaustausch der Stromdichte $i_{0,H}$ mit den Wasserstoffionen der Lösung, so würde sie das Gleichgewichtspotential $E_{H,0}$ aufweisen. Die einzelnen Elektrodenpotentiale werden während des Korrosionsvorganges gegeneinander verschoben, wobei sich das Anodenpotential durch die anodische Polarisation η_a in positiver Richtung und das Kathodenpotential durch die kathodische Polarisation η_k in negativer Richtung bewegt. Das gemessene Elektrodenpotential ist ein gemeinsames, mittleres Mischpotential und wird wie in Bild 6.1 als Korrosionspotential E_{kor} bezeichnet. Der Korrosionsvorgang verläuft dann über einen Korrosionsstrom i_{kor} weiter, der ohne äußeren Strom für die anodische und kathodische Reaktion gleich groß sein muß.

Das Korrosionspotential und der Korrosionsstrom erscheinen deshalb im halblogarithmischen Polarisationsdiagramm nach Bild 6.1 als Koordinaten des Schnittpunktes zweier geradliniger Polarisationskurven. Um diesen Diagrammtyp auch für den ungleichmäßigen Korrosionsangriff anwenden zu können, bei dem die anodischen und kathodischen Flächenanteile verschieden groß sind, ist es notwendig, anstelle des Logarithmus der Stromdichte den Logarithmus der Stromstärke an der Ordinate aufzutragen, wie es für die einzelnen Polarisationskurven üblich ist.

Im folgenden sollen einige Beispiele zeigen, wie Polarisationsdiagramme zur Darstellung und Erläuterung verschiedener Korrosionsprozesse eingesetzt werden können. Dabei werden diejenigen Abschnitte der Polarisationskurven benutzt, die zwischen Austausch- und Korrosionsstromdichte liegen und die sich üblicherweise aus der Extrapolation der Tafel-Geraden ergeben. Diese Art von Polarisationsdiagrammen wurde erstmals von U.R. Evans und Mitarbeitern verwendet und werden deshalb häufig als Evans-Diagramme bezeichnet. Sie stellen ein wichtiges theoretisches Hilfsmittel dar.

Die Theorie der Mischpotentiale ergänzt (und ersetzt teilweise) die ältere Korrosionstheorie, die vollkommen auf Lokalzellen basiert, welche im Fall der gleichmäßigen Korrosion als submikroskopisch klein betrachtet werden. Dies zeigt, daß die Grundlagenforschung in der Korrosion sich zunehmend mit der Kinetik der Elektrodenreaktionen beschäftigt; dabei wird versucht, aus Messungen der Polarisation Schlußfolgerungen bezüglich des Mechanismus und der Geschwindigkeit der Korrosionsreaktionen zu ziehen.

6.3 Experimenteller Nachweis der elektrochemischen Natur metallischer Korrosion

Die elektrochemische Interpretation von Korrosionsvorgängen ist nicht nur eine Theorie, welche besser als andere die beobachteten Phänomene erklärt. Durch die Messung von Elektrodenpotentialen und Korrosionsströmen sowie durch Analyse anodischer und kathodischer Korrosionsprodukte ergeben sich vielmehr überzeugende Beweise des elektrochemischen Mechanismus der metallischen Korrosion. Dies gilt insbesondere für diejenige Art von Korrosion, die durch Sauerstoffkonzentrationszellen infolge einer ungleichmäßigen Sauerstoffzufuhr verursacht wird, weshalb man auch von Belüftungszellen spricht.

Ein typisches Beispiel für eine lokale elektrochemische Korrosion ist die Tropfenkorrosion, die auftritt, wenn sich ein Tropfen NaCl-Lösung auf einer Stahlprobe befindet (Bild 6.2). Der Korrosionsangriff erfolgt dann in der Mitte der Grenzfläche zwischen Tropfen und Platte, da sich unter diesen Verhältnissen durch eine ungleichmäßige Sauerstoffzufuhr eine Konzentrationszelle aufbaut. An der Peripherie des Tropfens findet infolge des überschüssigen Sauerstoffs eine kathodische Reduktion des gelösten Sauerstoffs zu OH^--Ionen statt. Die kathodischen Bereiche des Stahls werden durch den überschüssigen Sauerstoff und den Anstieg des pH-Wertes passiviert. Die niedrigere Sauerstoffkonzentration unter

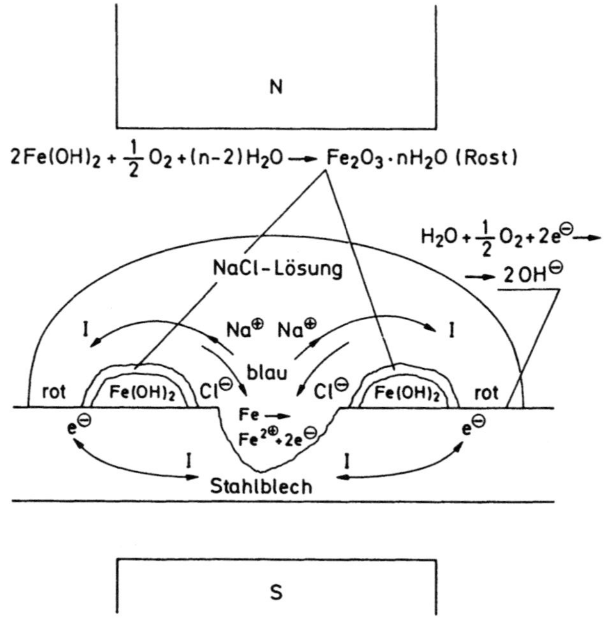

Bild 6.2. Tropfenkorrosion auf einer Stahloberfläche infolge einer Sauerstoff-Konzentrationszelle in einem Tropfen NaCl-Lösung. Anodische und kathodische Bereiche werden durch Ferroxyl-Indikator ($K_3Fe(CN)_6$ + Phenolphtalein) sichtbar gemacht. Radial fließende Korrosionsströme lassen sich durch ein senkrechtes Magnetfeld nachweisen, welches den Tropfen rotieren läßt. (Nach [6.1]).

der Mitte des Tropfens bewirkt eine anodische Eisenauflösung. Das Korrosionsprodukt, vorwiegend Eisen(II)-Hydroxid, bildet sich in einem ringförmigen Übergangsbereich, in dem sich Eisen(II)-Ionen des anodischen Bereichs mit Hydroxylionen des kathodischen Bereichs als Folge der Diffusion und Ionenwanderung treffen. Anschließend wird das Eisenhydroxid durch atmosphärischen Sauerstoff zu einem dreiwertigen Eisenhydrat, ("Rost"), oxidiert. Die Differenzierung in anodische und kathodische Bereiche kann direkt sichtbar gemacht werden, wenn der NaCl-Lösung ein sog. Ferroxyl-Indikator zugesetzt wird. Dieser besteht aus einer Mischung von Kaliumhexacyanoferrat (III), das mit zweiwertigen Eisenionen eine blaue Ausscheidung ergibt, und dem Säure-Base-Indikator Phenolphtalein, der durch Hydroxylionen rot gefärbt ist. Wegen Anwesenheit von zweiwertigem Eisen erhält man im Korrosionszentrum eine Blaufärbung, während der Tropfen außen rot gefärbt ist, offensichtlich wegen der Bildung von Alkali durch die Reduktion von atmosphärischem Sauerstoff. Der Stromtransport innerhalb der Korrosionszelle erfolgt hauptsächlich durch Natrium- und Chloridionen, wodurch sich Eisen(II)-Chloride an der Angriffsstelle anreichern, was zu einer Ausscheidung von festem Salz führen kann. Derartige Salzanreicherungen eines Metalls auf kleinen anodischen Bereichen können auch das Ergebnis der Lochfraßkorrosion von völlig mit Wasser oder Erde umgebenen Metallen und des ungleichmäßigen Angriffs bei atmosphärischer Korrosion sein. Ebenso kommt es auch auf Angriffsstellen von Dampfkesselrohren zu Chloridanreicherungen. Der Beweis für das Auftreten elektrischer Ströme innerhalb des Tropfens, die radial von der Mitte nach außen und durch die Eisenplatte zur Mitte zurückfließen, kann in einem senkrechten Magnetfeld erbracht werden [6.1]. Dabei zeigt sich, daß sich der Tropfen entsprechend der Orientierung des Magnetfeldes wie der Rotor eines Elektromotors dreht. Die Übereinstimmung aller beobachteten Phänome liefert in diesem Spezialfall den Beweis für die elektrochemische Theorie der Korrosion.

Bei den oben erwähnten Belüftungszellen wird die Korrosion durch äußere, geometrische Faktoren ausgelöst, die eine ungleichmäßige Zufuhr des korrosiven Agens bewirken. Es gibt jedoch auch viele wichtige Fälle des lokalisierten Korrosionsangriffs, die durch Inhomogenitäten im Metall selbst entstehen (z.B. bei Schweißnähten). Mit Hilfe des Ferroxyl-Indikators läßt sich beispielsweise nachweisen, ob eine Schweißnaht im Vergleich zum umgebenden Metall anodisch oder, wie sie es sein sollte, kathodisch ist.

6.4 Lokale und gleichmäßige elektrochemische Korrosion

Aus der Sicht der Reaktionskinetik ist die Korrosion der Metalle in feuchten Medien zweifellos ein elektrochemisches Phänomen, da die Korrosionsvorgänge als Elektrodenreaktionen ablaufen. Bei einem lokalisierten Angriff lassen sich anodische und kathodische Bereiche der Korrosions-Kurzschlußzellen teilweise mit bloßem Auge (Makrozellen) oder wenigstens unter dem Mikroskop (Mikrozellen) unterscheiden. Diese Art der Korrosionszellen können chemischer Natur sein, wenn sie auf eine unterschiedliche Zusammensetzung des Metalls (galvanische Zelle), des korrosiven Mediums (Konzentrationszelle) oder der Metalloberfläche (z.B. Aktiv-Passiv-Zelle) zurückzuführen sind. Physikalischer Natur sind sie beispielsweise dann, wenn es während einer Kaltverformung zur Bildung verfestigter Bereiche mit entsprechenden Gitterverzerrungen (d.h. Versetzungsdichten) kommt.

Meistens jedoch haben die einzelnen Elektrodenoberflächen eine derartig geringe Ausdehnung, daß sie nicht einmal unter dem Mikroskop zu erkennen sind (submikroskopische Zellen), oder sie fluktuieren in statistisch ungeordneter Weise über die Metalloberfläche. In diesem Fall wird das korrodierende Metall häufig als eine einheitliche Elektrode beschrieben, an der anodische und kathodische Reaktionen gleichzeitig ablaufen.

Lokale elektrochemische Korrosion liegt dann vor, wenn sich die Korrosionszellen durch Änderung des Elektrodenpotentials über die Metalloberfläche, durch das Auftreten von Korrosionsströmen oder durch die Bildung getrennter anodischer und kathodischer Korrosionsprodukte voneinander unterscheiden lassen. Im umgekehrten Fall spricht man von gleichmäßiger elektrochemischer Korrosion.

Der Unterschied zwischen lokaler und gleichmäßiger elektrochemischer Korrosion liegt hauptsächlich in praktischen Erwägungen. Ist die lokale Korrosion auf getrennte Korrosionszellen begrenzt, so kann die Metallauflösung an einer Stelle, die Reduktion des korrosiven Agens (z.B. $O_2 \rightarrow OH^-$) an einer zweiten Stelle und die Bildung des Korrosionsproduktes (z.B. Rost) an einer dritten Stelle stattfinden. Unter diesen Umständen ist es unwahrscheinlich, daß das Korrosionsprodukt einen Schutz gegen weiteren Angriff bildet. Ist ferner der anodische Bereich im Vergleich zum kathodischen relativ klein, wie bei der Korrosion an einer fehlerhaften Stelle eines im übrigen schützenden Films, so kann der ungleichmäßige Korrosionsangriff, sogar bei geringem Metallabtrag, sehr stark werden. Gleichmäßiger wird der Angriff, wenn keine getrennten anodischen und kathodischen Bereiche auftreten oder wenn sie nur submikroskopische Ausdehnung haben oder wenn sie über die Oberfläche fluktuieren. Außerdem besteht dann die Möglichkeit, daß das Korrosionsprodukt einen dichten Film bildet und den weiteren Angriff verzögert. Daher läßt sich feststellen, daß die gleichmäßige elektrochemische Korrosion zu einem gleichmäßigen Angriff führt, während die lokale elektrochemische Korrosion zu einem lokalisierten Angriff wie Lochfraß oder Rißbildung führt.

Charakteristische Eigenschaften der gleichmäßigen und der ungleichmäßigen Korrosion sowie einige Beispiele für den lokalisierten Angriff zeigt die folgende Aufstellung:

<u>Gleichmäßige elektrochemische Korrosion</u>	<u>Lokale elektrochemische Korrosion</u>
-- anodische und kathodische Bereiche sind in nicht erkennbarer Weise getrennt,	-- anodische und kathodische Bereiche sind erkennbar getrennt, -- Anodenfläche << Kathodenfläche,

-- Anode = Kathode = Elektrode (im zeitlichen Mittel),
-- Anodenpotential = Kathodenpotential = Korrosionspotential (Mischpotential) - im zeitlichen Mittel,
-- Korrosionsprodukte können schützend wirken,
-- Korrosionsart führt zu gleichmäßigem Angriff.

-- Anodenpotential < Kathodenpotential
-- Korrosionsprodukte haben keine Schutzwirkung,
-- Korrosionsart führt zu lokalisiertem Angriff.
  a) Korrosionseinleitung im Metall:
    -- Lochfraß,
    -- interkristalline Korrosion,
    -- Schichtkorrosion,
    -- selektive Korrosion,
    -- Spongiose,
    -- Spannungsrißkorrosion (SpRK),
    -- Korrosionsermüdung.
  b) Korrosionseinleitung durch das Medium:
    -- Spaltkorrosion (in Wasser),
    -- Korrosion unter Ablagerungen,
    -- Wasserlinienkorrosion,
    -- Filigrankorrosion,
    -- Erosionskorrosion,
    -- Kaviatationskorrosion.

Einige der genannten Korrosionsarten sind in Bild 6.3 schematisch dargestellt.

6.5 Polarisationsdiagramme für die gleichmäßige und lokale elektrochemische Korrosion

Als erstes Anwendungsbeispiel der Polarisationsdiagramme nach Evans sind in Bild 6.4 die gleichmäßige und lokale Korrosion erläutert. $E_{a,0}$ ist das Gleichgewichtspotential, welches das Metall annehmen würde, wenn es nicht korrodieren, sondern sich im Gleichgewicht mit der seine Ionen enthaltenden Lösung befinden würde. $E_{k,0}$ ist das Gleichgewichtspotential des als inert angesehenen Metalls, dessen Potential ausschließlich über die kathodische Reaktion (Wasserstoffentwicklung) unter Gleichgewichtsbedingungen bestimmt wird. Bei Auftreten von Korrosion findet eine Polarisation statt, die eine Verschiebung der einzelnen Elektrodenpotentiale von ihren Gleichgewichtswerten bewirkt. Das Anodenpotential verschiebt sich in positiver, das Kathodenpotential in nega-

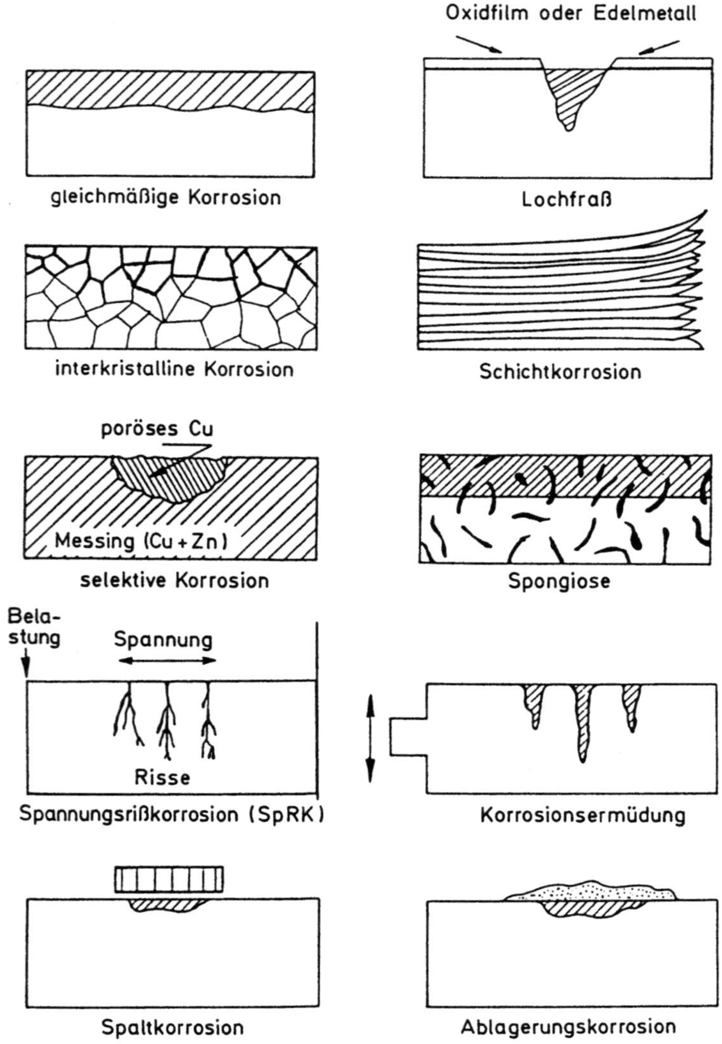

Bild 6.3. Schematische Darstellung der verschiedenen Korrosionsarten.

tiver Richtung. Liegt nur Aktivierungspolarisation vor, so sind die Potentialänderungen lineare Funktionen des Logarithmus der Stromdichte; in einer halblogarithmischen Auftragung erhält man deshalb zwei Tafel-Geraden.

Die linke Seite von Bild 6.4 zeigt das Polarisationsdiagramm für die lokale elektrochemische Korrosion, die zu einem lokalisierten Angriff (galvanische Korrosion, Lochfraß, Spannungsrißkorrosion usw.) führt. In diesen Fällen sind

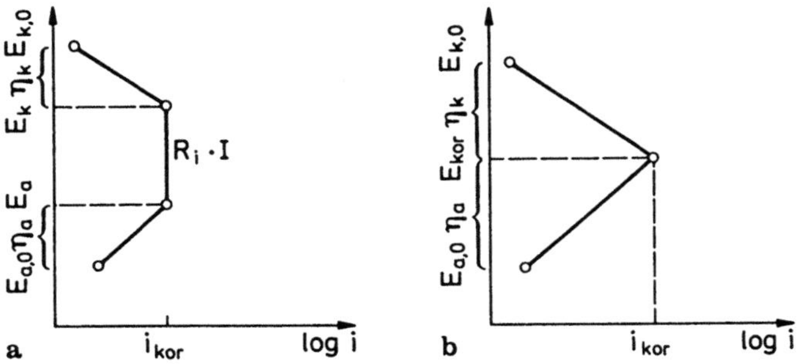

Bild 6.4. Polarisationsdiagramme.
a) für lokale elektrochemische Korrosion:
$U_0 = E_{k,0} - E_{a,0}$; $\eta_k = E_k - E_{k,0}$; $\eta_a = E_a - E_{a,0}$;
$U_0 = R_i I + \eta_a + /\eta_k/$ (vgl. Bild 2.13).
b) für gleichmäßige elektrochemische Korrosion:
$U_0 = E_{k,0} - E_{a,0}$; $E_{kor} = E_k = E_a$; $\eta_k = E_{kor} - E_{k,0}$;
$\eta_a = E_{kor} - E_{a,0}$; $U_0 = \eta_a + /\eta_k/$ (vgl. Bild 2.14).

anodische und kathodische Bereiche klar voneinander getrennt, und sie zeigen unterschiedliche Elektrodenpotentiale, deren Differenz einen Potentialabfall in der Richtung von Anode zur Kathode in der Lösung der aktuellen Korrosionszelle entspricht (s. Bild 2.13). Es läßt sich dann kein gemeinsames Korrosionspotential für die gesamte Metalloberfläche definieren. Mißt man das Potential eines Metalls, welches mit einem porösen Oxidfilm bedeckt ist, so erhält man gewöhnlich einen Wert E_k, der der kathodischen Reaktion auf dem intakten Teil des Oxidfilms entspricht. Das Anodenpotential E_a an der Durchbruchstelle kann ein halbes Volt niedriger liegen.

Der Zustand eines gleichmäßig korrodierenden Metalls ist, wie schon erwähnt, durch den Schnittpunkt der beiden Tafel-Geraden charakterisiert. Dieser Punkt hat als Abszisse log i_{kor}, die Korrosionsstromdichte, und als Ordinate E_{kor}, das Korrosionspotential. Die Korrosionsstromdichte muß bei gleicher Fläche der beiden Elektrodenbereiche für die anodische und kathodische Reaktion gleich sein. Zu beachten ist, daß die Korrosionszellen bei der gleichmäßigen elektrochemischen Korrosion submikroskopische Ausmaße besitzen, so daß Potentialabfälle in der Lösung vernachlässigt werden können. Aus diesem Grund nimmt in diesem Fall die ganze Metalloberfläche ein einheitliches Mischpotential, das Korrosionspotential E_{kor}, an.

6.6 Passivität

6.6.1 Definition und Gliederung

Unter Passivität der Metalle versteht man einen Zustand stark reduzierter Korrosionsgeschwindigkeit, die durch eine Schutzschicht aus Korrosionsprodukten verursacht wird. Man unterteilt die Passivität in chemische und mechanische Passivität.

Die chemische Passivität findet man hauptsächlich bei den Übergangsmetallen, die durch nicht besetzte d-Zustände ihrer Elektronenkonfiguration charakterisiert sind. Dazu gehören die Metalle der Eisen- und Platingruppe, Chrom, Molybdän, Wolfram, Titan und Zirkonium. Einige andere Metalle, z.B. Aluminium, zeigen ebenfalls chemische Passivität. Ursache für die chemische Passivität ist ein sehr dünner, aber dichter halbleitender Oxidfilm auf der Metalloberfläche, der das Elektrodenpotential des Metalls stark (0,5-2 V) in positiver Richtung verschiebt.

Die mechanische Passivität kann praktisch auf allen Metallen in Medien vorkommen, die ein Ausfällen fester Salze auf der Metalloberfläche begünstigen. Die stark reduzierte Korrosionsrate wird dann durch eine dicke, aber mehr oder weniger poröse Salzschicht verursacht, die normalerweise nichtleitend ist. Dabei verschiebt sich das Elektrodenpotential nicht notwendig in positiver Richtung, sondern es kann sogar bei niedrigem Löslichkeitsprodukt des Salzes vom Standardpotential aus zu negativen Werten verändert werden. Beispiele für diese Art der Passivität liefern Blei in Schwefelsäure, Magnesium in Wasser oder in fluorhaltigen Lösungen, Silber in chloridhaltiger Lösung usw. Das Phosphatieren von Metallen sowie die Bildung von Calciumcarbonatschichten auf Stählen in Brauchwasser können ebenfalls als Beispiele für die mechanische Passivität betrachtet werden.

Die chemische Passivität ist ein weitverbreitetes Phänomen, das bei den betreffenden Metallen in vielen Medien auftritt. Im folgenden wird nur diese Form der Passivität behandelt, obwohl die Übergänge zwischen den beiden Formen fließend sind. Beispielsweise können die natürlichen, mikroskopisch dünnen Oxidfilme auf bestimmten Metallen, wie Aluminium, Magnesium und Wolfram, durch eine anodische Behandlung (Anodisieren) verstärkt werden. Chromatschichten, die beim Chromatieren von Zink und Leichtmetallen entstehen, stellen ebenfalls einen Grenzfall dar.

6.6.2 Passivität des Eisens

Bild 6.5 zeigt die anodische Polarisationskurve von Eisen in einmolarer Schwefelsäure. Ohne äußeren Strom bildet sich ein stationäres Elektrodenpotential aus. Bei einer Erhöhung des Probenpotentials fließt ein anodischer Nettostrom von der Elektrode in die Lösung und die Korrosionsgeschwindigkeit der Probe nimmt entsprechend zu. Bei einem Potential um +250 mV ergibt sich eine anodische Grenzstromdichte von ungefähr 0,2 A/cm^2. Diese Korrosionsstromdichte wird bis zu einem Potential von ca. +600 mV aufrechterhalten und durch eine der Diffusion überlagerten Konvektion bestimmt, die zu einem ständigen Abtrag des Korrosionsproduktes $FeSO_4$ führt. Die mit der Elektrode in Verbindung stehende Diffusionsgrenzschicht (Anodenfilm) besteht aus einer gesättigten Lösung von $FeSO_4$, aus der sich eine feste, aber selbst nichtleitende, poröse $FeSO_4$-Schicht ausscheidet.

Bei einem weiteren Potentialanstieg entsteht ein höherwertiges Eisenoxid als dünner, porenfreier, passivierender Oxidfilm. Dieser Vorgang wird durch einen plötzlichen und sehr deutlichen Abfall der Korrosionsstromdichte um ca. 6 Zehnerpotentzen begleitet. Die feste $FeSO_4$-Schicht löst sich in der Lösung allmählich vollständig auf. Im passiven Zustand ist die Korrosionsstromdichte aufgrund des Metallionentransports durch den Oxidfilm begrenzt. Sie bleibt bei

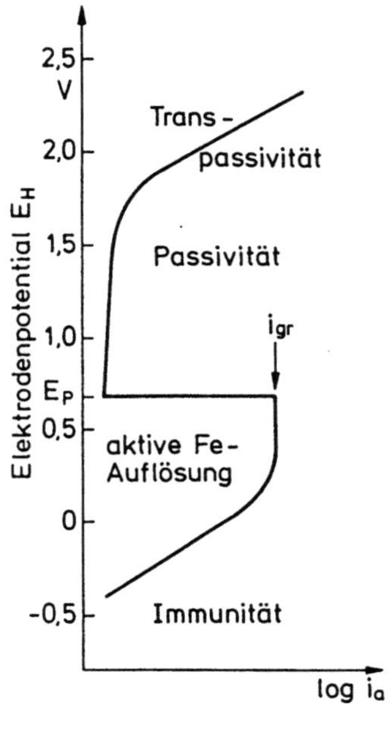

Bild 6.5. Schematische anodische Polarisationskurve für Eisen in H_2SO_4.

weiterer Erhöhung des Anodenpotentials bis zum Erreichen der Sauerstoffentwicklung konstant. Im sog. transpassiven Bereich steigt die Stromdichte schnell an; sie wird vorwiegend für die Sauerstoffentwicklung aus Wasser benötigt.

Um ein Metall vom aktiven in den passiven Zustand zu überführen, muß das Elektrodenpotential über das sog. Passivierungspotential angehoben werden, also dasjenige Potential, bei dem der plötzliche Abfall der Korrosionsstromdichte erfolgt. Prinzipiell kann dies auf zwei Arten erreicht werden: entweder durch einen äußeren Strom ausreichender Stärke oder chemisch mit Hilfe eines genügend starken Oxidationsmittels, durch welches ein Mischpotential oberhalb des Passivierungspotentials des Metalls eingestellt wird. Das Oxidationsmittel muß eine thermodynamische und eine kinetische Bedingung erfüllen: zum einen muß das Redoxpotential höher sein als das Passivierungspotential, zum anderen muß die kathodische Reaktion so leicht ablaufen, daß sie eine kathodische Grenzstromdichte erzeugt, die über der Aktivstromdichte vor Eintreten der Passivität liegt, d.h. höher als die anodische Grenzstromdichte i_{gr} in Bild 6.5 ist.

Die Passivität läßt sich deshalb durch solche Zusätze zum korrodierenden Medium verbessern, welche entweder die Geschwindigkeit der kathodischen Reaktion erhöhen oder die Geschwindigkeit der anodischen Metallauflösung unter denjenigen Wert herabsetzen, der vor Erreichen der Passivität herrschte. Man bezeichnet solche Zusätze als Inhibitoren. Nichtoxidierende anodische Inhibitoren wie Orthophosphate fördern die Passivität durch eine Verzögerung der anodischen Reaktion. Oxidierende anodische Inhibitoren oder Passivatoren wie Chromsäure und Salpetersäure wirken auf beide oben beschriebene Weisen, indem sie den kathodischen Vorgang aktivieren und den anodischen verzögern.

Bei einmal eingetretener Passivität ist nur eine sehr geringe Passivstromdichte notwendig, um den passiven Zustand aufrechtzuerhalten. Die Passivstromdichte ist die Korrosionsstromdichte im Passivbereich, die meistens weniger als 10 $\mu A/cm^2$ beträgt. Dieser Wert ist im Vergleich zur Passivierungsstromdichte sehr gering, die zum Erreichen der Passivität notwendig ist; letztere kann für die gesamte anodische Oberfläche 0,2 A/cm^2 betragen.

Das Passivierungspotential ist pH-abhängig. Für reines Eisen bei Raumtemperatur gilt entsprechend der Nernstschen Gleichung

$$E_p = 0{,}58 - 0{,}059\ \mathrm{pH} \quad \text{in V (SWE).}$$

Wird das Potential der Arbeitselektrode abgesenkt, findet der Übergang vom passiven zum aktiven Zustand bei einem etwas niedrigeren Potential als dem Passivierungspotential statt. Dieses Aktivierungspotential wird manchmal auch als "Flade-Potential" bezeichnet.

6.6.3 Passivität des Chroms

Chrom verhält sich elektrochemisch ähnlich wie Eisen. Es existieren jedoch folgende wichtigen Unterschiede: Das Passivierungspotential liegt wesentlich geringer als das von Eisen und die Passivierungsstromdichte in einmolarer Schwefelsäure liegt für Chrom bei einigen $\mu A/cm^2$, für Eisen hingegen bei ca. 0,2 A/cm^2. Chrom läßt sich deshalb wesentlich leichter als Eisen passivieren. Da das Passivierungspotential von Chrom sogar erheblich niedriger als das Gleichgewichtspotential der Wasserstoffelektrode ist, können in diesem Fall Wasserstoffionen als Passivator fungieren.

Außerdem ist die Korrosionsrate von Chrom im passiven Zustand um mehrere Größenordnungen niedriger als diejenige des Eisens, obwohl der passivierende Oxidfilm auf Chrom wahrscheinlich dünner ist als auf Eisen. Bei einem Potential von ca. +1,25 V (SWE) wird das dreiwertige Chrom im Passivfilm in den sechswertigen Zustand (wasserlösliches Chromat) aufoxidiert. In diesem Potentialbereich löst sich deshalb der Passivfilm vollständig auf und die transpassive Korrosion (s.o.) des darunterliegenden Metalls läuft so schnell ab, daß sich in der Regel kein Sauerstoff entwickeln kann.

6.6.4 Passivität der rostfreien Stähle

Die schnelle Passivierung von Chrom und Nickel erklärt den Einsatz dieser Elemente als Legierungsbestandteile in rostfreien Stählen. Bei einem Chromgehalt von nur 12-18 % werden die Passivitätseigenschaften des Chroms erreicht. Ferner verschiebt sich der Wert des Passivierungspotentials fast vollständig auf die Seite des Chroms. Im passiven Zustand erreicht die Korrosionsstromdichte nur einige nA/cm^2, d.h. sie ist um wenigstens 3 Zehnerpotenzen niedriger als für reines Eisen. Das Ergebnis bedeutet eine entscheidende Verbesserung der Passivität und damit der Korrosionsbeständigkeit.

Zusätze von Nickel, Molybdän, Silicium und Kupfer reduzieren die Passivstromdichte und den Aktivitätsbereich noch weiter. Daraus folgt, daß die rostfreien Stähle, die diese Legierungselemente enthalten, eine wesentlich bessere Korrosionsbeständigkeit in nichtoxidierenden Medien besitzen und erheblich leichter passivierbar sind.

6.6.5 Eigenschaften passiver Filme

Die passivierenden Oxidfilme, die sich beispielsweise auf rostfreien Stählen und Aluminium bilden, sind normalerweise extrem dünn (1-10 nm). Der erste Schritt der Passivierung ist wahrscheinlich die Bildung einer Chemisorptionsschicht von Sauerstoff auf der Metalloberfläche.

Für Eisen-Chrom-Legierungen konnte nachgewiesen werden, daß sich Chrom in der Passivschicht anreichert, obwohl Eisenoxide vorherrschen. Die höchste Korrosionsbeständigkeit erhält man bei austenitischen Chrom-Nickel-Stählen[1], wobei Filmdicken von 3-5 nm gemessen werden. Die Oxidschicht besitzt in dieser Größenordnung vermutlich eine amorphe Struktur. Dickere Schichten sind zunehmend kristallin, haben eine höhere ionische Leitfähigkeit und wirken weniger schützend. Sie können als hydratisierte Oxide betrachtet werden, da sie außer Oxiden von Eisen, Chrom, Nickel und Silicium bis zu 30 % Wasser enthalten.

[1] Typische Zusammensetzung: 18 % Cr, 8 % Ni, 2 % Mn, Rest Fe. Deutsche Werkstoff-Nr. nach DIN 17 440: 1.4305; Kurzname: X12CrNi18 8. Gebräuchliche Trivialnamen bzw. Markenbezeichnungen: rostfreier Edelstahl, 18/8-Stahl, V2A-Stahl, Nirosta usw.

7 Korrosion durch Wasserstoffentwicklung und Sauerstoffreduktion

7.1 Kathodische Reaktionen: Überblick

Für das Auftreten von Korrosion ist das Zusammenwirken von anodischer Metallauflösung und kathodischer Reduktion eines Oxidationsmittels erforderlich. Für kathodische Reaktionen kommen folgende kathodischen Vorgänge infrage, von denen die beiden ersten besonders häufig sind:

- Wasserstoffentwicklung,
- Sauerstoffreduktion,
- Reduktion von oxidierenden Metallionen, z.B. Fe(III)-Ionen in Rost, die als Sauerstoffträger wirken,
- Abscheidung von edleren Metallen, die sich aus ihren Ionen bilden, z.B. Kupfer aus Cu^{2+} auf Eisen oder Aluminium,
- Reduktion von oxidierenden Säuren und Anionen (HNO_3, NO_3^- usw.).

7.2 Korrosion durch Wasserstoffentwicklung

Eine Korrosion durch Wasserstoffentwicklung tritt hauptsächlich in Säuren, manchmal auch in stark alkalischen Lösungen auf. Zu einer Wasserstoffabscheidung kann es auch in neutralen Lösungen an Sulfideinschlüssen von Stählen kommen, was zu lokalisiertem Angriff (Lochfraß) führt. Das Ausmaß der Wasserstoffentwicklung wird häufig durch einen der beiden Elektrodenprozesse bestimmt. Wird die Korrosionsrate durch die kathodische Reaktion beherrscht, so spricht man von einem kathodisch kontrollierten Vorgang, im umgekehrten Fall von einem anodisch kontrollierten Vorgang.

7.2.1 Kathodische Kontrolle

Bild 7.1 zeigt das Polarisationsdiagramm für die Zinkauflösung unter Wasserstoffabscheidung. Die Aktivierungspolarisation ist bei der Zinkauflösung niedrig, während die Wasserstoffüberspannung von Zink sehr hoch liegt. Verunreinigtes Zink, welches Metalle mit einer niedrigeren Wasserstoffüberspannung (z.B. Kupfer oder Eisen) enthält, zeigt eine niedrigere kathodische Polarisation und eine höhere Korrosionsrate.

Bei einer Amalgambildung wird jedoch die Korrosionsgeschwindigkeit von Zink durch eine gehemmte Wasserstoffentwicklung herabgesetzt. Ferner ist zu beachten, daß sich nicht nur die Polarisation, sondern auch die Austauschstromdichte ändert. Eine hohe Austauschstromdichte entspricht einer niedrigen Aktivierungspolarisation und umgekehrt.

Eine relativ geringe horizontale Verschiebung der Polarisationskurven in den Diagrammen bedeutet eine große Änderung von i_{kor}, da die Skala logarithmisch ist. Die Auflösungsrate von Zink in Säuren ist stark von Art und Menge der Verunreinigungen im Metall abhängig. Mißt man das Korrosionspotential, so findet man entsprechend Bild 7.1, daß eine Abnahme der Korrosionsrate mit einem negativeren Korrosionspotential verbunden ist. Würde die Amalgambildung die Zinkauflösung und nicht die Wasserstoffentwicklung herabsetzen, so würde das Korrosionspotential bei einer Abnahme der Korrosionsrate in positiver Richtung verschoben werden. Daraus ist ersichtlich, daß die Korrosionsgeschwindigkeit durch die kathodische Reaktion bestimmt wird.

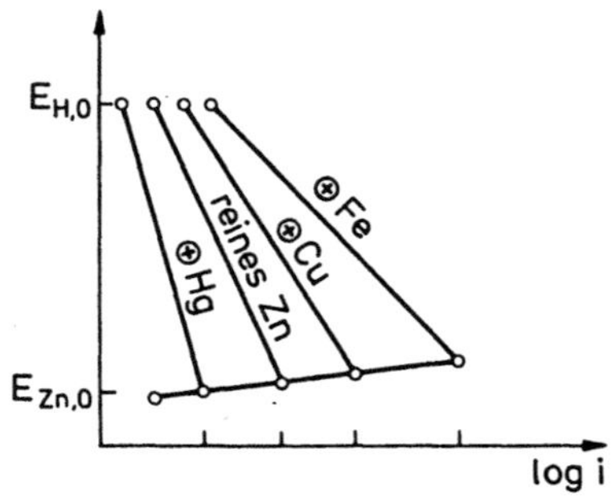

Bild 7.1. Auflösung von reinem und verunreinigtem Zink in Säure. Kathodische Kontrolle.

7.2.2 Anodische Kontrolle

Anodische Kontrolle des Korrosionsprozesses scheint bei der Auflösung eines passivierten Metalls wie Aluminium oder rostfreier Stahl in verdünnten Säuren vorzuherrschen. Dabei müssen die Metallionen einen Oxidfilm durchdringen, was einer hohen anodischen Polarisation entspricht. Das Polarisationsdiagramm zeigt Bild 7.2.

Bei Metallen mit einem passivierenden Oxidfilm wird die Korrosionsrate durch die Anwesenheit von Chloridionen im allgemeinen stark erhöht. Dies ist wahrscheinlich durch den ausgeprägten Dipolcharakter (hohe elektrische Polarisierbarkeit) der Chloridionen bedingt, der für eine besonders gute Adsorptionsfähigkeit an der Oberfläche des Oxidfilms verantwortlich ist. Es werden offensichtlich Oberflächenverbindungen gebildet, welche Chloridionen (Oxichloride anstelle von reinen Oxiden) enthalten, die durch Zusammenwirken von Gitterstörungen und erhöhter Löslichkeit zu einem örtlichen Aufreißen des Oxidfilms führen.

Die Anwesenheit von Sauerstoff in einer Lösung verringert im allgemeinen die Korrosionsgeschwindigkeit von Metallen mit passivierenden Oxidfilmen (Aluminium, rostfreier Stahl, Titan), weil dadurch Defekte im Oxidfilm leichter ausheilen können.

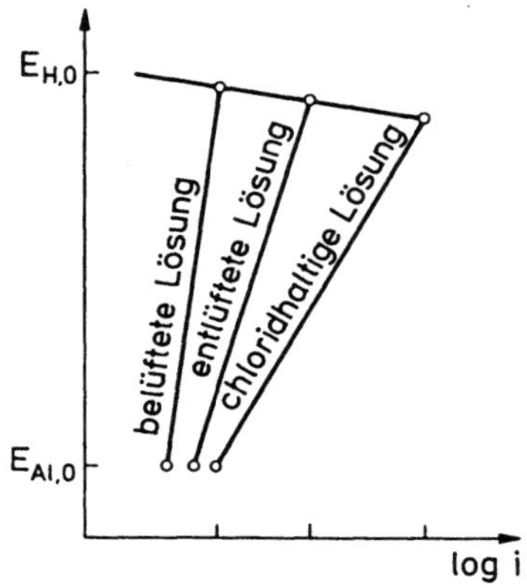

Bild 7.2. Korrosion von Aluminium in schwachen Säuren. Anodische Kontrolle.

7.2.3 Gemischt kontrollierte Vorgänge

Bei der Korrosion von Eisen und Stahl, die unter Wasserstoffentwicklung geschieht, liegt eine gemischte Kontrolle vor, da anodische und kathodische Polarisation ungefähr gleich groß sind. Bild 7.3 zeigt Polarisationskurven für reines Eisen und für unlegierte Stähle unterschiedlicher Zusammensetzung. Bei einer vorgegebenen Stromdichte ist sowohl die anodische als auch die kathodische Polarisation von unlegierten Stählen niedriger als bei reinem Eisen, weshalb die unlegierten Stähle stärker korrodieren. Ursache hierfür ist eine Lokalzellenbildung, die durch Kaltverformung verstärkt wird und in angelassenem Stahl (mit vielen kleinen Karbiden) höher ist als in nicht angelassenem Stahl (mit Kohlenstoff in mischkristallgehärtetem Martensit) oder in weichgeglühtem Stahl (mit großen und wenigen Karbiden), s. Bild 7.4.

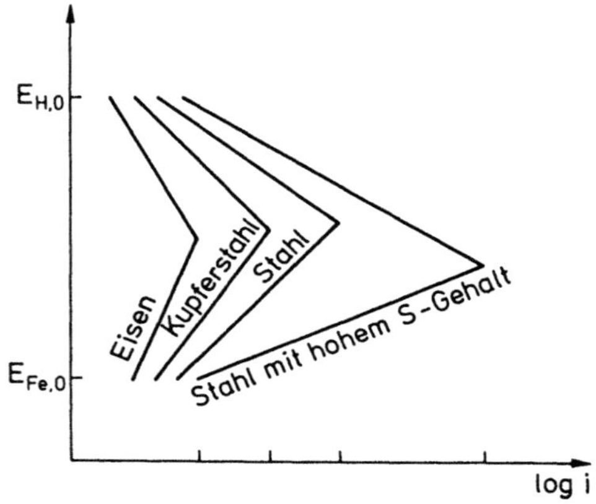

Bild 7.3. Korrosion durch Wasserstoffentwicklung bei Eisen und unlegierten Stählen. Gemischte Kontrolle.

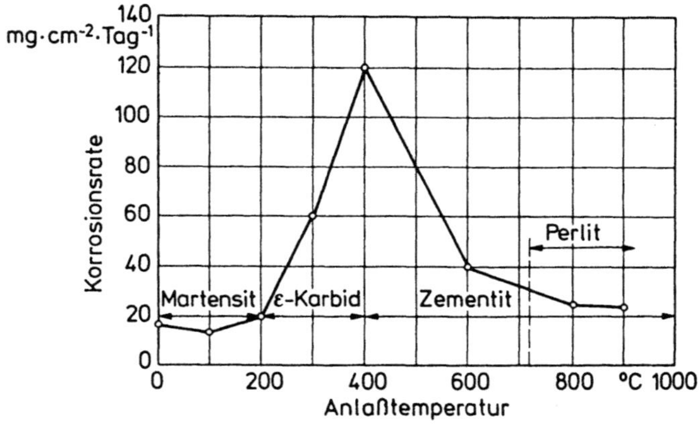

Bild 7.4. Einfluß einer Wärmebehandlung auf die Korrosion eines Stahls mit 0,95 % Kohlenstoff in 1%iger H_2SO_4. Probenfläche: 18,5 cm^2; Probengewicht: 29 g; Dauer der Wärmebehandlung: 2 h.

Schwefel übt immer einen mehr oder weniger schädlichen Einfluß auf die Korrosion von Stählen, insbesondere in sauren Lösungen aus, was auch für die aus der Umwelt stammenden Sulfide gilt. Wider Erwarten wirkt sich eine kleine Menge von Kupfer im Stahl unter denselben Bedingungen positiv aus.

Bild 7.5 zeigt einige hierzu von M. Stern [7.1] veröffentlichte Daten. Ein Zusatz von 0,015 % Schwefel zu reinem Eisen erhöht dessen Auflösungsrate in Säuren um den Faktor 100. Es scheinen dafür zwei Effekte maßgebend zu sein:

-- Die Wirkung von Lokalzellen zwischen Eisen (mit hohem Schwefelgehalt) und FeS, die sich darin widerspiegelt, daß diese Legierung durch Lochfraß korrodiert.
-- Die Auflösung von FeS in Säure unter Bildung von Sulfidionen, die infolge ihrer hohen molaren Polarisierbarkeit (oder ihres ausgeprägten Dipolcharakters) auf Metalloberflächen bevorzugt adsorbiert werden und elektrochemische Vorgänge und damit auch Korrosionsvorgänge stark katalysieren. Der Zusatz einer kleinen Menge Sulfidionen (einige ppm) zu Säure hat eine ähnliche, fördernde Wirkung auf die Auflösung von Eisen (Abschn. 2.3.3).

Wie aus Bild 7.5 ersichtlich, beschleunigt die Zugabe von Mangan oder Kupfer zu reinem Eisen dessen Auflösungsrate, wirkt aber dem schädlichen Einfluß des Schwefels entgegen, weil durch den Manganzusatz schlecht leitendes MnS gebildet wird und der Schwefelgehalt des Ferrits abnimmt. Andererseits ist MnS in Säuren löslicher als FeS.

Durch Zugabe von Kupfer läßt sich die Auflösung von FeS in Säure verhindern. Gelöstes Kupfer lagert sich auf der Eisenoberfläche an, wo es mit Sulfidionen

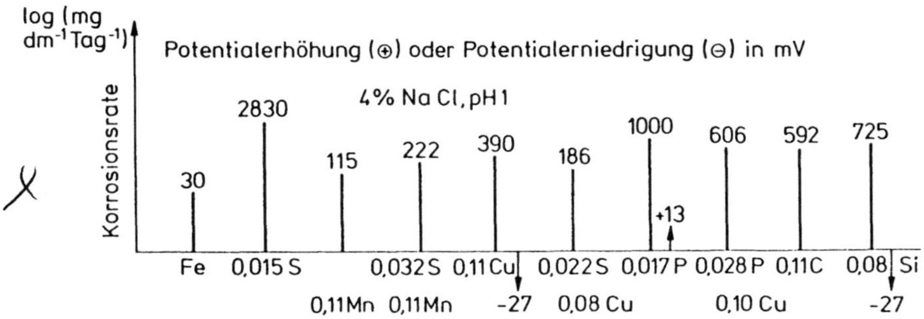

Bild 7.5. Korrosionsraten für reines und mit Schwefel, Mangan, Kupfer, Phosphor, Kohlenstoff und Silicium (Angaben in Prozent) legiertes Eisen in einer sauren NaCl-Lösung. In drei Fällen ist auch die Änderung des Korrosionspotentials angegeben. (Daten nach [7.1]).

zu Cu_2S reagiert. Diese Verbindung ist in Säuren unlöslich (das Löslichkeitsprodukt beträgt 10^{-48}), wodurch die katalysierende Wirkung der adsorbierten Sulfidionen aufgehoben ist.

Ein geringer Zusatz von Phosphor, das mit Eisen Mischkristalle bildet (Löslichkeit in Ferrit ca. 1 %), hat einen dem Schwefel vergleichbaren beschleunigenden Effekt auf die Auflösung in Säuren, offensichtlich infolge der Bildung und Adsorption von Phosphorhydrid oder Phosphidionen, die wie die Sulfidionen Elektrodenprozesse katalysieren. Der negative Einfluß von Phosphor kann aber durch Mangan und Kupfer nicht gemindert werden, da Phosphor unter diesen Bedingungen mit Mangan und Kupfer keine festen Phosphidverbindungen eingeht.

In Bild 7.5 sind auch Änderungen des Korrosionspotentials dargestellt, die durch Legierungszusätze bewirkt werden. Diese Daten sollen veranschaulichen, daß keine Beziehung zwischen dem Korrosionspotential und der Korrosionsrate besteht und daß die Messung von Korrosionspotentialen im allgemeinen nicht dazu verwendet werden kann, das Korrosionsverhalten verschiedener Stähle zu vergleichen.

Untersuchungen über die Polarisation zeigen, daß Phosphor und Schwefel die kathodische Polarisation wesentlich stärker herabsetzen als die anodische Polarisation, weshalb man eine Verschiebung des Korrosionspotentials in positiver Richtung erwarten würde. Dies gilt jedoch nur für Phosphor, welches mit Eisen einen Mischkristall bildet und zu gleichmäßiger Korrosion führt. Schwefel, der in Form von Sulfiden vorliegt und einen ungleichmäßigen Korrosionsangriff verursacht, verschiebt das Korrosionspotential in negativer Richtung. Dies hängt wahrscheinlich mit dem Lochfraßcharakter der Korrosion zusammen.

Sulfideinschlüsse und Kupfergehalt spielen auch für die Korrosion von rostfreien Stählen eine bedeutende Rolle. Beispielsweise haben Lochfraß und Spannungsrißkorrosion von austenitischen Chrom-Nickel-Stählen in chloridhaltigen Lösungen normalerweise ihren Ausgangspunkt in Sulfideinschlüssen in der Oberfläche, weil diese löslicher als die umgebende Oxidschicht sind. Chrom-Nickel-Automatenstähle mit einem Schwefelgehalt von 0,2-0,3 % sollten nicht als rostfrei bezeichnet werden. Durch den Zusatz von Kupfer wird die Passivität der rostfreien Stähle verbessert und die Lochfraßanfälligkeit verringert. Dasselbe gilt auch für die Legierungselemente Titan und Cer, die unlösliche Sulfide im Stahl bilden.

Vergleicht man abschließend die kathodische, anodische und gemischte Kontrolle, so ergibt sich keine einfache Beziehung zwischen Korrosionsgeschwindigkeit und Korrosionspotential, da bei einer größeren Korrosionsgeschwindigkeit

-- die kathodische Kontrolle ein höheres Korrosionspotential bewirkt,
-- die anodische Kontrolle ein niedrigeres Korrosionspotential bewirkt,
-- die gemischte Kontrolle entsprechend den Polarisationsverhältnissen zu einem höheren oder niedrigeren Korrosionspotential führen kann.

7.2.4 Dampfkesselkorrosion

Eine besondere Form der Korrosion von unlegiertem Stahl unter Wasserstoffentwicklung findet in neutralem oder leicht alkalischem sauerstofffreiem Heißwasser in Kesseln und Dampferzeugern statt. Obwohl die EMK nur ca. 0,05 V beträgt (vgl. Tabelle 2.2, H_2/H_2O- und $Fe/Fe(OH)_2$-Elektroden), ist die Polarisation gering, da bei Wasser als Oxidationsmittel keine Konzentrationsüberspannung auftritt und die Aktivierungsüberspannung bei hohen Temperaturen niedrig ist.

Während es sich bei dem primären Korrosionsprodukt offensichtlich um $Fe(OH)_2$ handelt, ist das Endprodukt schwarzer Rost oder Magnetit (Fe_3O_4), welcher sich entsprechend der sog. Schikorr-Reaktion bildet

$$3Fe(OH)_2 \rightarrow Fe_3O_4 + 2H_2O + H_2.$$

Diese Reaktion wird durch die Anwesenheit von Metallen mit einer niedrigeren Wasserstoffüberspannung, insbesondere Nickel, beschleunigt. Die Gesamtreaktion für die Dampfkesselkorrosion läßt sich folgendermaßen formulieren:

$$3Fe + 4H_2O \rightarrow Fe_3O_4 + 4H_2.$$

Üblicherweise bilden sich passivierende, d.h. dichte und schützende Magnetitschichten entsprechend einem Mechanismus, der ähnlich der Hochtemperaturkorrosion in Sauerstoff abläuft. Innerhalb der Magnetitschicht wandern Fe^{2+}- und Fe^{3+}-Ionen nach außen und OH^-- und O^{2-}-Ionen nach innen, wie Bild 7.6 veranschaulicht. Dadurch wächst die Magnetitschicht auf beiden Seiten und besteht in Wirklichkeit aus zwei getrennten Schichten ungefähr gleicher Dicke. Die innere Schicht ist dicht und haftend, die äußere porös und abblätternd, weshalb man unter günstigen Bedingungen eine schützende Magnetitschicht erhält, deren Dicke nahezu konstant bleibt. Nach Erreichen einer bestimmten Dicke ist das Wachstum der Magnetitschicht praktisch beendet (sog. logarithmisches Wachstum).

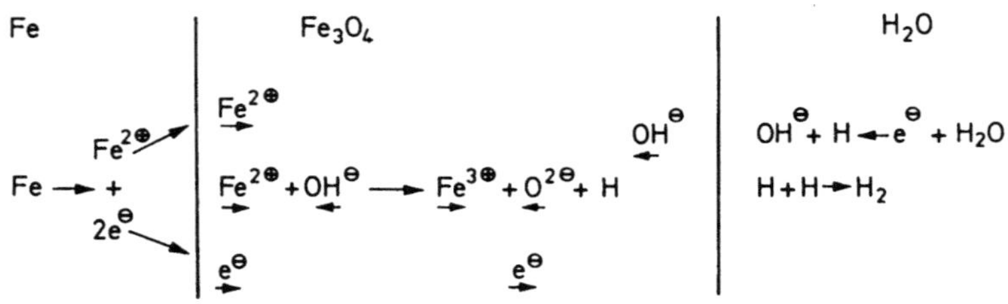

Bild 7.6. Bildung einer passivierenden Magnetitschicht. Das Wachstum erfolgt von beiden Seiten. Die Pfeile in den Reaktionsgleichungen geben die Richtungen der Reaktionen an. Die Pfeile unter den Ionen geben die Wanderung innerhalb des Oxids wieder. Die anodische Reaktion erfolgt an der Phasengrenze Eisen/Magnetit, die kathodische Reaktion an der Phasengrenze Magnetit/Wasser.

Jeglicher Dampfkesselbetrieb basiert auf der Entstehung dichter und schützender Magnetitschichten. Verbessert wird die Bildung dieser Schichten, wenn sowohl das Speisewasser als auch das zirkulierende Kesselwasser sehr rein sind. Insbesondere müssen kesselsteinbildende Ionen (Ca^{2+} und Mg^{2+}) entfernt und die Chloridkonzentration niedrig gehalten werden. Ferner werden gewöhnlich geeignete Inhibitoren wie Hydrazine und Phosphate zugesetzt, und das Wasser wird leicht alkalisch gehalten.

Unter ungünstigen Bedingungen, beispielsweise bei Anwesenheit lokaler Ansammlungen von Sulfideinschlüssen im Stahl, bei der Bildung von kalkhaltigen Ablagerungen auf der Stahloberfläche oder bei einer hohen Chloridkonzentration des Kesselwassers, kann eine andere Art der Mangetitbildung stattfinden, die zu einer vollkommen porösen und nichtschützenden Oxidschicht führt, die linear mit der Zeit wächst und demzufolge eine beträchtliche Dicke erreichen kann, vgl. Bild 7.7. Diese Reaktion kann zur Durchlöcherung von Rohren usw. infolge von Lochfraß oder Spaltkorrosion führen.

Die Bildung dicker und poröser Magnetitschichten hat in den letzten Jahren bei Dampferzeugern von Kernkraftwerken zu größeren Schwierigkeiten geführt, und zwar insbesondere in den Spalten zwischen Inconel-Rohren[1], die radioaktives Primärwasser führen, und den Stützblechen aus unlegiertem Stahl, welche dem zirkulierenden Sekundärwasser für die Dampferzeugung ausgesetzt sind. Dieser Vorgang wird häufig durch Vibrationen und damit verbundene Reibkorrosion verstärkt.

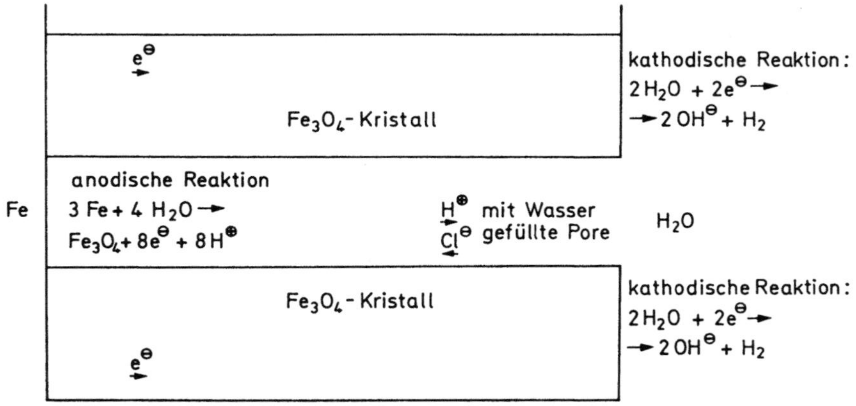

Bild 7.7. Bildung einer dicken, porösen Magnetitschicht in Löchern und Spalten. Das Wachstum erfolgt nur von der linken Seite.

7.3 Korrosion durch Sauerstoffreduktion

7.3.1 Kathodische Diffusionskontrolle

Die Korrosion durch Sauerstoffreduktion in neutralen wäßrigen Lösungen und in Wasser hat eine größere praktische Bedeutung als die Korrosion durch Wasserstoffentwicklung in Säuren. Während im letzten Fall die Aktivierungsüberspannung sowohl die kathodische als auch die anodische Reaktion beherrscht, kommt bei der Korrosion durch Sauerstoffreduktion die Konzentrationspolarisation hinzu. Diese wird durch die begrenzte Löslichkeit von Sauerstoff in Wasser und wäßrigen Lösungen verursacht, weshalb die Korrosionsgeschwindigkeit in diesen Medien im allgemeinen durch die Diffusionsgeschwindigkeit des Sauerstoffs bestimmt ist. Die Korrosionsrate fällt dann mit der Grenzstromdichte für die kathodische Reduktion von gelöstem Sauerstoff (vgl. Abschn. 2.3.1) zusammen. Dies ist in Bild 7.8 dargestellt, welches schematisch zeigt, wie die der Aktivierungsüberspannung entsprechenden Tafel-Gerade in eine vertikale Linie übergeht, die gleichbedeutend mit der Grenzstromdichte für die O_2-Reduktion ist. Ferner gibt das Diagramm die Bedingungen für zwei verschiedene Sauerstoffkonzentrationen (1 und 2) wieder und zeigt, daß das Korrosionspotential bei geringerem Sauerstoffgehalt niedriger ist.

Wenn die Diffusion von gelöstem Sauerstoff die Korrosionsgschwindigkeit bestimmt, liegt eine ausgeprägte kathodische Kontrolle vor, weil dann der Korro-

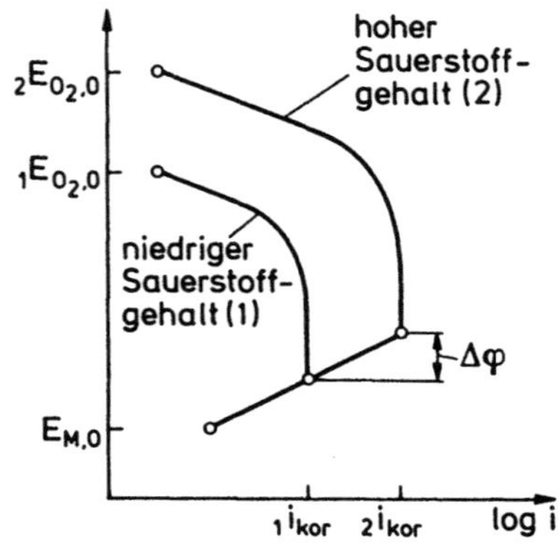

Bild 7.8. Diffusionskontrollierte Korrosion unter Sauerstoffreduktion bei zwei verschiedenen Sauerstoffkonzentrationen. Δφ ist die Abnahme des Korrosionspotentials infolge einer Erniedrigung der Sauerstoffkonzentration.

sionsstrom unabhängig von Steigung und Lage der anodischen Polarisationskurve ist (s. Bild 7.9). Dies erklärt, warum die Geschwindigkeit für die gleichmäßige Korrosion in Wasser für verschiedene unlegierte und niedriglegierte Stahlsorten praktisch unabhängig von Zusammensetzung (innerhalb bestimmter Grenzen), Kaltverformung und Wärmebehandlung ist. Außerdem läßt sich daraus schließen, daß für die gleichmäßige Korrosion unter sauerstoffreduzierenden Bedingungen Lokalelemente eine untergeordnete Rolle spielen. Ein derartiges Verhalten ist also zu erwarten, wenn die Sauerstoffdiffusion die Korrosionsgeschwindigkeit bestimmt. Einfacher ausgedrückt: der zur Stahloberfläche diffundierende gelöste

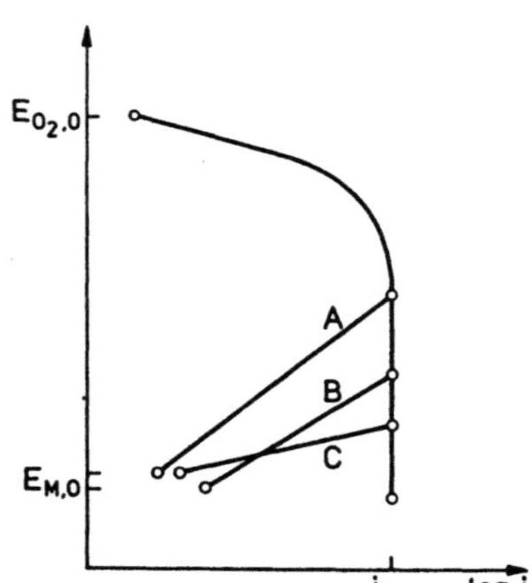

Bild 7.9. Eine kathodische Kontrolle bei der Korrosion unter Sauerstoffreduktion kann bei verschiedenen Legierungen zur gleichen Korrosionsgeschwindigkeit führen.

atmosphärische Sauerstoff weiß nichts über die Zusammensetzung des Stahls. Stattdessen sind Faktoren wie Temperatur, Viskosität, Salzgehalt und Strömungsgeschwindigkeit für die Löslichkeit und Diffusionsgeschwindigkeit von Sauerstoff verantwortlich.

Demgegenüber kann die Zusammensetzung und das Gefüge von unlegierten und niedriglegierten Stählen einen entscheidenden Einfluß auf die lokale Korrosion in Wasser, wie Lochfraß, Spaltkorrosion und Schweißnahtzerfall, ausüben. In diesen Fällen ist der kathodische Bereich und damit der Sauerstoffdiffusionsstrom im Vergleich zum aktiven anodischen Bereich sehr groß, weshalb die Korrosionsrate durch die Steigung und Lage der anodischen Polarisationskurve sowie durch einen Ohmschen Spannungsabfall proportional zur Korrosionsrate beeinflußt wird (Bild 7.10). In der Praxis wird oft eine Mittelstufe gefunden. Folglich ist der Schweißnahtzerfall von Schiffsblechen stark von der Zusammensetzung des Bleches und der Schweißelektrode abhängig, erhöht sich aber auch bei höherer Fahrt des Schiffes, d.h. bei einem Anstieg der diffusionsgesteuerten Rate der kathodischen Sauerstoffreduktion.

Während die Korrosionsgeschwindigkeit von unlegierten Stählen gewöhnlich durch den diffusionsbegrenzten Strom der Sauerstoffreduktion bestimmt ist, wird die Korrosionsrate und das Korrosionspotential von Kupfer durch den Schnittpunkt der anodischen Polarisationskurve mit der Tafel-Geraden für die Sauerstoffreduktion festgelegt (Bild 7.11). Die Korrosionsraten der sehr unedlen Metalle Zink, Mangan oder Magnesium sind sowohl von der Sauerstoffreduktion als auch von der Wasserstoffentwicklung abhängig.

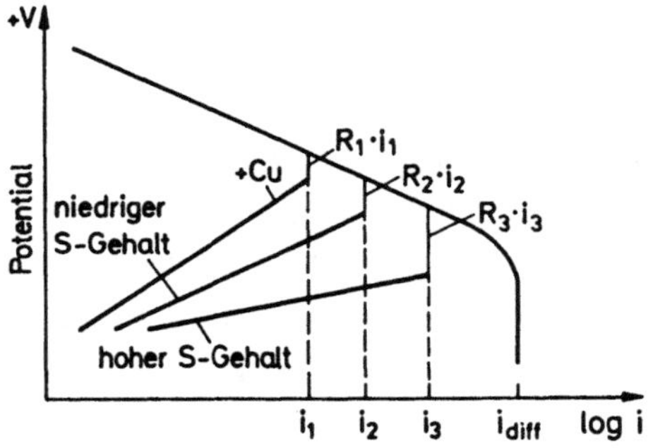

Bild 7.10. Das Polarisationsdiagramm nach Evans zeigt schematisch, daß die Korrosionsrate bei der lokalisierten Korrosion in Wasser, wie bei Lochfraß, Spaltkorrosion und Schweißnahtzerfall, stark von der Stahlzusammensetzung abhängig ist.

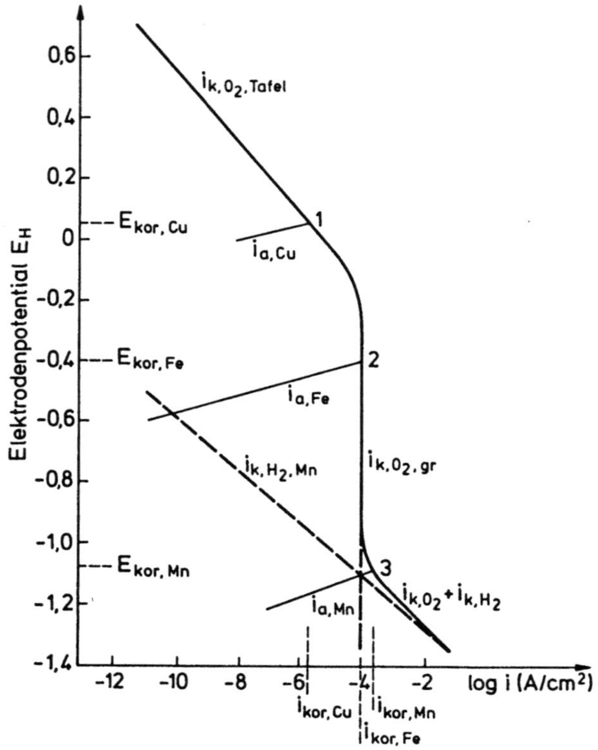

Bild 7.11. Schematische Polarisationsdiagramme für die Korrosion in neutraler Lösung mit 1) einer durch die Aktivierungspolarisation kontrollierten Sauerstoffreduktion (Kupfer), 2) einer durch Diffusion kontrollierten Sauerstoffreduktion (Eisen), 3) Sauerstoffreduktion und Wasserstoffentwicklung (Mangan).

7.3.2 Atmosphärische Korrosion

Für die atmosphärische Korrosion, die unter Sauerstoffreduktion abläuft, ist die Zusammensetzung des Stahls äußerst wichtig. Schwefel übt auch in diesem Fall einen schädlichen Einfluß aus, was durch Zusatz von 0,1-0,2 % Kupfer kompensiert werden kann. Besonders wirkungsvoll ist der Zusatz von Kupfer in Industrieatmosphäre, die saure Bedingungen schafft und in der Schwefel auch durch die Umgebung zugeführt wird. Ebenso läßt sich die nachteilige Wirkung eines hohen Schwefelgehaltes bei Automatenstählen durch Kupferzusatz reduzieren. Im Gegensatz zu Schwefel vermindert Phosphor nur die Korrosionsbeständigkeit von Stählen in sauren Lösungen, nicht aber die Korrosionsbeständigkeit unter atmosphärischen Bedingungen. Phosphor kann sogar einen mehr oder weniger positiven Einfluß ausüben, da es zu Phosphaten mit inhibierender Wirkung oxidiert wird. Ein hoher Phosphorgehalt ist oft eine wesentliche Ursache für die erstaunlich gute atmosphärische Korrosionsbeständigkeit historischer Schmiedestücke aus Schweißeisen, z.B. bei der Säule von Delhi. Der Einfluß von Kupfer und Phosphor kann durch Zusatz kleiner Mengen (0,1-1 %) Chrom, Silicium und Nickel weiter verbessert werden und führt zu den witterungsbeständigen Stählen (Handelsname: Corten u.a.), die sich unter atmosphärischen Bedingungen durch die Bildung einer dichten und festhaftenden Rostschicht auszeichnen. Farb- und Lacküberzüge haben auf den witterungsbeständigen Stählen eine wesentlich höhere Lebensdauer als auf unlegierten Stählen. Dennoch werden diese Werkstoffe bevorzugt ungeschützt der Atmosphäre ausgesetzt.

7.3.3 Temperaturabhängigkeit

Die große Bedeutung der Sauerstoffdiffusion für die Korrosion in Wasser erklärt, warum die maximale Korrosionsrate für die gleichmäßige Korrosion und den Lochfraß von Stahl bei etwa 80 °C liegt. Ab Raumtemperatur findet man einen proportionalen Anstieg der Korrosionsrate mit zunehmender Temperatur infolge einer abnehmenden Viskosität und einem entsprechend zunehmenden Diffusionskoeffizienten D gemäß der Beziehung $D\nu$ = const. Bei Annäherung an den Siedepunkt verringert sich die Korrosionsgeschwindigkeit wieder, da die Sauerstofflöslichkeit in Wasser stark zurückgeht. Dies gilt für ein offenes System unter Atmosphärendruck. In einem geschlossenen System, in dem der Druck mit der Temperatur ansteigt und in dem der Sauerstoff nicht aus der Lösung entweichen kann, steigt die Korrosionsrate kontinuierlich mit der Temperatur an, vgl. Bild 7.12.

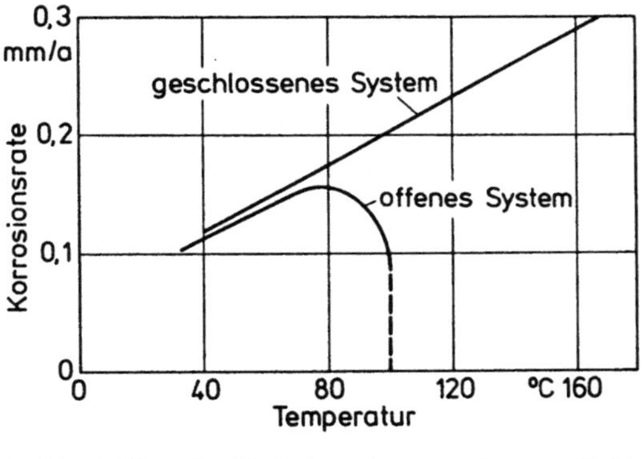

Bild 7.12. Einfluß der Temperatur auf die Korrosion von Eisen in Wasser, welches gelösten Sauerstoff enthält.

Für Zink ergibt sich ein sehr ausgeprägtes Maximum der Korrosionsgeschwindigkeit zwischen 60-70 °C, was hauptsächlich auf eine Gefügeänderung im Zinkoxidfilm zurückzuführen ist und auch einem beträchtlichen Anstieg des Korrosionspotentials von Zink bei hohen Temperaturen entspricht.

7.3.4 Konzentrationsabhängigkeit

Aus ähnlichen Gründen zeigen auch NaCl-Lösungen ein Maximum der Korrosionsrate bei der ungefähren Zusammensetzung von Meerwasser. Mit zunehmender Salzkonzentration steigt die Korrosionsrate zunächst infolge einer höheren elektrischen Leitfähigkeit an, nimmt aber bei relativ hohen Salzkonzentrationen wegen einer verringerten Löslichkeit und Diffusionsgeschwindigkeit des Sauerstoffs wieder ab (vgl. Bild 7.13).

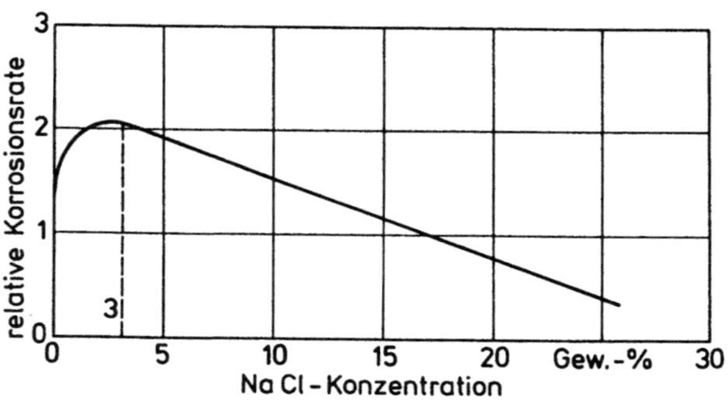

Bild 7.13. Einfluß der NaCl-Konzentration auf die Korrosion von Eisen in belüfteten Lösungen.

7.3.5 Korrosion in strömenden Medien

Wie die Diffusions- und Konzentrationspolarisation ist auch die Korrosion durch Sauerstoffreduktion stark von den Strömungsbedingungen abhängig. Eine höhere Strömungsgeschwindigkeit führt zu einer dünneren Diffusionsschicht auf der Metalloberfläche. Der Sauerstofftransport wird dadurch erleichtert und die Grenzstromdichte steigt (vgl. Abschn. 2.3.1).

Mit Hilfe der Konvektionstheorie läßt sich auch erklären, warum der Übergang von laminarer zu turbulenter Strömung bei der kritischen Reynoldsschen Zahl zu einer plötzlichen Änderung der Korrosionsgeschwindigkeit führt. Treten diese Turbulenzen lokal auf, so kommt es zur Erosionskorrosion. Die Korrosionsgeschwindigkeit ist bei Kupfer und Kupferlegierungen in neutralen Medien nicht durch den Sauerstofftransport an die Metalloberfläche bestimmt, sondern durch den Abtransport der Korrosionsprodukte von der Metalloberfläche, was in diesem Fall den langsameren Prozeß darstellt. Bild 7.14 zeigt, wie die Korrosionsgeschwindigkeit mit der Strömungsgeschwindigkeit der korrosiven Lösung variieren kann. Die Korrosionsrate steigt im laminaren Bereich langsam und im turbulenten Bereich schneller an, aber nur bis zu einem Wert, bei dem die Grenzstromdichte der Sauerstoffreduktion so hoch ist, daß die Kurve für die anodische Polarisation in die Tafel-Gerade einmündet, was der Aktivierungsüberspannung für Sauerstoff nach Bild 7.15 entspricht. Die Kavitationskorrosion wird weiter unten (Kap. 9) behandelt. Demgegenüber führt bei passivierenden Stählen wie den rostfreien Stählen ein leichter Anstieg der Strömungsgeschwindigkeit zu einer verminderten Korrosionsrate, weil man durch eine höhere und gleichmäßige Sauerstoffzufuhr wesentlich leichter einen passiven Zustand erhält (vgl. Bild 7.16).

[1] Nickel-Basislegierung , Zusammensetzung s. Tabelle 3.3

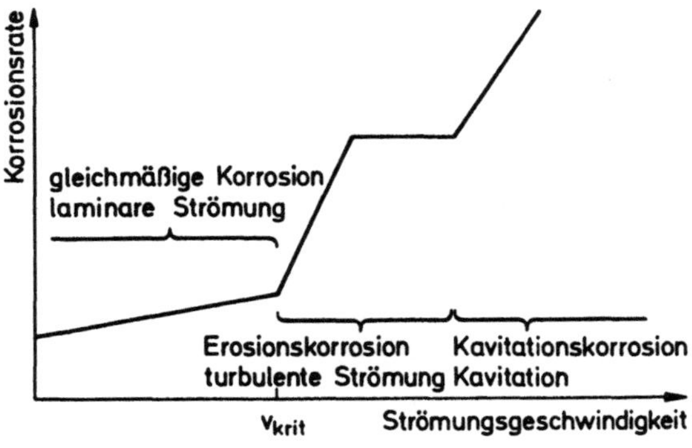

Bild 7.14. Korrosionsgeschwindigkeit und Korrosionsart als Funktion der Strömungsgeschwindigkeit. v_{krit} entspricht der kritischen Reynoldsschen Zahl.

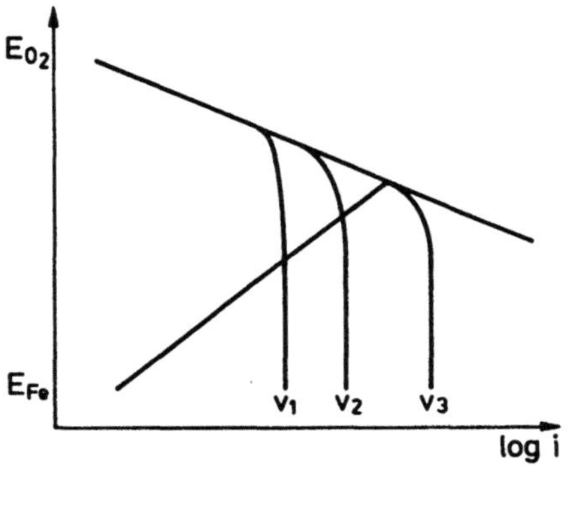

Bild 7.15. Stromspannungsdiagramm für verschiedene Strömungsgeschwindigkeiten, wobei $v_1 < v_{krit} < v_2$.

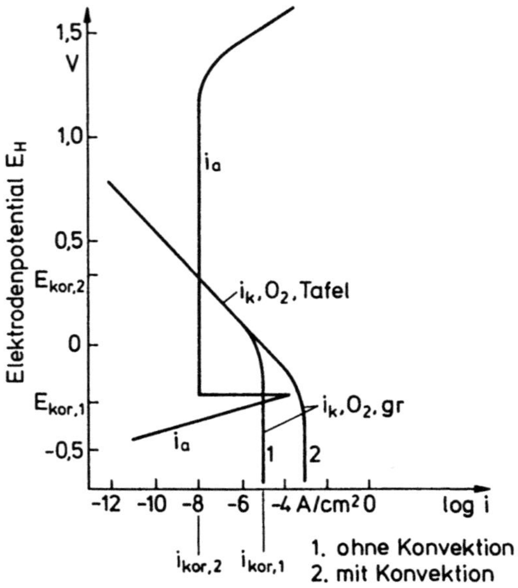

Bild 7.16. Erhöhte Konvektion kann dazu führen, daß die Grenzstromdichte für die Sauerstoffdiffusion die kritische Stromdichte für die Passivierung überschreitet und damit einen rostfreien Stahl vom aktiven in den passiven Zustand überführt.

8 Einige wichtige Arten der elektrochemischen Korrosion

8.1 Einteilung in »Korrosionszellen«

Korrosion findet statt, wenn eine Potentialdifferenz zwischen anodischen und kathodischen Oberflächen vorhanden ist und wenn ein Medium vorliegt, welches den kathodischen Prozeß aufrechterhält. Letzteres wurde im vorausgehenden Kapitel behandelt. Entsprechend ihrer Größe lassen sich die Korrosionszellen unterteilen in:

— Makrozellen, die zu einem lokalisierten großflächigen Angriff führen. Beispiele hierfür sind Belüftungszellen und galvanische Zellen zwischen unterschiedlichen Metallen.
— Mikrozellen, die zu lokalisiertem Angriff führen (Beispiele s.u.).
— Submikroskopische Zellen, die eine gleichmäßige Korrosion bewirken. Ein Beispiel liefert Bild 8.1.

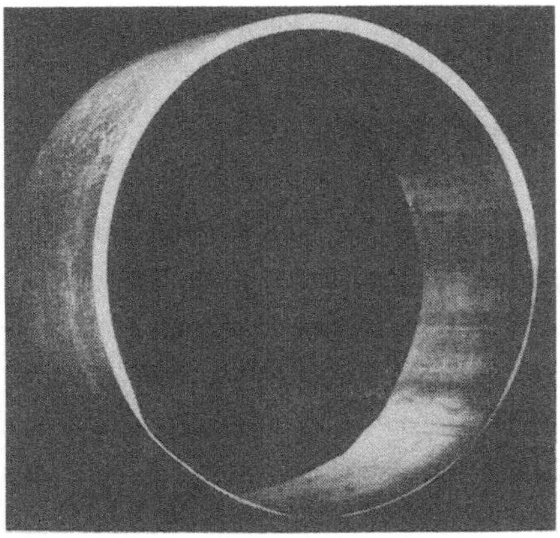

Bild 8.1. Gleichmäßige Korrosion eines Rohres aus 18-8 Chrom-Nickel-Stahl, welches saures Wasser mit 0,5 % H_2SO_4 und 0,5 % HNO_3 bei einer Temperatur von 100 °C führte. Das Rohr war horizontal verlegt und ungefähr 1/3 gefüllt. Innerhalb eines Jahres hat die Wandstärke von 4,5 mm auf einen minimalen Wert abgenommen.

Folgende Korrosionszellen führen zu lokalisiertem Angriff:

- Galvanische Makrozelle Metall-Metall: Galvanische Korrosion
- Galvanische Mikrozellen (Lokalzellen) innerhalb eines Metalls als Ausgangspunkt für
  - a) interkristalline Korrosion,
  - b) selektive Korrosion,
  - c) Spannungsrißkorrosion (SpRK),
  - d) Lochfraß und Spaltkorrosion,
  - e) Spongiose,
  - f) Schichtkorrosion.
- Sauerstoff-Konzentrationszellen (i.a. Makrozellen)
  - a) Wasserlinienkorrosion,
  - b) Spaltkorrosion,
  - c) Korrosion unter Ablagerungen,
  - d) Tropfenkorrosion,
  - e) Filigrankorrosion.
- Metallionen-Konzentrationszellen (Makrozellen): Erosionskorrosion von Kupfer und Kupferlegierungen.
- Aktiv-Passiv-Zellen + Belüftungszellen bei der Ausbreitung von
  - a) Lochfraß in passiven Metallen,
  - b) Spaltkorrosion in passiven Metallen,
  - c) interkristalline Korrosion in passiven Metallen,
  - d) Spannungsrißkorrosion in passiven Metallen.
- Elektrolytische Zellen (Makrozellen)
  - a) anodische Korrosion (erwünscht),
  - b) Streustromkorrosion (unerwünscht).

8.2 Galvanische Makrozellen – Galvanische Korrosion

Die galvanische Korrosion, die beim Kontakt zweier verschiedener Metalle oder Legierungen mit unterschiedlichen Elektrodenpotentialen auftritt, ist wahrscheinlich die am besten bekannte Korrosionsart. Ein Beispiel liefern Messingteile, die sich im Kontakt mit Heißwasserleitungen aus Kupfer befinden, wobei das Messing die Anode in der galvanischen Zelle bildet und deshalb entzinkt wird (ein Beispiel für die selektive Korrosion, s. Abschn. 8.3). Steht das Messingteil stattdessen mit einem verzinkten Stahlrohr in Verbindung, so wird der Zinküberzug in der Nähe der Kontaktstelle anodisch und löst sich auf. Der Stahl wird dann aus denselben Gründen angegriffen, während das Messing in beiden Kombinationen kathodisch geschützt ist. Ein anderes Beispiel ist die galvanische Korrosion von unlegiertem Stahl (1) in Kontakt mit rostfreiem Stahl (2), vgl. Bild 8.2.

Kupfer kann ebenfalls galvanische Korrosion auf Leichtmetallen verursachen, wenn es mit letzterem nicht in direktem Kontakt steht. Die bei der Korrosion von Kupfer entstehenden Kupferionen diffundieren zu dem Leichtmetall und lagern sich dort als metallisches Kupfer ab. Diese Ablagerungen führen zu kleinen, aber wirkungsvollen galvanischen Zellen und starkem lokalen Korrosionsangriff, was auch als indirekte galvanische Korrosion bezeichnet wird.

Bei einer Potentialdifferenz unter 50 mV können galvanische Effekte gewöhnlich vernachlässigt werden. Die interessierenden Elektrodenpotentiale sind oft nicht die theoretisch berechneten Potentiale, die in den Spannungsreihen der Metalle aufgeführt sind, sondern die experimentell bestimmten Korrosionspotentiale in den wirklichen Elektrolyten, die in der galvanischen Reihe stehen und in der auch Legierungen enthalten sein können (s. Tabelle 6.1). Daraus ist ersichtlich, daß Aluminium im allgemeinen edler als Zink ist und galvanische Korrosion in Kontakt mit Zinküberzügen auf verzinkten Stählen, z.B. bei Feral-Kabeln (Aluminium-Starkstromkabel mit einem verstärkenden Stahlkern), verursacht. Bei freigelegtem Stahlkern kann wiederum galvanische Korrosion des Aluminiums eintreten. In einigen Fällen können die Korrosionspotentiale jedoch nicht zur Beurteilung der Korrosionsverteilung eines galvanischen Paares herangezogen

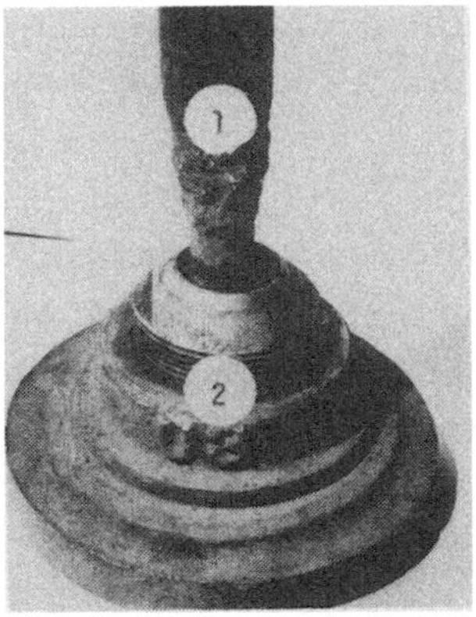

Bild 8.2. Galvanische Korrosion einer Ventilspindel in Meerwasser nach zehnmonatigem Einsatz an Bord eines Schiffes im Öresund. Die Ventilspindel (1) besteht aus unlegiertem Stahl, der Ventilkegel (2) aus säurebeständigem Stahl (AISI 329).

werden. Beispielsweise löst sich ein Stahl mit hohem Kohlenstoffgehalt in Säuren schneller und bei einem positiveren Potential auf als ein Stahl mit niedrigem Kohlenstoffgehalt, was auch für eine galvanische Kopplung der beiden Stähle gilt. Teilweise sind die galvanischen Effekte trotz großer Potentialdifferenzen infolge eines isolierenden Oxidfilms auf dem kathodischen Teil, z.B. Titan, relativ gering.

Die Kombination aus kleiner Anode und großer Kathode, wie sie Messingbolzen in einer Kupferplatte darstellen, ist in Verbindung mit galvanischer Korrosion besonders gefährlich. Es sollte die umgekehrte Kombination, d.h. große Anoden- und kleine Kathodenfläche, angestrebt werden. Schrauben, Bolzen, Nieten und Schweißnähte sollten deshalb immer aus einem gegenüber dem Grundwerkstoff edleren Metall gefertigt werden; so ergibt beispielsweise eine Ausführung dieser Bauteile aus einem niedriglegierten Chrom-Nickel-Stahl bei Verwendung eines unlegierten Stahls als Grundwerkstoff einen kathodischen Schutz des Fugenmaterials.

Wichtig ist auch die Leitfähigkeit des korrosiven Mediums. Wenn große Oberflächen des Metalls mit wäßrigen Lösungen hoher Leitfähigkeit wie z.B. Meerwasser in Berührung sind, kann sich der Angriff weit über den eigentlichen Kontakt hinaus ausbreiten und sich dadurch abschwächen. In weichem Wasser und unter atmosphärischen Bedingungen findet der Angriff oft in der Nähe metallischer Kontakte statt und wird dann gefährlicher.

Bei atmosphärischer Korrosion sind die galvanischen Effekte hauptsächlich unter maritimen Bedingungen wirksam. Unlegierter Stahl verursacht in einem Küstenklima galvanische Korrosion auf Aluminium, was in einer Stadt- oder gemäßigten Industrieatmosphäre nicht der Fall ist.

Fehlen zur Aufrechterhaltung der kathodischen Reaktion gelöster Sauerstoff oder Wasserstoffionen, findet keine galvanische Korrosion statt. Deshalb ist es durchaus möglich, Stahl und Kupfer in geschlossenen Heißwassersystemen (z.B. Zentralheizung) ohne größeren Korrosionsangriff miteinander zu verbinden.

8.3 Galvanische Mikrozellen (Lokalzellen)

Ein Metall oder eine Legierung besteht im allgemeinen aus Bereichen unterschiedlicher Zusammensetzung und damit verschiedener Elektrodenpotentiale. Dies gilt für verschiedene Phasen einer heterogenen Legierung. Beispiele kathodischer Phasen sind Graphit in Grauguß und Zementit in weißem Gußeisen sowie in unlegierten Stählen. Liegt eine Phase nur in geringen Mengen vor, wird sie oft als Ausscheidung oder sekundäre Phase bezeichnet. Derartige Ausscheidungen sind meist Karbide oder intermetallische Verbindungen, die sich im festen Zustand während der Wärmebehandlung der Legierungen gebildet haben. Sie entstehen bevorzugt entlang von Korngrenzen und Gleitbändern. Im allgemeinen haben auch in reinen Metallen und homogenen Legierungen die Korngrenzen eine andere Zusammensetzung (z.B. eine höhere Konzentration niedrig schmelzender Verbindungen) oder wenigstens eine höhere Gitterenergie. Daß die Korngrenzen unedler sind als das Innere der Körner, beweist der stärkere Angriff der Korngrenzen beim Ätzen. Lokalelemente in Korngrenzen sind Ausgangspunkte für die Einleitung interkristalliner Korrosion.

Ein typisches Beispiel für die durch Mikrozellen verursachte Korrosion, die infolge der Nachbarschaft verschiedener Phasen in einer Legierung entsteht, ist die Spongiose, die bevorzugt in Grauguß auftritt. Dabei wird das Eisen zu Rost umgewandelt und bildet zusammen mit den Graphitlamellen eine schwammige Masse, die mit einem Messer leicht eingeritzt werden kann. Die Spongiose ist häufig bei Grauguß in Verbindung mit Wasser oder Erdboden zu finden. Bild 8.3 zeigt ein Gefügebild von Grauguß, welcher im oberen Teil durch Spongiose korrodiert ist.

Eine Korrosionsart, die durch ein unterschiedliches Mikrogefüge innerhalb ein und derselben Phase verursacht wird, ist das korrosionsbedingte Abblättern von Schichten (Schichtkorrosion), ein Angriff, der auf gewalztem Material, z.B. kupferhaltigen Aluminiumlegierungen, stattfindet und auf bestimmte Schichten hauptsächlich parallel zur Oberfläche begrenzt ist. Der meist interkristalline Korrosionsangriff kann ein Ausbeulen und Abplatzen der Oberflächenschicht durch die Bildung voluminöser Korrosionsprodukte bewirken (vgl. Bild 8.4).

Auch die selektive Korrosion (d.h. Auflösung des unedleren Bestandteils einer Zweiphasenlegierung, z.B. Zink in Messing) hat wahrscheinlich ihren Ausgangspunkt an lokalen Schwankungen der Zusammensetzung. Da das edlere Metall nicht angegriffen oder wiederabgeschieden wird, entsteht durch den Korrosionsprozeß eine galvanische Zelle, bestehend aus dem edleren Metall als Kathode und der Legierung als Anode. Selektive Korrosion findet nur in Mischkristallen statt, in denen zwei oder mehr Metalle legiert sind. Während des Korrosionsvorgangs werden nur die unedleren Bestandteile in beachtlichem Maße gelöst, der Rest

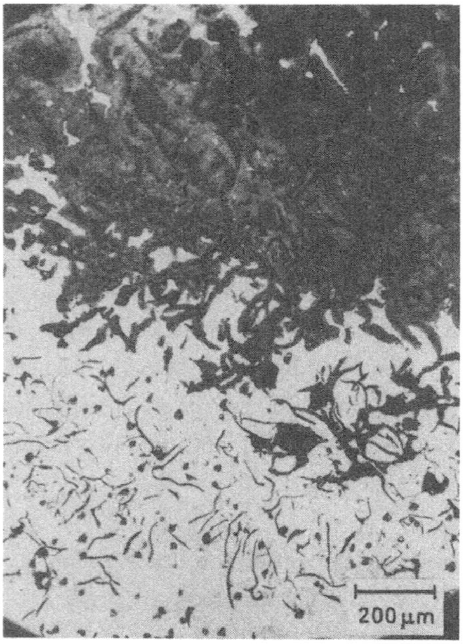

Bild 8.3. Spongiose von Grauguß eines Schiffskondensators nach achtmonatigem Einsatz in der Ostsee. Im unteren Teil des Gefügebildes ist der Grauguß mit Graphitlamellen nicht angegriffen, im oberen Teil liegt ein Angriff des Eisens vor, wobei die Graphitlamellen in Rost eingebettet sind. Die Dicke der angegriffenen Schicht beträgt 8 mm.

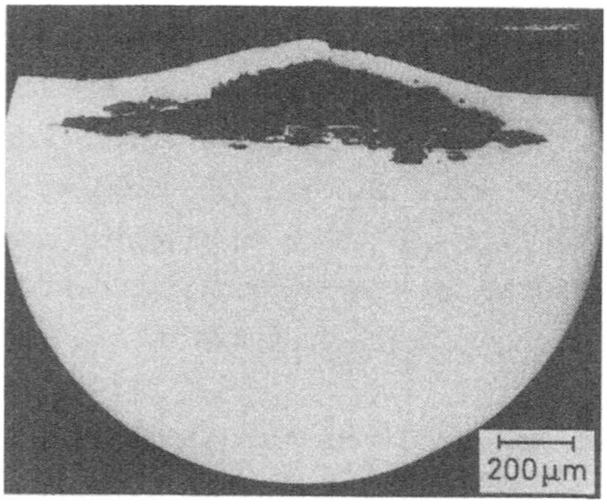

Bild 8.4. Schichtkorrosion an der Wärmeeinflußzone einer Schweißnaht einer Aluminiumlegierung (AlZn5Mg1), die bei RT gehärtet (Ausscheidungshärtung) und für 4,5 Jahre Meerwasser ausgesetzt wurde. Querschnitt einer Ansammlung von Korrosionsprodukten.

liegt auch nach der Korrosion noch in metallischer Form vor, aber mit deutlich reduzierter Festigkeit. Die Korrosionsbeständigkeit der Legierungen ist von ihrer Zusammensetzung abhängig und nimmt im allgemeinen mit zunehmender Konzentration des edleren Bestandteils der Legierung zu. Ist die Konzentration höher als ein bestimmter kritischer Wert, die sog. Tammansche Resistenzgrenze, so hat die Legierung ungefähr die gleiche Beständigkeit wie die edlere Komponente in reiner Form.

Bei der Entzinkung von Messing in wäßrigen Lösungen geht das Zink der Legierung in Lösung, während das Kupfer als poröses Metallgerüst mit geringer mechanischer Festigkeit (Bild 8.5) zurückbleibt. Es wird angenommen, daß der Vorgang über Lokalzellen abläuft, in denen sich Zink anodisch auflöst, während der kathodische Vorgang aus der Reduktion von gelöstem Sauerstoff der Lösung besteht. Dabei scheint das übrigbleibende Kupfer bewegliche Atome zu bilden, die auf der Metalloberfläche zu Kristallisationszentren hindiffundieren und sich schließlich in einer Struktur abscheiden, die der von elektrolytisch abgeschiedenem Kupfer gleicht (Bild 8.6). Die Entzinkung von α-Messing kann durch Legierungszusätze wie Arsen, Antimon oder Phosphor praktisch vollständig unterdrückt werden.

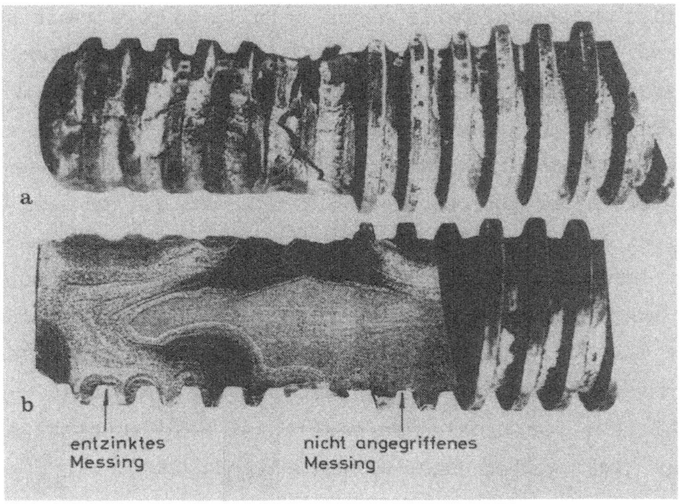

Bild 8.5. Entzinkung von Messing. Ventilspindel einer Heißwasserleitung, 65-70 °C, 4 Jahre. A) Oberflächenbeschaffenheit, B) Längsschnitt.

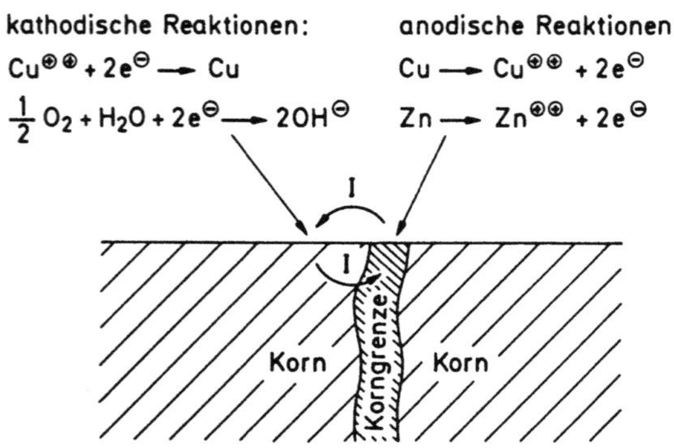

Bild 8.6. Schematische Darstellung der selektiven Korrosion (Entzinkung von Messing) im Anfangsstadium.

8.4 Sauerstoff-Konzentrationszellen (Belüftungszellen)

Korrosionszellen müssen nicht immer aus galvanischen Zellen bestehen, die sich zwischen verschiedenen metallischen Phasen ausbilden, sondern können auch Konzentrationszellen darstellen. Im allgemeinen entstehen sie durch Lösungen, die gelösten Sauerstoff unterschiedlicher Konzentration enthalten. Die mit einer hohen Sauerstoffkonzentration umgebenen Teile eines Metalls bilden positive Pole oder Kathoden, während die Teile, die mit einer Lösung niedriger Sauerstoffkonzentration in Verbindung stehen, als negative Pole oder Anoden in den Korrosionszellen wirken. Es mag als paradox erscheinen, daß die Korrosion an den Teilen stattfindet, die vor dem korrosiven Medium, d.h. dem gelösten Sauerstoff, geschützt sind. Da jedoch der Korrosionsstrom dem Gesetz des geringsten Widerstands folgt, findet der Angriff in der Nähe der sauerstoffreichen, kathodischen Oberflächen statt. Während diese durch Sauerstoff und Alkali (kathodische Reaktion) passiviert werden, werden die anodischen Oberflächen aktiviert sowohl durch Anionen, wie z.B. Chloridionen, die mit dem Korrosionsstrom zur Anode wandern, als auch durch Wasserstoffionen, die bei der Hydrolyse von Metallionen entstehen (anodische Reaktion). Man bezeichnet Belüftungszellen deshalb als autokatalytisch (vgl. weiter unten Lochfraß-Mechanismus).

Die durch eine ungleichmäßige Zufuhr atmosphärischen Sauerstoffs entstehenden Korrosionszellen treten besonders in neutralen Wässern und wäßrigen Lösungen auf. Das Beispiel der Tropfenkorrosion wurde bereits in Abschn. 6.3 behandelt. Ein ebenfalls weit verbreiteter Fall ist die Spaltkorrosion (Bild 8.7), d.h.

der Angriff in kleinen Spalten zwischen verschiedenen metallischen Teilen oder zwischen metallischen und nichtmetallischen Werkstoffen. Die für den Sauerstoff schlecht zugänglichen Spalten werden zur Anode, während die dem Sauerstoff ausgesetzten Metalloberflächen zur Kathode werden. Ebenso wird die Korrosion durch Ablagerungen (z.B. Sand, Blätter, Papier u.ä.) in Wasser und wäßrigen Lösungen durch eine erschwerte Sauerstoffzufuhr an die Metalloberfläche verursacht (Bild 8.8).

Ein weiterer typischer Fall einer Belüftungszelle ist der Wasserlinienangriff (Bild 8.9), d.h. ein korrosiver Angriff direkt unterhalb des Flüssigkeitsni-

Bild 8.7. Spaltkorrosion von Bolzen und Mutter eines 17 % Chromstahls nach dreijährigem Einsatz im Meerwasser. Ein Chrom-Nickel-Molybdän-Stahl mit 18 % Chrom, 12 % Nickel und 3 % Molybdän wäre besser geeignet. Das Gewinde läßt sich außerdem durch einen passivierenden Chromatanstrich schützen.

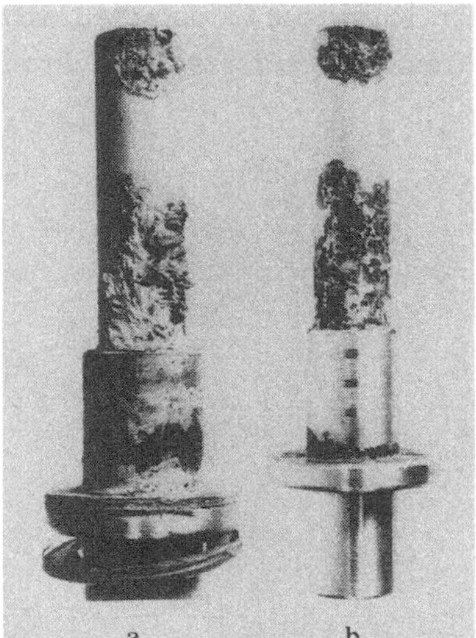

Bild 8.8. Korrosionsangriff durch Ablagerungen (Belagskorrosion) an einem Bolzen aus rostfreiem Chrom-Nickel-Stahl (17 % Chrom, 2 % Nickel) in schlammhaltigem Wasser ($t = 50$ °C, $v_{H_2O} = 2{,}5$ m/s.). A) vor Reinigung; B) nach Reinigung.

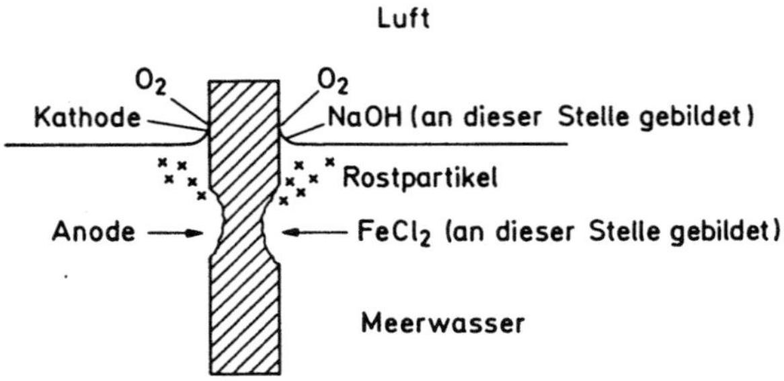

Bild 8.9. Wasserlinienangriff, der durch eine Sauerstoff-Konzentrationszelle (Belüftungszelle) verursacht wird.

veaus eines in Wasser getauchten Metalls. Dabei entstehen durch den Wassermeniskus auf dem Metall wirksame kathodische Flächenbezirke mit kurzen Diffusionswegen für gelösten Sauerstoff. In ähnlicher Weise wird ein in den Boden gerammter Stahlpfosten bevorzugt direkt unterhalb des Grundwasserspiegels angegriffen. Ein in den Meeresboden gerammter Stahlpfosten korrodiert am stärksten direkt unterhalb der Grundfläche, weil der mit dem Meerwasser in Verbindung stehende Teil des Pfostens als Kathode wirkt und weniger stark angegriffen wird.

Durch Belüftungszellen wird auch die Filigrankorrosion verursacht, die sich in unregelmäßig geformten, haarfeinen Linien von Korrosionsprodukten unterhalb von Lack-, Farb- oder Gummischichten zeigt (Bild 8.10). Unter diesen Schichten

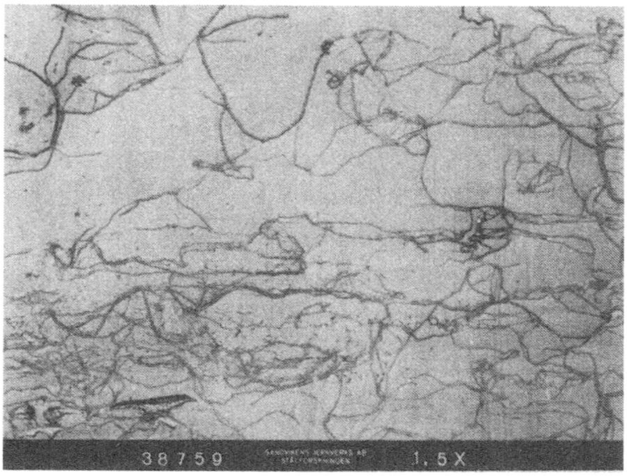

Bild 8.10. Filigrankorrosion unter dem Gummiüberzug eines Förderbandes aus unlegiertem Stahl, die nach einer Seefracht entdeckt wurde.

bewegen sich Tropfen konzentrierter Elektrolytlösung (etwa Salzkristalle, die Feuchtigkeit aus der Atmosphäre absorbiert haben) unter Ausnutzung der Kapillarkräfte vorwärts, wobei in der Mitte Korrosion und an den Randzonen eine kathodische Alkalibildung stattfindet, da hier eine leichtere Sauerstoffzufuhr möglich ist. Die Vorwärtsbewegung wird durch Alkali erleichtert, da es die Oberflächenspannung erniedrigt und den Farbfilm manchmal verseift, der sich dadurch vom metallischen Substrat abhebt.

8.5 Metallionen-Konzentrationszellen

Eine unterschiedliche Metallionenkonzentration kann ebenfalls die Entstehung von Konzentrationszellen bewirken. Ein mit einer verdünnten und einer konzentrierten Kupfersalzlösung in Kontakt befindlicher Kupferstab wird an dem Ende korrodieren, das in Verbindung mit der verdünnten Lösung steht. Bedeutung haben derartige Metallionen-Konzentrationszellen in der Praxis für die Korrosion von Kupfer und Kupferlegierungen in strömenden Medien. Oberflächen, die einer sich schnell bewegenden Flüssigkeit ausgesetzt sind, werden infolge eines schnelleren Abtransports von Kupferionen negativ und damit anodisch. Durch die Ausbildung von Metallionen-Konzentrationszellen kommt es bei Kupfer und seinen Legierungen zur Erosionskorrosion, wenn die Strömung der korrosiven Flüssigkeit auf einem Teil der Metalloberfläche turbulent wird (s. Abschn. 7.3.4, Bild 7.14).

8.6 Aktiv-Passiv-Zellen

Eine häufige Ursache lokaler Korrosionszellen sind Unregelmäßigkeiten in passivierenden Oxidfilmen. Diese Defekte können durch Inhomogenitäten in der Zusammensetzung des Metalls, wie z.B. zweite Phasen in Aluminiumlegierungen und Sulfideinschlüsse in Stählen, entstehen, welche den Ort der Lochfraßkorrosion bestimmen und durch das Anlagern an Korngrenzen interkristalline Korrosion und Spannungsrißkorrosion einleiten können. Als Aktiv-Passiv-Zellen kann man auch Korrosionszellen betrachten, die sich zwischen Metall und Walzzunder bilden, wenn letzterer beschädigt ist.

Es sollte beachtet werden, daß die Ausbildung einer anfänglichen Potentialdifferenz in einer Aktiv-Passiv-Zelle nicht ausreicht, um einen Korrosionsvorgang aufrechtzuerhalten. Man benötigt zusätzlich eine Substanz, im allgemeinen gelösten Sauerstoff, mit deren Hilfe die kathodische Reaktion ablaufen kann. Auf diese Weise entsteht aus der Aktiv-Passiv-Zelle eine Belüftungszelle.

8.6.1 Lochfraß

Lochfraß ist ein lokalisierter Angriff, im allgemeinen auf einer oxidbedeckten Metalloberfläche, der durch eine Aktivierung der anodischen und kathodischen Reaktion hervorgerufen wird. Dabei wird die anodische Reaktion durch aktivierende Anionen und die kathodische Reaktion durch die Anwesenheit von Oxidationsmitteln sowie durch aktive Kathodenoberflächen mit einer niedrigen Polarisation gefördert. Lochfraß findet auf einem Metall nur dann statt, wenn ein bestimmtes minimales Korrosionspotential, das Lochfraß- oder Durchbruchspotential, vorhanden ist (Bild 8.11). Dieses Potential ist geringer als das transpassive Potential und liegt deshalb im Passivbereich des Metalls. Die Lochbildung beginnt durch die Adsorption von aktivierenden Anionen, insbesondere Chloridionen, an Fehlern im Oxidfilm, wie z.B. an Schlackeneinschlüssen und Ausscheidungen zweiter Phasen. Bei Erreichen des Lochfraßpotentials wird die elektrische Feldstärke an der dünnsten Stelle des Oxidfilms so groß, daß die Chloridionen unter Bildung von Oxichlorid und einer nachfolgenden örtlichen

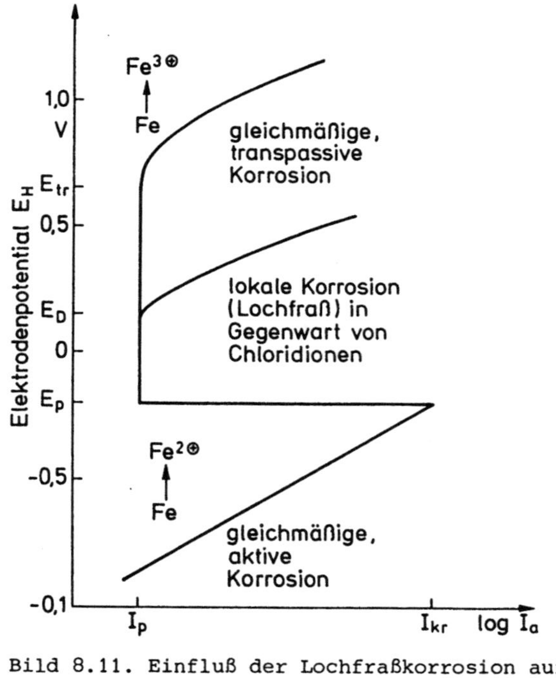

Bild 8.11. Einfluß der Lochfraßkorrosion auf die anodische Polarisationskurve passiver Metalle. E_p = Passivierungspotential; E_D = Durchbruchspotential; E_{tr} = transpassives Potential; I_{kr} = kritischer passivierender Strom; I_p = Reststrom im Passivierungsbereich (Passivstrom).

Auflösung des Oxidfilms in ihn eindringen können. Sobald ein Loch gebildet ist, wächst es autokatalytisch weiter. Durch die Lochbildung werden Bedingungen geschaffen, die ein weiteres Lochwachstum fördern. Lochfraß tritt häufig bei rostfreien Stählen in chloridhaltigen Lösungen auf (vgl. Bild 8.12). Bei handelsüblichen Stählen beginnt der Lochfraß normalerweise in Sulfideinschlüssen.

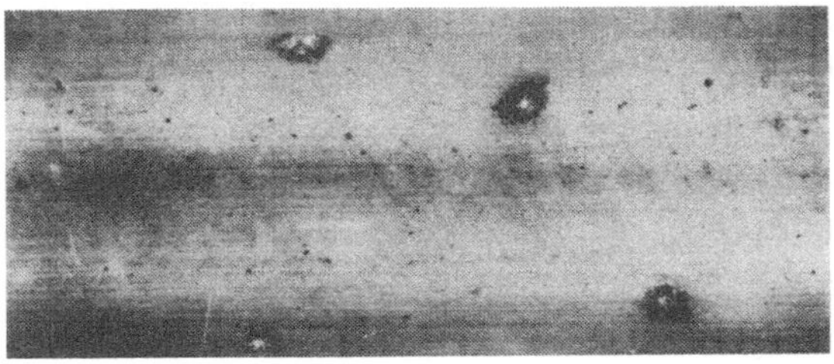

Bild 8.12. Lochfraßkorrosion an einem 18-8 Chrom-Nickel-Stahlrohr eines Gelatineverdampfungsgefäßes nach vierjährigem Einsatz. Für den Lochfraß ist eine kleine Menge NaCl in der Gelatine verantwortlich.

Bild 8.13 veranschaulicht den Mechanismus der Lochfraßkorrosion auf Aluminium. Prinzipiell scheint der Lochfraß in ähnlicher Weise auf unlegierten Stählen und rostfreien Stählen abzulaufen. Die selbstauslösenden Faktoren der Lochfraßkorrosion befinden sich:

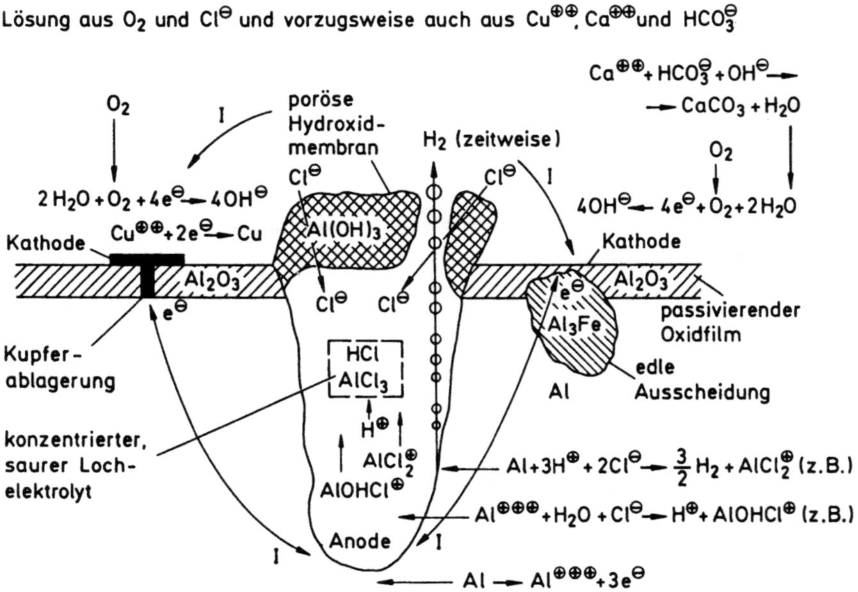

Bild 8.13. Elektrochemischer Mechanismus des Lochwachstums auf Aluminium, der dessen autokatalytische selbstauslösende Natur veranschaulicht.

— Innerhalb der Lochfraßstelle und einer Repassivierung entgegenwirkend:
  a) Anreicherung von Chloridionen in der Lochfraßstelle durch Wanderung mit dem Korrosionsstrom, der durch die Aktiv-Passiv-Zelle erzeugt wird;
  b) Erzeugung einer sauren Lösung innerhalb des Loches durch die Hydrolyse von Metallionen, gefolgt von einem örtlichen Anstieg des Passivierungspotentials;
  c) hohe Leitfähigkeit der konzentrierten Salzlösung in der Lochfraßstelle;
  d) begrenzte O_2-Zufuhr, teilweise bedingt durch eine geringe O_2-Löslichkeit des konzentrierten Elektrolyten in der Lochfraßstelle.
— An der Mündung der Anfressung:
  Bildung einer Pustel von Korrosionsprodukten, die der Verdünnung des Elektrolyten in der Lochfraßstelle durch Diffusion und Konvektion entgegenwirken und damit die obengenannten Faktoren verstärken.
— Am Lochsaum und eine gleichmäßige Korrosion verhindernd:
  a) kathodischer Schutz durch den Korrosionsstrom;
  b) Passivierung durch Alkali, welches in Gegenwart von Calciumhydrogencarbonat besonders wirksam ist;
  c) Ablagerung von edleren Metallen, wie z.B. Kupfer, auf Lokalkathoden, wodurch ihre Wirksamkeit wegen einer Abnahme ihrer Polarisation so verstärkt wird, daß das Kathodenpotential über dem Lochfraßpotential liegt.
  Das Anodenpotential innerhalb der Lochfraßstelle muß sich deutlich im aktiven Bereich befinden, was durch eine örtliche Anhebung des Passivierungspotentials innerhalb des Loches erleichtert wird.

Als Maßnahmen zur Vermeidung von Lochfraß auf Aluminium gelten:
— Erniedrigung der Silicium-, Eisen- und Kupfergehalte, die zu edlen Ausscheidungen, d.h. wirksamen Lokalkathoden, von Silicium und $FeAl_3$ und von Kupfer und $CuAl_2$ führen;
— Zusätze von Mangan oder Magnesium, welche sich mit Eisen bzw. Silicium zu weniger edlen Phasen verbinden;
— Vermeidung von Anlaßtemperaturen um 500 $^{\circ}C$, welche zu einem Maximum kathodischer Abscheidungen führen;
— Plattieren von Aluminiumlegierungen mit reinem Aluminium, welches gegen Lochfraß beständig ist und das Grundmetall kathodisch schützt.

Unter atmosphärischen Bedingungen heilen Lochfraßstellen auf Aluminium normalerweise von selbst aus (Bild 8.14).

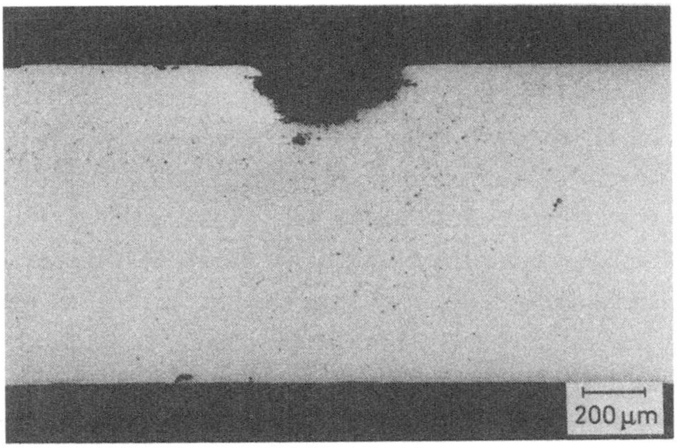

Bild 8.14. Lochfraß einer Aluminiumlegierung (AlMg2,5) nach zehnjährigem Einsatz in einer kupferstaubhaltigen Industrieatmosphäre. Unter atmosphärischen Bedingungen kommt der Lochfraß von Aluminium gewöhnlich selbständig zum Stillstand.

Für den Lochfraß von unlegierten Stählen ist es charakteristisch, daß über den Lochfraßstellen ein von konzentrischen Schichten gebildetes Rostprodukt und in den Löchern eine Ansammlung von Salz entsteht (Bild 8.15). In maritimer Atmosphäre besteht dieses Salz gewöhnlich aus Eisen(II)-Chlorid, in Industrieatmosphäre aus Eisen(II)-Sulfat.

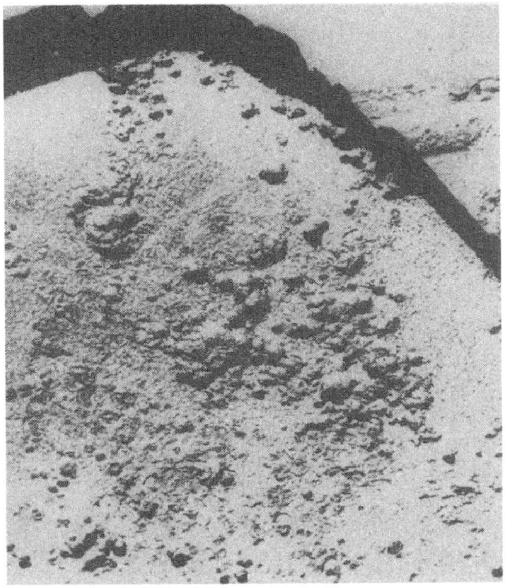

Bild 8.15. Rostpusteln auf Lochfraßstellen am Boden eines vertikalen zylindrischen Öltanks nach zehnjährigem Einsatz.

8.6.2 Spaltkorrosion und Korrosion unter Ablagerungen

Der Mechanismus der Spaltkorrosion und der Korrosion unter Ablagerungen ist dem Lochfraß sehr ähnlich. Man betrachte beispielsweise das Verhalten von rostfreiem Chromstahl in belüfteter, neutraler NaCl-Lösung (vgl. Bild 8.7). Innerhalb des Spaltes wird gelöster Sauerstoff sofort verbraucht, was an den sulfidischen Schlackeneinschlüssen zu einem lokalen Aufreißen des passivierenden Oxidfilms führt. Der hauptsächlich kathodische Prozeß (Sauerstoffreduktion) findet an der freien Oberfläche statt, während es innerhalb des Spaltes hauptsächlich zu Metallauflösung und in geringem Umfang auch zu Wasserstoffentwicklung als beitragende lokale Kathodenreaktion kommt. Durch die Hydrolyse von gelösten Metallionen (Fe^{2+} und Cr^{3+}) wird die Lösung innerhalb des Spaltes saurer (pH 3-4). Entsprechend erhöht sich das Passivierungspotential innerhalb des Spaltes, der dadurch seinen aktiven Zustand behält, obwohl die Potentialdifferenz zwischen Spalt (Anode) und freier Oberfläche (Kathode) meist nur 50-100 mV beträgt (Bild 8.16). Für das Auftreten von Spaltkorrosion bei rostfreien Stählen müssen drei Bedingungen erfüllt sein:

— die Anwesenheit eines Oxidationsmittels, normalerweise Sauerstoff, welches eine Konzentrationszelle bildet;
— die Anwesenheit aktivierender Ionen, üblicherweise Chloridionen;
— eine entsprechend niedrige Pufferkapazität, die den Aufbau einer beträchtlichen pH-Differenz zwischen Spalt und freier Oberfläche erlaubt.

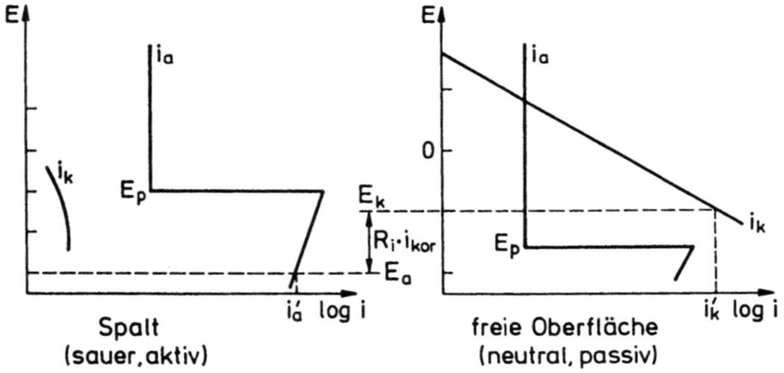

Bild 8.16. Polarisationsdiagramm für Spaltkorrosion von rostfreiem Chrom-Nickel-Stahl in einer belüfteten NaCl-Lösung. $i_a' = i_k' = i_{kor}$; $E_k - E_a = R_i i_{kor}$. Man beachte, daß das Passivierungspotential (E_p) innerhalb des Spaltes infolge einer Ansäuerung ansteigt.

Die Initiation der Spaltkorrosion geschieht üblicherweise am Boden des Spaltes, wo die günstigen Bedingungen (niedrige Sauerstoffkonzentration, hohe Konzentrationen von Chlorid-, Metall- und Wasserstoffionen) am leichtesten entstehen. Die Ausbreitung der Spaltkorrosion dagegen erfolgt hauptsächlich unmittelbar innerhalb der Mündung des Spaltes, weil dadurch der Stromweg am kürzesten und der Potentialabfall im Elektrolyten am niedrigsten werden.

8.6.3 Interkristalline Korrosion

Zu interkristalliner oder intergranularer Korrosion kommt es häufig in austenitischen Chrom-Nickel-Stählen mit einem Kohlenstoffgehalt von etwa 0,08-0,10 %. Diese Stähle werden bevorzugt durch bestimmte korrosive Medien angegriffen, wenn sie vorher auf Temperaturen zwischen 400 und 800 °C erwärmt oder durch diesen Temperaturbereich abgekühlt wurden, z.B. durch Schweiß- oder Lötvorgänge. Dieser Angriff tritt hauptsächlich an den Korngrenzen auf, in extremen Fällen können die Körner sogar freigelegt werden, so daß sich das Metall in Pulver umwandelt. Die Medien, die diesen Angriff fördern, sind vor allem saure Lösungen und neutrale Chloridlösungen, wie z.B. Meerwasser. Das Sensibilisieren für interkristalline Korrosion läßt sich durch eine Mischung aus Schwefelsäure, Kupfersulfat und Kupferpulver (Strauß-Test) nachweisen. Schnellere Ergebnisse erzielt man durch potentiostatisches Ätzen (Bild 8.17).

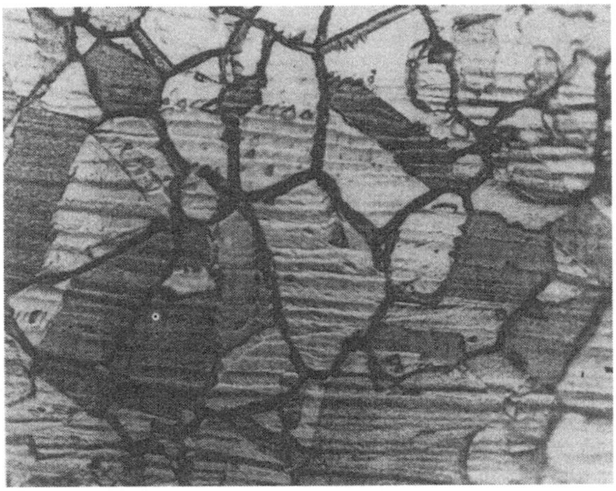

Bild 8.17. 18-8 Chrom-Nickel-Stahl (0,033 % Kohlenstoff), der durch eine Anlaßbehandlung von 317 h bei 600 °C für interkristalline Korrosion sensibilisiert ist. Potentiostatische Ätzung (5 min) bei einem Potential von 80 mV bezogen auf die Normalwasserstoffelektrode in einer Lösung, die 5 % H_2SO_4 und 0,01 % NH_4SCN enthält (vgl. 16.4.6).

Interkristalline Korrosion austenitischer Stähle bildet sich bevorzugt in der Nähe von Schweißnähten aus, wo immer Bereiche vorliegen, die sich für kurze Zeit in dem kritischen Temperaturbereich befanden. Dies kann zu einem ausgeprägten Angriff in einem bestimmten Abstand auf beiden Seiten der Schweißnaht führen (Schweißnahtzerfall), vgl. Bild 8.18.

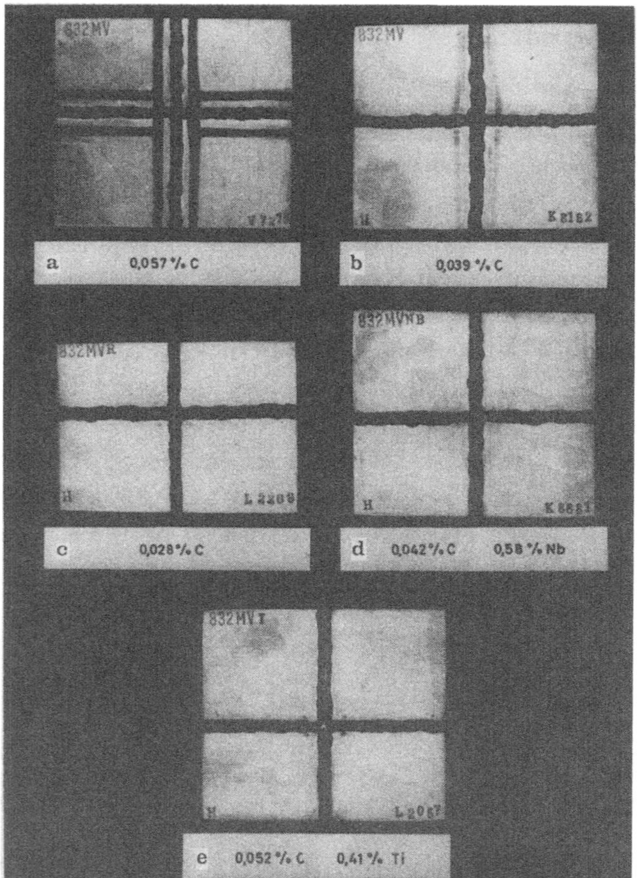

Bild 8.18. Interkristalliner Angriff (Schweißnahtzerfall) an sensibilisierten Zonen entlang von Schweißnähten aus 2 mm dickem 18-8 Chrom-Nickel-Stahl. Manuelle Schweißung nach dem Wolfram-Inertgas-Verfahren (WIG). Testlösung: 15 % HNO_3 und 3 % HF bei 80 °C. Die ersten drei Proben verdeutlichen den Einfluß eines abnehmenden Kohlenstoffgehaltes. Man beachte den ununterbrochenen Angriff entlang der zweiten (senkrechten) Schweißnaht auf Bild 8.18a. Bei dem niedrigsten Kohlenstoffgehalt (0,028 %) und dem mit Niob stabilisierten Stahl erfolgt kein Angriff, während der mit Titan stabilisierte Stahl an vier Stellen nahe des ersten (horizontalen) Schweißnahtsaumes sog. Messerschnittkorrosion zeigt. Dies ist eine besondere Form der interkristallinen Korrosion bei stabilisierten Stählen, die in einem eng begrenzten Bereich nahe des Schweißnahtsaumes auftritt, in dem der Stahl so stark erwärmt wurde, daß die stabilisierenden Karbide (z.B. TiC) aufgelöst und infolge einer schnellen Abkühlung nicht wieder ausgeschieden werden. Stattdessen bilden sich bei einer etwas niedrigeren Temperatur Chromkarbide.

Das Sensibilisieren für interkristalline Korrosion scheint auf die Bildung von Chromkarbiden ($Cr_{23}C_6$) zurückzuführen zu sein, die sich an den Korngrenzen ausscheiden, die schon von Anfang an einen höheren Kohlenstoffgehalt aufweisen. In der Nähe der Korngrenze wird dadurch der in der Matrix gelöste Chromanteil reduziert, woraus eine geringere Tendenz zur Passivierung resultiert (Bild 8.19).

Maßnahmen gegen interkristalline Korrosion streben entweder eine Eliminierung vorhandener Chromkarbide oder die Verhinderung ihrer Bildung an. Die wichtigsten Schutzmaßnahmen sind deshalb folgende:

- Auflösung der Chromkarbide durch eine Wärmebehandlung oberhalb der Sensibilitätsgrenze mit anschließendem raschen Abkühlen. Dies ist naturgemäß nur für kleine Bauteile möglich.
- Eine den Anforderungen entsprechende Erniedrigung des Kohlenstoffgehaltes auf 0,05-0,02 %. Ein Chrom-Nickel-Stahl mit weniger als 0,02 % Kohlenstoff ist auch dann nicht für interkristalline Korrosion anfällig, wenn er über längere Zeiten bei 700 °C angelassen wird. Diese Stähle werden häufig als ELC-Stähle (extra low carbon) bezeichnet, vgl. Bild 8.18.
- Zusatz von karbidbildenden Legierungselementen (Stabilisatoren); die wichtigsten sind Titan und Niob, welche eine höhere Kohlenstoffaffinität besitzen als Chrom. Da das Atomgewicht für Titan 48 und für Niob 93 beträgt, sollten die Legierungselementanteile das 5-fache bzw. das 10-fache des Kohlenstoffgehaltes des Stahls aufweisen. Kommt ein solcher Stahl in den kritischen Temperaturbereich, bildet der Kohlenstoff mit Titan und Niob Karbide, die eine Chromverarmung nahe der Korngrenzen verhindern (vgl. Bild 8.18).

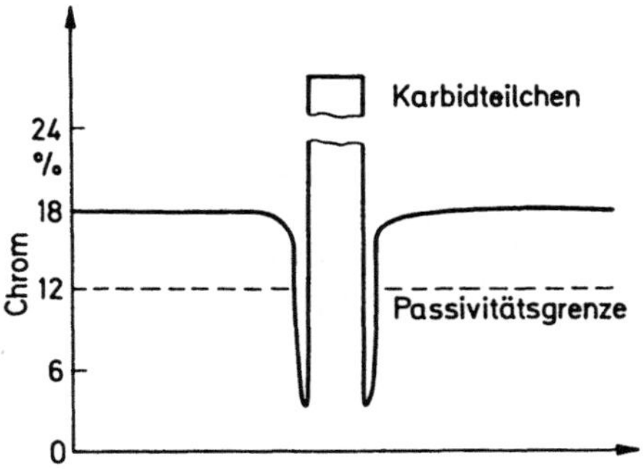

Bild 8.19. Schematische Darstellung der Chromverteilung entlang einer Korngrenze in einem sensibilisierten 18-8 Chrom-Nickel-Stahl. Die Ausscheidung bewirkt eine Chromverarmung in der Nähe der Karbidteilchen.

— Erzeugung von Ferritinseln im Austenit. Bei dieser Methode wird der relative Gehalt an Chrom und Nickel im Stahl oder allgemein die Mengen an Ferrit- bzw. Austenitbildnern so verändert, daß der Stahl anstelle einer rein austenitischen Struktur eine bestimmte Menge an Ferrit enthält. Bei diesen ferritisch-austenitischen Stählen kommt es innerhalb der Ferritinseln zu Karbidausscheidungen, die keine Anfälligkeit für interkristalline Korrosion bewirken.

8.7 Elektrolytische Zellen

Elektrolytische Zellen können ebenfalls Korrosion verursachen. Dabei handelt es sich entweder um inerte Anoden für den kathodischen Schutz, denen ein äußerer Schutzstrom zugeführt wird, oder um kommerzielle Elektrolysegeräte (erwünschte elektrolytische Zellen) oder um elektrolytische Zellen, die durch Streuströme erzeugt werden (unerwünschte elektrolytische Zellen).

8.7.1 Streustromkorrosion

Streustromkorrosion wird üblicherweise durch Gleichstrom hervorgerufen. Großer Schaden kann deshalb durch Gleichstrom von Schweißgeneratoren entstehen, die beim Elektroschweißen eingesetzt werden, insbesondere wenn die Stromleitung geerdet ist, aber auch durch Ableitung des Stroms von der Schweißelektrode über das Bauteil zum Generator zurück (Bild 8.20). Straßenbahnschienen stellen eine weitere Quelle für Streuströme dar (Bild 8.21).

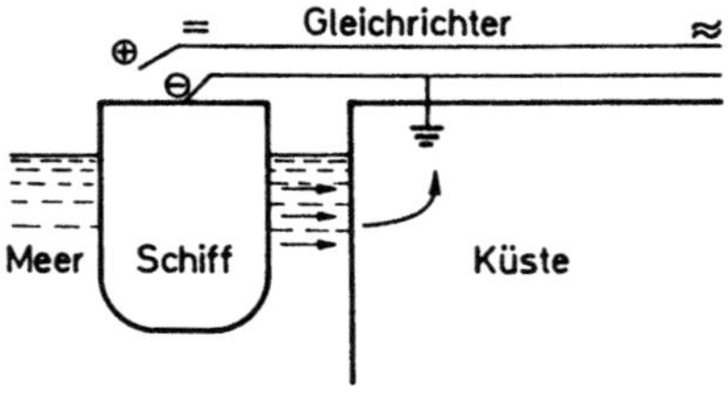

Bild 8.20. Schäden durch Streuströme eines Schweißgenerators. Zur Schadensverminderung sollte sich der Antriebsgenerator an Bord des Schiffes befinden.

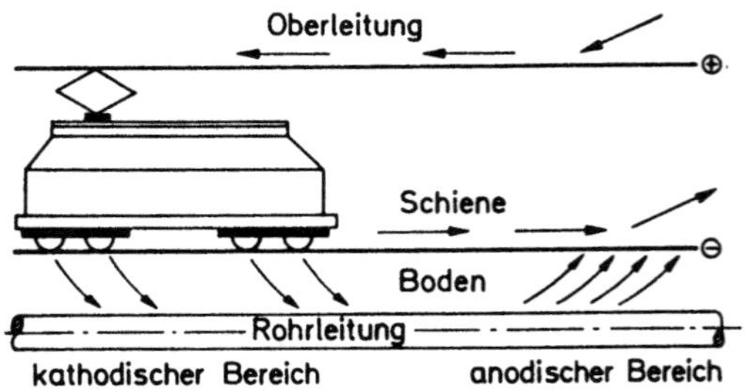

Bild 8.21. Korrosionsangriff an einer erdverlegten Rohrleitung, der durch den Gleichstrom der Straßenbahn verursacht wird. Das Stahlrohr löst sich an den anodischen Bereichen auf.

Als Folge einer Irreversibilität kann es auch durch Wechselstrom zu einer Streustromkorrosion kommen, weil das während einer Halbwelle aufgelöste Metall innerhalb der nächsten Halbwelle nicht wieder zurückgewonnen werden kann. Insbesondere sind die passivierten Metalle wie Platin gegen Wechselstrom empfindlich, da ihre Oberflächenoxide auf diese Weise zu einem porösen Metall reduziert werden und das Metall dadurch seinen passiven Zustand verliert. Wechselstrom ist besonders dann gefährlich, wenn er niederfrequent ist (z.B. bei Straßenbahnen).

9 Der Einfluß mechanischer Faktoren auf die Korrosionsarten

In diesem Abschnitt werden Korrosionsarten behandelt, die durch ein Zusammenwirken chemischer und mechanischer Faktoren verursacht werden. In Abhängigkeit von der Art des mechanischen Kraftangriffs lassen sich folgende Fälle unterscheiden:

— Mechanische Kräfte innerhalb des Metalls:
  a) Spannungsrißkorrosion (Überlagerung von Zugspannungen und Korrosionsangriff an der Oberfläche),
  b) Bruch infolge von Wasserstoffversprödung (Überlagerung von Zugspannungen und atomar im Metall gelöstem Wasserstoff),
  c) Korrosionsermüdung (Überlagerung von zyklischer Belastung und Korrosionsangriff an der Oberfläche).
— Mechanische Einwirkung einer Flüssigkeit auf das Metall:
  a) Erosionskorrosion (infolge von Scher- oder Reibkräften zwischen einer Flüssigkeit und dem Metall),
  b) Kavitationskorrosion (infolge des mechanischen Angriffs implodierender Dampfblasen, die sich in schnell strömenden Medien bilden können).
— Mechanische Einwirkung eines Festkörpers auf das Metall:
  Reibkorrosion (infolge von Vibrationen unter Druck); im Gegensatz zu den vorangehenden Fällen ist die Reibkorrosion gewöhnlich nicht elektrochemischer Natur.

9.1 Spannungsrißkorrosion

Als Spannungsrißkorrosion (SpRK) bezeichnet man die Rißbildung und -ausbreitung unter dem Einfluß von innerer oder äußerer Zugspannung und einem örtlichen Korrosionsangriff (Bild 9.1). Demgegenüber wirken Druckspannungen, die bei-

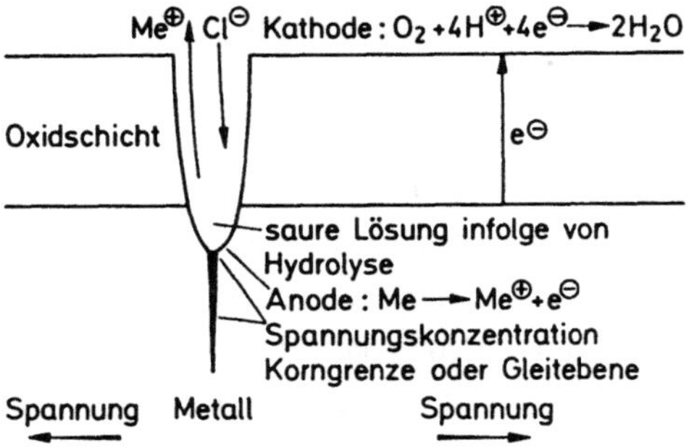

Bild 9.1. Spannungsrißkorrosion von oxidbedeckten Metallen (Edelstahl, Aluminiumlegierungen etc.).

spielsweise durch Kugelstrahlen auf der Metalloberfläche entstehen, inhibierend. SpRK tritt mit Ausnahme von Kupfer in Kupfersalz- und Nitritlösungen nur selten in reinen Metallen auf, dagegen in vielen Zwei- oder Mehrphasensystemen (Legierungen), da hier eine größere Wahrscheinlichkeit für eine lokale Korrosion durch galvanische Mikrozellen (Lokalelemente) besteht. Manchmal wird die SpRK auch durch Ausscheidungen intermetallischer Phasen an Korngrenzen oder Gleitbändern hervorgerufen. Ist die ausgeschiedene Phase unedler als die Matrix, wird sie zur Anode. Ist jedoch die Ausscheidung edler als die Matrix, bilden sich um die Ausscheidung herum anodische Bereiche aus. Selbst kleinste Änderungen der Zusammensetzung in der Nähe von Korngrenzen oder Versetzungen scheinen auszureichen, um SpRK zu erzeugen. In homogenen Legierungen kann die unedlere Komponente durch derartige Schwankungen der Zusammensetzung selektiv aufgelöst werden, während die edlere Komponente erhalten bleibt oder unter Bildung von Lokalelementen wieder abgeschieden wird. Durch den anodischen Angriff bilden sich Ätzgrübchen mit keilförmigem Querschnitt. Als Folge der hohen Spannungskonzentration im Boden dieser Ätzgrübchen beginnt das Metall dort zu fließen. Es entstehen neue, kleine anodische Bereiche, die die Bildung eines passivierenden Oxidfilms verhindern und den Korrosionsangriff verstärken. In Laboratoriumsversuchen läßt sich nachweisen, daß bei zügiger Verformung von Drahtproben das Metall bei jedem Schritt der plastischen Verformung kurzzeitig aktiver (anodisch wirksamer) wird, so daß das Korrosionspotential abnimmt. Ist die Drahtprobe die Anode in einer elektrolytischen Zelle, kann bei Entstehung jeder Gleitstufe ein Anstieg des Stroms beobachtet werden.

Die elektrochemische Natur der SpRK wird sowohl in bezug auf die Rißeinleitung als auch auf die -ausbreitung eindeutig durch eine kathodische Polarisation des

Metalls nachgewiesen, welche das Auftreten der SpRK und die Rißausbreitung schon vorhandener Rißkeime verhindert.

Die SpRK tritt ebenso wie der Lochfraß vorwiegend bei Legierungen auf, die einen passivierenden Oxidfilm aufweisen. Vollkommen aktivierte austenitische Stähle zeigen beispielsweise keine Anfälligkeit für SpRK, sondern nur für gleichmäßige Korrosion. Durch das Vorliegen eines Oxidfilms scheinen die meisten Lokalelemente passiviert zu sein, so daß sich der Angriff auf einzelne gefährdete Lokalelemente konzentriert. Die Einleitung der SpRK erfolgt wie bei der Lochfraßkorrosion durch die Einwirkung einer bestimmten Lösung (häufig Chloridionen) auf den passiven Oxidfilm, bevorzugt an Rissen, Schlackeneinschlüssen oder Ausscheidungen. Ob sich der Angriff später zu Lochfraß oder SpRK entwickelt, ist von anderen Faktoren, insbesondere von der zugbeanspruchten Fläche und vom Korrosionspotential, abhängig. Auch für das Einsetzen von SpRK muß wie bei der Lochfraßkorrosion ein bestimmtes kritisches Potential überschritten werden.

SpRK führt zu Sprödbruch, d.h. zu einem Bruch ohne Brucheinschnürung. Man unterscheidet interkristalline (Bild 9.2) und transkristalline Brüche (Bild 9.3) entsprechend der Rißausbreitung, die bei ersteren entlang von Korngrenzen und bei letzteren entlang von Gleitbändern erfolgt. Die Risse scheinen sich durch ein teilweise wechselndes Zusammenwirken von elektrochemischen und mechanischen Vorgängen fortzupflanzen. Der elektrochemische Vorgang besteht dabei aus einer anodischen Metallauflösung am Rißgrund unter dem Einfluß besonderer, stark adsorbierender Anionen, die ein Passivieren verhindern. Adsorption oder Chemisorption verringert die Oberflächenenergie am Rißgrund, wodurch eine kon-

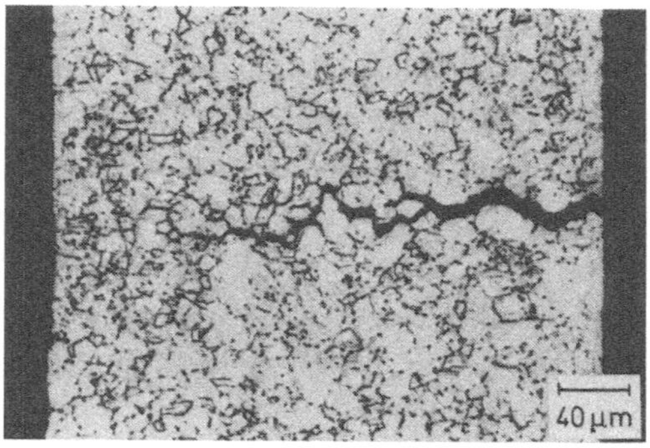

Bild 9.2. Interkristalline SpRK an einem tiefgezogenen Gefäß aus Messing (MS 37), das für 3 Monate einer ländlichen Atmosphäre ausgesetzt war, die Spuren von Ammoniak enthielt.

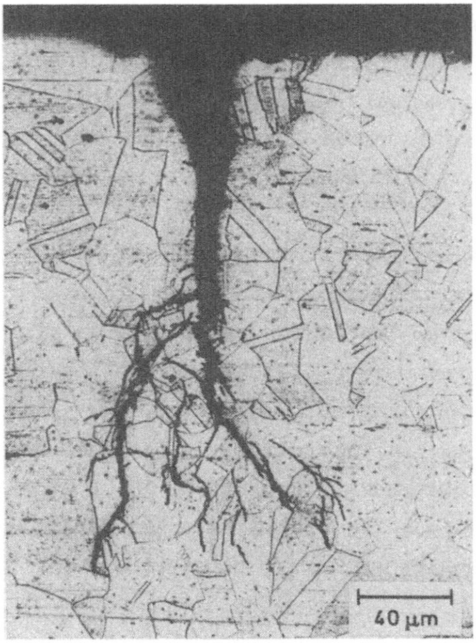

Bild 9.3. Transkristalline SpRK an 18-8 Chrom-Nickel-Stahl, die sich nach einer Untersuchung in einer 40%igen $CaCl_2$-Lösung bei 100 °C zeigt.

tinuierliche Rißausbreitung erleichtert wird. Der mechanische Vorgang kann als Verdichtung des Versetzungsnetzwerkes vor der sich fortpflanzenden Rißfront aufgefaßt werden, was zur Verfestigung und schließlich Versprödung des Metalls und damit zu Sprödbruch führt. Für die Ausbreitung der SpRK ist die Ausbildung einer Konzentrationszelle (normalerweise eine Sauerstoff-Konzentrationszelle) zwischen der Rißspitze (als kleiner Anode) und der Mantelfläche des Metalls (als großflächiger Kathode) wichtig. Der durch diese Korrosionszelle erzeugte Strom transportiert aktive Anionen, häufig Chloridionen, in den Riß, wo sich eine konzentrierte und durch die Hydrolyse angesäuerte Elektrolytlösung bildet. Daraus ergibt sich, daß die SpRK ebenso autokatalytisch abläuft wie die Lochfraß- und die Spaltkorrosion.

Charakteristisch für die SpRK ist, daß sie in Verbindung mit bestimmten Korrosionsmedien auftritt, die einen lokalen Angriff und die Auflösung von Korrosionsprodukten ermöglichen und damit die Repassivierung verhindern. Deshalb findet die SpRK bei unlegierten Stählen in stark alkalischen Lösungen (Laugensprödigkeit) und in Nitratlösungen, bei austentitischen rostfreien Stählen sowie bei Aluminium- und Magnesiumlegierungen in Gegenwart von Chloridionen statt; bei Messing erfolgt sie unter dem Einfluß von Spuren von Ammoniak, welches z.B. durch amin- oder amidhaltige Kunststoffe oder Lacke freigesetzt wurde. Ist die SpRK von Messing mit Eigenspannungen verbunden, bezeichnet man sie auch als "season cracking", da sie in der feuchten Jahreszeit auftritt und auch dem jahreszeitlich bedingten Brechen von Holz ähnelt.

Der Mechanismus scheint von den Einzelheiten des Korrosionssystems abhängig zu sein. Insbesondere sind die elektrochemischen und mechanischen oder physikalischen Anteile des Rißvorgangs materialabhängig. Insgesamt gesehen ist es möglich, ein kontinuierliches Spektrum von Rißphänomenen aufzustellen, das von der zugspannungslosen interkristallinen Korrosion entsprechend Abschn. 8.6.3 über die elektrochemische SpRK in Elektrolyten und den Adsorptions-Sprödbruch von Metallen in Nichtelektrolyten zu reinem Sprödbruch ohne den Einfluß eines korrosiven Mediums variiert (siehe Tabelle 9.1). Die Grenze zwischen den vorwiegend durch Korrosion oder Spannung bestimmten Fällen ist dabei fließend.

Große Bedeutung hat die SpRK von austenitischen 18-8 Chrom-Nickel-Stählen in Chloridlösungen (Bild 9.4), weshalb dieses System insbesondere durch potentiostatische Verfahren (Bilder 9.5, 9.6) intensiv untersucht wurde. Es zeigt sich,

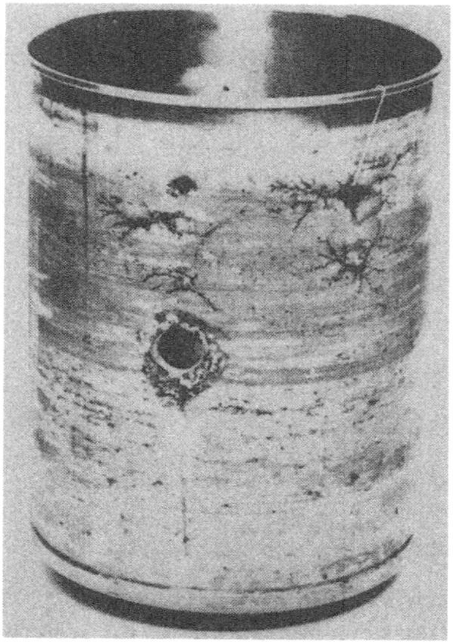

Bild 9.4. SpRK an Wasserkessel aus 18-8 Chrom-Nickel-Stahl. Der Chloridgehalt des Wassers lag ursprünglich unter 50 mg/l, hat sich aber durch Verdampfung erheblich erhöht.

Tabelle 9.1. Übersicht über Rißphänomene in Metallen

Anteil an chemischen und mechanischen Faktoren	Werkstoffe	Medien
Intergranulare Korrosion (ohne Spannung)	austenitische Stähle	H_2SO_4, HNO_3, Chloridlösungen
Elektrochemische SpRK (überwiegend Korrosion)	unlegierte Stähle	NaOH, NH_4NO_3, $Ca(NO_3)_2$
	Au-Legierungen	$FeCl_3$
	Al-Legierungen,	Chloridlösungen
	Mg-Legierungen	- " -
	Messing	NH_3, Amine
	reines Cu	$[Cu(NH_3)_4]^{2+}$, Cu-Azetat
		Nitrite
	austenitische Stähle	Chloridlösungen, H_2S, NaOH
	Ti-Legierungen	Chloridlösungen
	Inconel (74Ni18Cr8Ni)	NaOH
	ferritische rostfreie Stähle	$H_2O + H_2S$
	niedriglegierte Stähle	$H_2O + H_2S$
	niedriglegierte Stähle	reines H_2O, reines NH_3
Adsorptions-Sprödbruch in Nichtelektrolyten (überwiegend Spannung)	niedriglegierte Stähle	reiner H_2
	Ti-Legierungen	CCl_4, reine Alkohole, geschmolzenes Cd
	Al-Legierungen	CCl_4, reine Alkohole, geschmolzenes Zn, Ga
	Messing, Ti-Legierungen, Al-Legierungen	Hg
Sprödbruch (ohne Korrosion)	hochgespannte, spröde Metalle	inerte Atmosphären

daß bis zur Entstehung der ersten Risse eine gewisse Zeit verstreicht. Während dieser Inkubationszeit kommt es auf der Stahloberfläche zu einem Aufreißen des passivierenden Oxidfilms. Die weiteren Vorgänge während der Inkubationszeit werden durch die im Metall herrschenden Spannungszustände wenig beeinflußt. Das Ende der Inkubationszeit wird durch das Auftreten des ersten Risses angezeigt. Ihre Dauer nimmt mit zunehmender Chloridkonzentration und Temperatur beträcht-

Bild 9.5. Wachsende Anzahl von Spannungskorrosionsrissen an Testdrähten aus austenitischem Stahl (18 % Chrom, 9 % Nickel; angelassen; $R_{p0,2} = 304$ N/mm²; $R_m = 804$ N/mm²) mit steigender Zugbeanspruchung bei konstanter anodischer Polarisation ($E_h = 0$ mV); $\emptyset = 1{,}5$ mm. σ = angelegte Zugspannung; τ = Zeit bis zum Bruch in min; Testlösung: 45 % $MgCl_2$; Siedepunkt 154 °C, bei 140 °C thermostatisiert.

Bild 9.6. Wachsende Anzahl von Spannungskorrosionsrissen mit zunehmender anodischer Polarisation von zugbeanspruchten ($\sigma = 299$ N/mm²) Testdrähten ($\emptyset = 1{,}5$ mm) aus austenitischem Stahl (18 % Chrom, 9 % Nickel; angelassen; $R_{p0,2} = 304$ N/mm²; $R_m = 804$ N/mm²). E_h = Testpotential bezogen auf die Normalwasserstoffelektrode; τ = Zeit bis zum Bruch in min; Testlösung: 45 % $MgCl_2$; Siedepunkt 154 °C, bei 140 °C thermostatisiert.

lich ab. Unterhalb von 60 °C findet bei austenitischen Stählen überhaupt keine SpRK statt. Da die Inkubationszeit wesentlich länger als die Periode der Rißausbreitung ist, gilt sie als der zeitbestimmende Faktor für die SpRK austenitischer Werkstoffe. Ein kathodischer Strom verlängert die Inkubationszeit, bei ausreichender Stärke kann das Einsetzen der Rißbildung vollständig verhindert werden. Das gleiche kann durch die Verbindung eines rostfreien Stahls mit einem unedleren Metall wie Aluminium, Zink, unlegierter Stahl oder Blei erreicht werden.

Bei austenitischen rostfreien Stählen beträgt die Rißausbreitungsgeschwindigkeit zwischen 0,5 und 1 mm/h. Nach der Inkubationszeit dauert es deshalb nur wenige Stunden, bis ein Stahlblech von einigen Millimetern Dicke von einem Riß durchdrungen wird. Die Rißausbreitung scheint in austenitischen Stählen kontinuierlich zu erfolgen, während sie in einigen anderen Fällen (Magnesiumlegierungen, Messing) offensichtlich diskontinuierlich (sprunghaft) abläuft.

Die Anionen, welche die SpRK verursachen, müssen wie bei der Lochfraßkorrosion das Metall an bestimmten Stellen aktivieren können, obwohl sich ein passivierender Oxidfilm auf der Oberfläche befindet. Bei austenitischen Stählen leiten die stark polarisierbaren (s. Abschn. 2.3.3) schweren Halogenidionen (Cl^-, Br^-, J^-) die SpRK ein. Wegen ihres häufigen Auftretens kommt den Chloridionen größte praktische Bedeutung zu. Die SpRK scheint bei austenitischen Stählen in Sulfideinschlüssen zu beginnen. In sauren Medien kann SpRK bei diesen Stählen alleine durch H_2S (ohne Halogenidionen) verursacht werden. Obwohl nur die Anionen in austenitischen Stählen zu SpRK führen, beeinflussen die Kationen die Zeit und Temperatur, die für das Auftreten von Rissen benötigt wird. Äußerst wirksam ist eine konzentrierte $MgCl_2$-Lösung, weshalb diese häufig in Laboratoriumsversuchen Verwendung findet (Bilder 9.5, 9.6). Die Ursache hierfür ist wahrscheinlich, daß Mg^{2+}-Ionen stark hydrolysiert werden, was zu einer sauren Lösung führt, und daß eine konzentrierte $MgCl_2$-Lösung einen extrem hohen Aktivitätskoeffizienten (>1) hat, wodurch der pH-Wert noch weiter sinkt. Chloride von oxidierenden Kationen wie Hg^{2+}, Cu^{2+} und Fe^{3+} rufen nur Lochfraßkorrosion, aber keine SpRK hervor. Dies gilt ebenfalls bei einer sehr hohen anodischen Polarisation. In der Praxis wird die SpRK meist durch häufig vorkommende Chloride wie jene von Natrium, Kalium und Calcium verursacht. Bei mäßigen Temperaturen (100 °C) scheint der örtlich erforderliche Chloridgehalt ziemlich hoch zu liegen (ungefähr 15 % Cl^-), bei höheren Temperaturen liegt er jedoch um einige Zehnerpotenzen niedriger. Eine Konzentrationserhöhung kann bei in Betrieb befindlichen Anlagen, z.B. infolge örtlichen Siedens, leicht auftreten. Zusätzlich ist der chloridanreichernde Effekt des Korrosionsstromes zu nennen, der während der Inkubationszeit durch Lochfraß oder Spaltkorrosion erzeugt werden kann und durch Hydrolyse gelöster Cr^{3+}- und Mo^{3+}-Ionen zu einer lokalen Ansäuerung führt. Bei hohen Temperaturen und in Anwesenheit von Spalten kann die SpRK in austenitischem Stahl (z.B: Dampferzeugern) bei Chloridkonzentrationen weit unterhalb 1 ppm (1 mg/l) beobachtet werden.

Voraussetzung für das Auftreten von SpRK in rostfreiem Stahl ist die Anwesenheit von Chloridionen, Sauerstoff oder anderen Oxidationsmitteln zur Aufrechterhaltung des kathodischen Prozesses. Oxidierende Inhibitoren wie Chromat können jedoch der SpRK entgegenwirken. Bei steigendem Sauerstoffgehalt ist für die Rißbildung ein geringerer Chloridanteil notwendig und umgekehrt. Es wurde deshalb vorgeschlagen, daß für das Auftreten von SpRK das Produkt aus Chlorid- und Sauerstoffkonzentration einen bestimmten Minimalwert erreichen muß. Reiner über der Lösung befindlicher Wasserstoff oder Stickstoff macht austenitische Stähle völlig immun gegen SpRK. Andererseits reagiert das innerhalb des fortschreitenden Risses freigelegte Metall mit dem angesäuerten Rißelektrolyten unter Wasserstoffentwicklung. Deshalb ist es wahrscheinlich, daß die Versprödung durch atomaren Wasserstoff für die SpRK austenitischer Stähle eine wichtige Rolle spielt. Wie weiter unten beschrieben, ist Wasserstoff meist eine der Hauptursachen für die SpRK ferritischer Stähle.

Praktisch unterliegen alle austenitischen Eisen-Chrom-Nickel-Legierungen in Chloridlösungen der SpRK. Die ferritischen Legierungen neigen in Chloridlösungen weniger zur Rißbildung, sind aber in anderen Medien, insbesondere in solchen, die Sulfide enthalten und zur Wasserstoffentwicklung führen, unbeständiger. Bei rostfreien Stählen scheint die SpRK durch Lochfraß beispielsweise in Sulfideinschlüssen ausgelöst zu werden. Die durch Legierungszusätze bewirkte erhöhte Lochfraßbeständigkeit ist meistens auch mit einer verbesserten Beständigkeit gegen SpRK verbunden - mit einer wichtigen Ausnahme: Molybdän vergrößert im allgemeinen die SpRK-Empfindlichkeit, wahrscheinlich wegen einer Erhöhung der Rißausbreitungsgeschwindigkeit.

Tabelle 9.2 gibt eine Vorstellung über den Einfluß von Legierungszusätzen und/oder Verunreinigungen auf die SpRK-Empfindlichkeit austenitischer Stähle in Chloridlösungen.

Tabelle 9.2. Einfluß von Legierungszusätzen und/oder Verunreinigungen auf die SpRK-Empfindlichkeit von 18-8 Chrom-Nickel-Stahl in Chloridlösungen (Anordnung der Elemente entsprechend dem Periodensystem)

Element	Be	Ti	Zr	Nb	Cr	Mo	Mn	Pt	Ni	B	Al	C	Si	Sn	Pb	N	P	As	Sb	Bi	S
Einfluß	g	0	0	0	s	s	0	s	g	g	s	0	g	0	0	s	s	s	s	s	s

Abkürzungen: g = günstig, s = schädlich, 0 = kein Einfluß
Platin steht für alle Elemente der Platin-Gruppe.
Der Einfluß von Chrom und Nickel bezieht sich auf Zusätze über 18 % bzw. 8 %.

9.2 Wasserstoffinduzierter Bruch

Unter Wasserstoffversprödung versteht man eine Versprödung des Metalls durch atomaren Wasserstoff, der Versetzungen blockiert und damit plastische Verformung erschwert. An den Oberflächen innerer Poren können katalytische Vorgänge molekularen Wasserstoff erzeugen, der einen hohen Druck annimmt und Blasenbildung verursacht. Dies ist manchmal auf Edelstahlbesteck zu erkennen, welches mit Aluminiumgegenständen in der Spülmaschine in Berührung war. Bei Anliegen einer bestimmten kritischen Zugspannung an einem durch Wasserstoff versprödeten Metall, kommt es zum wasserstoffinduzierten Bruch. Die kritische Spannung ist um so niedriger, je höher der Wasserstoffgehalt ist. Manchmal wird die notwendige Zugspannung durch den Wasserstoff selbst induziert und der Bruch findet unabhängig von einer äußeren Last statt; dies gilt beispielsweise für Längsrisse in gespannten Drähten, die einer Wasserstoffversprödung ausgesetzt sind.

Der atomare Wasserstoff kann durch Korrosion des Metalls selbst entstehen oder durch Korrosion eines unedleren Metalls, das mit ersterem in Verbindung steht, wie z.B. bei Stahlbolzen, die sich in Kontakt mit Leichtmetallen wie Aluminium und Magnesium in Flugzeugen befinden oder bei verzinktem hochfestem Stahl infolge einer Korrosion der Zinkschicht. Außerdem kann Wasserstoff während einiger Fertigungsverfahren in das Metall eingebracht worden sein. Dazu gehören das Beizen in Säuren, das kathodische Reinigen oder das Elektroplattieren. Die Wasserstoffversprödung von Stählen wird durch folgende Elemente in der Reihenfolge: Wismut, Blei, Schwefel, Tellur, Selen, Arsen verstärkt, weil diese die Reaktion $H + H \rightleftarrows H_2$ inhibieren, was zu einer hohen Konzentration an atomarem Wasserstoff auf der Stahloberfläche führt.

Wasserstoffinduzierte Brüche treten in unlegierten Stählen auf, besonders jedoch in niedriglegierten hochfesten Stählen, ferner in martensitischen und ferritischen rostfreien Stählen sowie in einer Anzahl von Metallen, die Hydride bilden. In hochfesten niedriglegierten Stählen mit einer martensitischen Struktur gilt das Anlassen bei einer etwas höheren Temperatur, z.B. bei 400 ^{o}C statt bei 250 ^{o}C, was die Festigkeit unwesentlich herabsetzt, als ein wirksames Mittel gegen wasserstoffinduzierten Bruch. Durch das Anlassen bei höheren Temperaturen bildet sich normaler Zementit (Fe_3C) aus dem ε-Karbid ($Fe_{2,4}C$), welches offensichtlich Wasserstoff absorbiert. Experimentell läßt sich der wasserstoffinduzierte Bruch von der SpRK durch eine kathodische Polarisation unterscheiden, die die Wasserstoffversprödung infolge der Wasserstoffentwicklung verstärkt, die SpRK aber verhindert.

Ein wasserstoffinduzierter Bruch kann auch unter Einfluß von Schwefelwasserstoff auftreten, welcher entweder aus der Umgebung, aus sulfidischen Einschlüssen oder aus beidem stammen kann, wobei letzteres besonders schädlich ist. Schwefelwasserstoff ist eine häufige Ursache für korrosionsbedingte Brüche in der Mineralölindustrie, z.B. in Rohrleitungen für Erdgas. Der Wasserstoff dringt über Sulfideinschlüsse in die Stahloberfläche ein. Versuche, die Sulfideinschlüsse (MnS) mittels Entschwefelung mit Calcium oder Magnesium zu entfernen, können den Zustand noch verschlimmern, da bei einer unsachgemäßen Abtrennung der Schlacke MnS durch das noch gefährlichere (wasserlösliche) CaS oder MgS ersetzt werden kann. Eine Desoxidation mit Aluminium zeigt eine ähnliche Wirkung, die z.B. durch die folgende Reaktion erklärt werden kann:

$$3FeO + 2CaO \cdot SiO_2 + MnS + 4Al = CaS + CaO \cdot 2Al_2O_3 + Si + Mn + 3Fe,$$
$$\Delta G_{298\,°C} = -275 \text{ kcal}.$$

Eine besondere Form der Wasserstoffversprödung, die bei Kupfer auftritt, wird manchmal als Wasserstoffkrankheit bezeichnet. Sie tritt bei einer Glühbehandlung von Kupfer in einer wasserstoffhaltigen Atmosphäre auf. Die Ursache liegt in der Reaktion von atomarem Wasserstoff mit Cu(I)-Oxid unter Bildung von Wasserdampf, der das Metall verspröden oder sogar zersetzen kann. Ein ähnlicher Effekt wird manchmal bei einer Glühbehandlung von Stählen in einer wasserstoffhaltigen Atmosphäre beobachtet. Auf der Stahloberfläche katalytisch gebildeter atomarer Wasserstoff diffundiert in den Stahl und reagiert mit Kohlenstoff unter Bildung von Methan unter hohem Druck, was zu Rissen führt. Diese Versprödung durch Methan kann durch Einsatz von legierten Stählen vermieden werden, die kohlenstoffaffinere Legierungszusätze (z.B. Chrom, Molybdän, Vanadium, Titan und Niob) als Eisen und Wasserstoff enthalten.

9.3 Korrosionsermüdung

Wird ein Metall zyklisch oder wiederholt über eine bestimmte Spannung, die Dauerfestigkeit, hinaus beansprucht, so versagt es z.B. nach einer Million Zyklen durch transkristallinen Bruch. Die Ermüdungsgrenze liegt bei etwa der Hälfte der Bruchfestigkeit des Metalls unter statischer Beanspruchung. Die Ursache für das Versagen liegt in Unregelmäßigkeiten entlang von Gleitbändern im Metall nahe der Oberfläche, welche schließlich zur Ausbildung von Kerben und zum Bruch führen. Wenn sich die zyklische Beanspruchung unterhalb der Ermüdungsgrenze befindet, kommt es nur zu einer Verfestigung. Die beschriebene

Situation gilt für nichtkorrosive Medien (trockene Luft, Vakuum oder Inertgas). Die Korrosionsermüdung findet insbesondere in feuchter Luft, Wasser oder wäßrigen Lösungen statt (Bild 9.7). In diesem Fall existiert keine Ermüdungsgrenze, vielmehr führt die Korrosionsermüdung auch bei einem sehr niedrigen Spannungsniveau zum Sprödbruch. Ursache hierfür ist möglicherweise der korrosive Angriff an den an der Oberfläche erzeugten Extrusionen und Intrusionen (s.o.), wodurch er einer Verfestigung entgegenwirkt. Der beschriebene Mechanismus macht verständlich, daß die Korrosionsermüdung (im Gegensatz etwa zur SpRK, dem wasserstoffinduzierten Bruch oder dem durch Schwefelwasserstoff induzierten Bruch)

- nicht nur in Legierungen, sondern auch in reinen Metallen auftritt;
- nicht auf spezifische Medien beschränkt ist, sondern in allen Korrosionsmedien vorkommen kann;
- ungefähr die gleichen Abhängigkeiten von verschiedenen Korrosionsmedien zeigt wie die gleichmäßige Korrosion.

Folglich können dieselben Schutzmaßnahmen eingesetzt werden wie gegen die gleichmäßige Korrosion, z.B. Inhibitoren, kathodischer Schutz und unedle metallische Überzüge. Auch edlere (kathodische) Überzüge schützen gegen Korrosionsermüdung, vorausgesetzt, daß sie vollkommen dicht sind und dies auch unter zyklischer Beanspruchung bleiben.

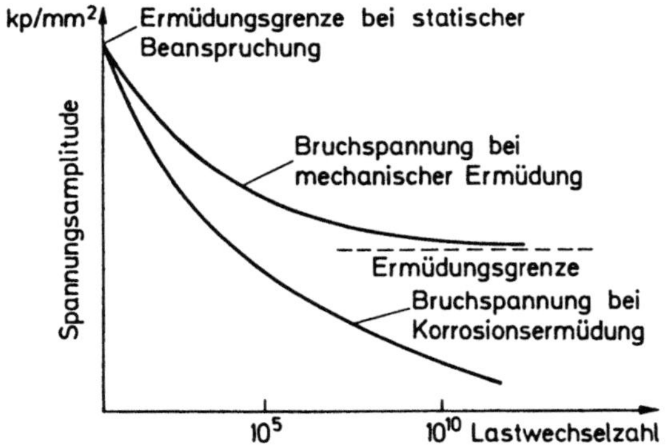

Bild 9.7. Bruchspannung als Funktion der Zyklenzahl bei rein mechanischer Ermüdung und bei Korrosionsermüdung.

9.4 Erosionskorrosion

Die Erosionskorrosion läßt sich als ein Vorgang beschreiben, der mit dem Auftreten turbulenter Strömungen zusammenhängt. Beim Aufprall eines Flüssigkeitsstrahls auf die Metalloberfläche spricht man von Prallbeanspruchung, bei Beanspruchung durch eine in Tropfen aufgelöste Flüssigkeitsmenge (Regen) von Tropfenschlag. Die Turbulenz erhöht die Zufuhr des korrosiven Agens und den Abtransport der Korrosionsprodukte von der Metalloberfläche durch die Lösung. Zusätzlich besteht noch eine rein mechanische Komponente, nämlich das Wegreißen der Korrosionsprodukte von der Metalloberfläche durch die Scherkraft zwischen Metall und Flüssigkeit, die unter turbulenten Bedingungen besonders hoch ist. In Einzelfällen wird dieser mechanische Aspekt der Erosionskorrosion noch durch Luftblasen oder durch Suspensionen fester Teilchen wie z.B. Sand verstärkt.

Die durch Erosionskorrosion angegriffenen Flächen sind meist glänzend und frei von Korrosionsprodukten; sie werden häufig in Fließrichtung unterhöhlt, wodurch sich teilweise eine charakteristische Hufeisenform ausbildet (Bilder 9.8, 9.9). Korrosionsangriff durch Turbulenzen wird häufig in Wasserumlaufsystemen mit Kupferrohren und Messingteilen, d.h. bei der Hausinstallation, beobachtet. Sie sind meist auf Unebenheiten (vorstehende Teile, Krümmungen, usw.) zurückzuführen, die örtliche Turbulenzen hervorrufen (Bilder 9.10, 9.11).

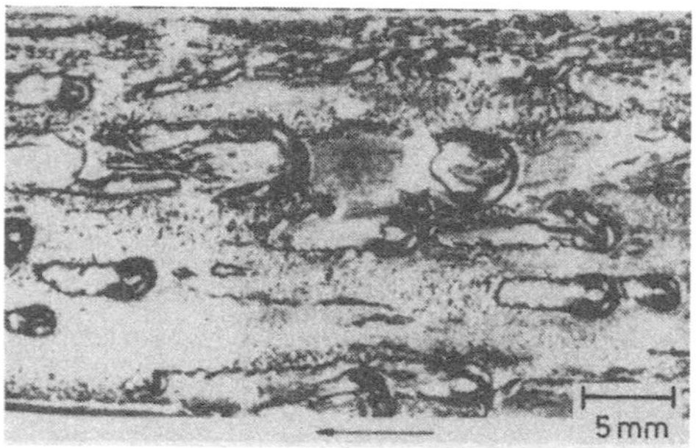

Bild 9.8. Erosionskorrosion an Heißwasserrohren aus Kupfer. Hufeisenförmige Löcher. Strömungsrichtung von rechts nach links.

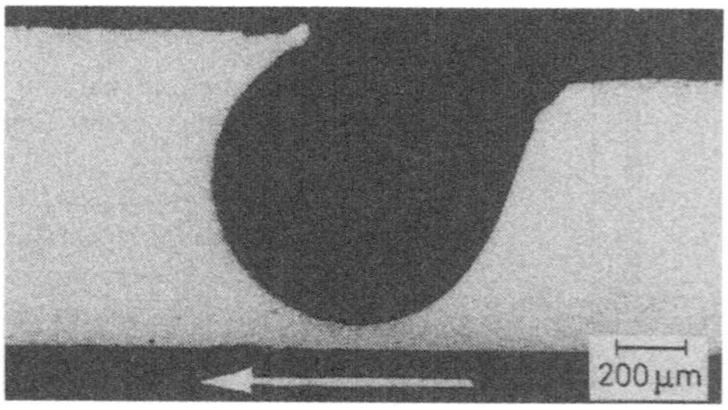

Bild 9.9. Erosionskorrosion an einem Kupferrohr eines Heißwassersystems. Strömungsrichtung von rechts nach links. Querschnitt eines hufeisenförmigen Loches.

Bild 9.10. Erosionskorrosion eines Ventilkegels aus Messing, der für 15 Monate fließendem Meerwasser in einem Kühlsystem an Bord eines Schiffes ausgesetzt war. Links: korrodierter Kegel. Rechts: neuer Kegel. Material: Messing (Spritzguß); 38,5 % Zink, 2,5 % Blei, Rest Kupfer.

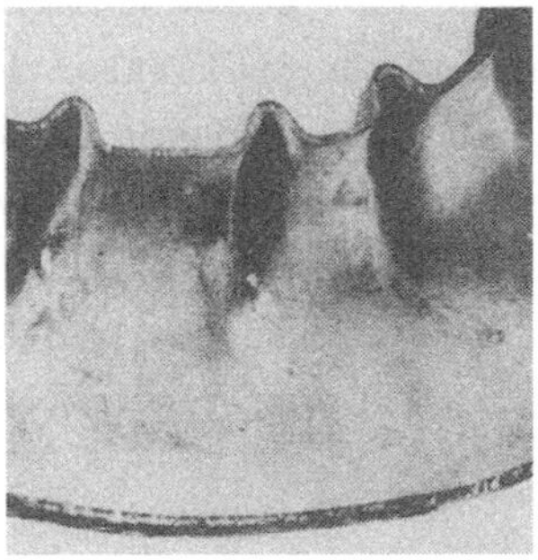

Bild 9.11. Durchlöcherung infolge von Erosionskorrosion in gefalteter Krümmung einer Kupferrohrleitung.

9.5 Kavitationskorrosion

Die Ursache für die Kavitationskorrosion liegt ebenfalls in einem Zusammenwirken von schnell strömendem Medium und Korrosion. Unter Kavitation versteht man das Auftreten von Dampfblasen in einer Flüssigkeit, wenn ihre Geschwindigkeit u so groß wird, daß ihr hydrostatischer Druck p entsprechend der Bernoulli-Gleichung ($p + \rho u^2/2$ = const) niedriger wird als der Partialdruck von gelösten Gasen, insbesondere Luft, bzw. als der Dampfdruck der Flüssigkeit. Dementsprechend sollte man die durch Gas und die durch Dampf verursachte Kavitation voneinander unterscheiden. Nimmt die Strömungsgeschwindigkeit u z.B. in der Nähe einer Schiffsschraube nach kurzer Zeit und in geringem Abstand plötzlich ab, steigt p, und die Gas- oder Dampfblasen implodieren auf der Metalloberfläche. Dies führt zu einer Schlagwirkung, die passivierende Oxidfilme zerstört und das darunterliegende Metall schädigt. Auf der Oberfläche bilden sich zahlreiche Löcher, so daß sie porös wird. Da die Wiederauflösung einer Gasblase im Vergleich zur Kondensation einer Dampfblase langsamer abläuft, ist die Kavitation durch Gasblasen weniger gefährlich als die Kavitation durch Dampfblasen; Kavitationsschäden an Wasserturbinenschaufeln können durch Belüftung des Wassers verringert werden.

Obwohl Kavitationsschäden häufig rein mechanischer Natur sind, z.B. in Lagern infolge von Kavitation durch Schmiermittel, scheint bei Metallen in Wasser immer die Korrosion beteiligt zu sein (Kavitationskorrosion). Dafür spricht auch die Tatsache, daß Kavitationsschäden an Metallen

— in Wasser durch kathodischen Schutz verhindert werden können,
— in Wasser durch Inhibitoren verringert werden können,
— in Salzwasser ausgeprägter sind als in Frischwasser.

9.6 Reibkorrosion

Reibkorrosion wird an der Grenzfläche zwischen zwei Festkörpern (von denen mindestens einer metallisch ist) durch oszillierende Relativbewegungen ausgelöst, wie sie beispielsweise bei Vibrationen entstehen. Unebenheiten auf einer der Oberflächen zerstören die Oxidschicht der anderen und das freigelegte Metall oxidiert, wobei neu gebildetes Oxid wieder abgerieben wird usw. Handelt es sich bei beiden Oberflächen um Metalle, zeigt sich die Bildung direkter metallischer Kontakte durch Verringerung des elektrischen Kontaktwiderstandes gleich zu Anfang der Reibkorrosion. Das Aufbrechen des Oxidfilms erfolgt um so leichter, je härter das Oxid im Vergleich zum darunterliegenden Metall ist. Das Verhältnis der Härte Oxid/Metall beträgt für Zinn und Aluminium 100:1, für Blei 25:1, für Eisen 5:1 und für Kupfer 3:1. Für Edelstahl liegt dieses Verhältnis wesentlich höher als für unlegierten Stahl.

Im Anfangsstadium bestehen die Verschleißprodukte aus Metallpartikeln und niederwertigen Oxiden. Es bildet sich deshalb auf unlegierten Stählen anfänglich ein schwarzes Pulver, welches aus Fe + Fe_3O_4 besteht. Allmählich findet ein höherer Abrieb und eine verstärkte Oxidation statt, so daß das Endprodukt ein höherwertiges Oxid des Metalls ist; bei Eisen und Stahl handelt es sich um das rotbraune α-Fe_2O_3, welches an der Kontaktstelle ein Sinterprodukt bildet. Befinden sich bei der Reibkorrosion die beiden Metalle in ständiger Bewegung, so wird hierdurch der metallische Kontakt wieder unterbrochen, wie der ansteigende elektrische Widerstand zeigt. Im Prinzip erfordert die Reibkorrosion die Anwesenheit von Sauerstoff. In Stickstoff beträgt der Gewichtsverlust nur etwa ein Sechstel des Gewichtsverlustes in Luft. Interessanterweise verringert Feuchtigkeit den Angriff durch Reibkorrosion, vermutlich infolge einer Schmierwirkung und einer geringeren Härte der Oxihydrate im Vergleich zu den Oxiden. Die Reibkorrosion kann deshalb als ein Beispiel für die Oxidation oder trockene Korrosion angesehen werden.

Schäden durch Reibkorrosion werden besonders auf solchen Metallen beobachtet, deren Beständigkeit von einem passivierenden Oxidfilm abhängig ist, so z.B. Aluminium, Titan und rostfreier Stahl. Die Reibkorrosion kann zwar durch Schmiermittel reduziert, aber nicht ganz verhindert werden. Ein klassisches Beispiel für die Reibkorrosion ist der Schaden, der an Kugellagern von Kraftfahrzeugen entsteht, die auf dem Seeweg oder auf Kraftfahrzeug-Spezialtransportern auf ihren Rädern stehend transportiert werden. Es sollte deshalb angestrebt werden, die Automobile während eines solchen Transports so abzustützen, daß sie praktisch auf dem Fahrgestell ruhen.

Oberflächenschäden infolge von Reibkorrosion sind häufig Ausgangspunkte für Ermüdungsrisse, die ebenfalls auf zyklische Beanspruchungen zurückzuführen sind. Maßnahmen gegen Reibkorrosion auf unlegierten Stählen sind das Oberflächenhärten, wie Nitrieren, Aufkohlen und Kugelstrahlen, bei dem zusätzlich Druckspannungen in der Oberfläche erzeugt werden, die der Bildung von Ermüdungsrissen entgegenwirken.

10 Atmosphärische Korrosion

Die atmosphärische Korrosion ist sowohl von geographischen als auch von lokalen Bedingungen stark abhängig (Bild 10.1). Klimatisch läßt sich die Erde in gemäßigte, tropische und arktische Regionen unterteilen, wobei die tropischen Gebiete wiederum in trockene und feuchte Gebiete gegliedert werden. Für die atmosphärischen Bedingungen gilt die Einteilung in maritimes, industrielles, städtisches und ländliches Klima. Die Korrosionsgeschwindigkeit in Industrie-

Bild 10.1. Ein bekanntes Beispiel für den langjährigen Erhalt eines metallischen Gegenstandes unter atmosphärischen Bedingungen ist die 1600 Jahre alte Säule aus Schweißeisen (0,15 % Kohlenstoff, 0,25 % Phosphor) in Delhi, Indien. Sie ist mit einem 50-600 µm dicken Magnetitfilm bedeckt. Ursachen für den gut erhaltenen Zustand der Säule in Dehli sind:

- trockenes und sauberes Klima,
- günstige Zusammensetzung des Eisens (niedriger Schwefel- und hoher Phosphorgehalt),
- große Masse und hohe Wärmekapazität der Säule.

gebieten kann um den Faktor 100 höher liegen als in der Wüste oder in einem arktischen Gebiet.

Selbst innerhalb begrenzter Bereiche können sehr unterschiedliche atmosphärische Bedingungen herrschen, die man auch als Mikroklimate bezeichnet. Die geographische Orientierung hat ebenfalls starken Einfluß auf das Korrosionsverhalten. Es wird beispielsweise häufig beobachtet, daß die Ost- und Südseiten einer Stahlkonstruktion weniger als die West- und Nordseiten korrodieren, da die mit Regen oder Tau benetzten und der Sonne zugewandten Seiten schneller abtrocknen. Das Gegenteil kann jedoch bei gestrichenen Oberflächen der Fall sein, bei denen die Sonneneinstrahlung oft mehr schadet als die Feuchtigkeit.

In Küstenregionen mit maritimem Klima ist Salz eine natürlich vorkommende Luftverunreinigung. Die Korrosion nimmt mit zunehmendem Abstand von der Küste infolge des sich verringernden Salzgehaltes der Luft ab. Salzgehalt und Korrosionsgeschwindigkeit steigen jedoch zunächst mit zunehmender Höhe an, offensichtlich deshalb, weil die Vegetation unmittelbar über dem Boden den Wind abbremst und die Salzwassertropfen aufnimmt (Bild 10.2).

Die nach heutigen Erkenntnissen gefährlichste Luftverunreinigung ist das Schwefeldioxid, das durch die Verbrennung fossiler Brennstoffe entsteht. Da der Brennstoffverbrauch während der kalten Jahreszeit größer ist, liegt gewöhnlich auch der SO_2-Gehalt der Luft und die Korrosionsrate während der Herbst- und

Bild 10.2. Feuerverzinktes Ankerseil aus Stahl für einen Hochspannungsmasten aus Holz an der schwedischen Westküste ca. 1 km vom Meer entfernt. Alle 20 Seile sind an deren oberen Teilen stark verrostet, während die Zinkschicht an deren unteren Teilen erhalten blieb.

Wintermonate höher. Der SO_2-Gehalt variiert innerhalb von Stadt- zu Industriegebieten zwischen 0,1 und 100 mg/m^3.

Bild 10.3 zeigt Ergebnisse von Laboratoriumsversuchen an polierten Stahlplatten in reiner und SO_2-haltiger Luft mit steigender relativer Feuchtigkeit. Bei einigen Versuchen wurden die Platten mit festen Teilchen belegt, um die Ablagerungen fester Verunreinigungen aus der Luft zu imitieren. Die Ergebnisse zeigen folgendes:

— In sehr reiner Luft ist das Rosten gering und nimmt nur leicht mit zunehmender Feuchtigkeit zu.
— In verunreinigter Luft ist das Rosten so lange gering, wie die relative Luftfeuchtigkeit nicht mehr als 70 % beträgt. In Anwesenheit von SO_2 steigt die Korrosionsrate stark bei hoher relativer Luftfeuchtigkeit.
— Feste Ammoniumsulfat- und Rußteilchen, die als häufige Luftverunreiniger innerhalb von Industriegebieten gelten, beschleunigen den Angriff.

In verunreinigter Luft findet über einer relativen Luftfeuchtigkeit von 70 % Kondensation statt, und der elektrochemische Korrosionsprozeß setzt dann in dem

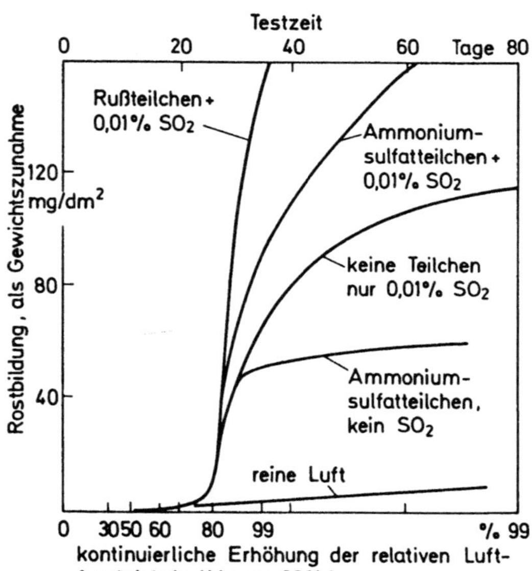

Bild 10.3. Rosten von polierten Stahlproben unter zunehmender relativer Luftfeuchtigkeit während der Testdauer. Das Experiment veranschaulicht den Einfluß von verschiedenen Verunreinigungen (Schwefeldioxid, Ammoniumsulfat-Partikel und Ruß). (Nach Vernon)

gebildeten dünnen Elektrolytfilm ein. Unterhalb des Gefrierpunktes rostet Stahl praktisch nicht, weil die elektrochemischen Prozesse Wasser in flüssiger Form erfordern. Aus Funden früherer Polarexpeditionen ist bekannt, daß Kameras und andere Instrumente auch nach Jahrzehnten in arktischem Eis gut erhalten sind. Aus denselben Gründen rostet ein mit Eis und Schnee bedecktes Auto im Winter draußen weniger als in einer schlecht durchlüfteten Garage.

Der Korrosionsbeginn, dessen Verlauf von der Jahreszeit abhängig ist, hat großen, manchmal entscheidenden Einfluß auf den Fortgang des Korrosionsprozesses. Die Gesamtkorrosion nach einer bestimmten Anzahl von Jahren ist für Testplatten, die den Winter über ausgelagert sind, eine andere als für Testplatten, die den Sommer über im Freien liegen. Ein eindrucksvolles Beispiel dazu zeigen Bewitterungsversuche an Kupfer in London (s. Bild 10.4). Die Testplatten, die im Sommer ausgelagert waren (Kurve B), zeigen eine parabolische Gewichtszunahme, die nicht durch die starke Zunahme des Schwefelgehaltes der Luft infolge der fossilen Verbrennung (Kurve A) beeinflußt wurde. Die über den Winter ausgelagerten Testplatten (Kurve C) verzeichnen einen starken linearen Gewichtszuwachs.

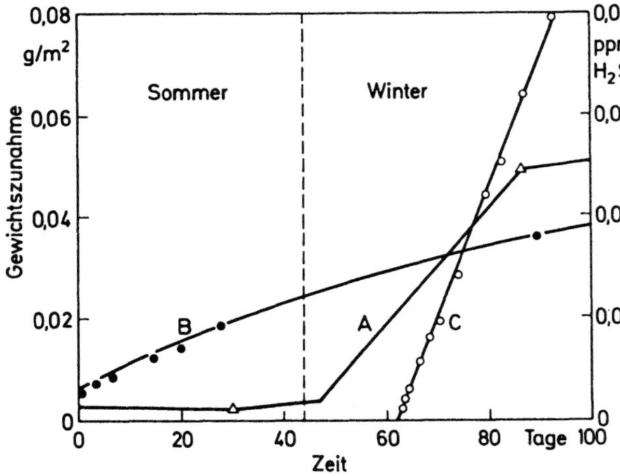

Bild 10.4. Der Einfluß der anfänglichen Auslagerungsbedingungen auf die nachfolgende Korrosion (von Kupfer). A = Schwefelgehalt der Luft, B = im Sommer ausgelagerte Proben, C = im Winter ausgelagerte Proben.

11 Bodenkorrosion

11.1 Böden als Korrosionsmedium

11.1.1 Geologische Aspekte

Mineralische Böden werden nach Bodenarten gegliedert, welche durch eine vorherrschende Korngrößenklasse gemäß Tabelle 11.1 charakterisiert sind. Ausgenommen sind hierbei Lehmböden, bei denen ein Gehalt an Ton von > 15 % ausschlaggebend ist. Die Bodenarten tragen dieselben Bezeichnungen wie die entsprechenden Größenklassen der Tabelle 11.1.

Tabelle 11.1. Korngrößenklassen, Oberfläche und kapillarer Anstieg von mineralischen Böden

Korngrößenklasse (Bodenarten)	Korndurchmesser D in mm	Anzahl der Körner in 8 dm^3 des Materials	Oberfläche von 64 dm^3 des Materials, wobei jedes Korn als Kugel mit dem Ø D angenommen wird in m^2	Kapillarer Anstieg in m
Blöcke	>200	1	<1	
Grobkies	200 -20	1 -10^3	1 -10	
Feinkies	20 -2	10^3 -10^6	10 -100	<0,03
Grobsand	2 -0,2	10^6 -10^9	100 -10^3	0,03-0,3
Feinsand	0,2 -0,02	10^9 -10^{12}	10^3-10^4	0,3 -3
Grobton	0,02 -0,002	10^{12}-10^{15}	10^4-10^5	3 -30
Feinton	0,002-0,0002	10^{15}-10^{18}	10^5-10^6	30 -300
Kolloidton	<0,0002	>10^{18}	>10^6	>300

Ton unterscheidet sich in der mineralogischen Zusammensetzung von den anderen Bodenarten. Während diese aus denselben Mineralien bestehen wie das Gestein, aus welchem sie ursprünglich durch mechanischen Zerfall bei der Verwitterung entstanden sind, besteht Ton aus sogenannten sekundären Mineralien, die durch chemische Prozesse bei der Verwitterung primärer Minerale gebildet wurden.

Tabelle 11.1 zeigt für die verschiedenen Korngrößenklassen (Bodenarten) die Korndurchmesser, die Anzahl der Körner und ihre Oberfläche in einem vorgegebenen Volumen und schließlich den kapillaren Anstieg von Wasser in dem entsprechenden Material. Ungeachtet der chemischen Zusammensetzung einer bestimmten Bodenart sind die physikalischen und chemischen Eigenschaften und damit auch die korrosiven Eigenschaften stark von der Größe und Struktur abhängig. Je kleiner die Körner, um so größer ist in der Regel ihre spezifische Oberfläche. Eine große Oberfläche erhöht die chemische Verwitterung und damit die Bildung löslicher Salze. Außerdem vergrößert sich die Wasseraufnahmefähigkeit des Materials, weil diese durch die Größe der benetzbaren Oberfläche und durch die Kapillarwirkung bestimmt wird. Eine erhöhte Kapillarität verringert die Permeabilität sowohl für Wasser als auch für Luft; dies hat Auswirkungen auf die Kinetik von Korrosionsvorgängen.

Aus diesem Grund beeinflussen die Bedingungen, die während der letzten Eiszeit herrschten, noch immer die Korrosivität des Erdbodens in Nordeuropa, der größtenteils von Moränen bedeckt ist, worunter man durch Eis zerkleinertes Gesteinsmaterial versteht. Die Reste der schmelzwasserführenden Flüsse bildeten unter dem Eis mit grobem Gestein gefüllte Rinnen (sog. Geschieberücken), die noch heute als Grundwasserkanäle dienen. Tiefer liegende Teile der Erdoberfläche, die längere Zeit durch Meere bedeckt waren, weisen noch immer einen höheren Salzgehalt und dadurch korrosivere Böden auf.

Auch dicht besiedelte Gebiete weisen infolge des Einsickerns von Abwässern einen höheren Salzgehalt auf. Während des letzten Jahrhunderts haben sowohl die in der Landwirtschaft verwendeten Düngemittel als auch die Immisionsbelastung durch die Industrie zu einem erhöhten Salzgehalt des Bodens beigetragen.

Eine weitere Folge der Technisierung (Straßenbau, Trockenlegung von Mooren usw.) ist die allmähliche Senkung des Grundwasserspiegels; sie macht sich dadurch bemerkbar, daß die meisten natürlichen Quellen ausgetrocknet sind.

Deshalb ist heute als allgemeine Tendenz festzustellen, daß die Leitfähigkeit aller Böden allmählich zunimmt, d.h. der Widerstand abnimmt, und daß der Unterschied im Wassergehalt und folglich auch im Sauerstoffgehalt zwischen grob- und feinkörnigen Böden, insbesondere den Lehmböden, zunimmt. Die Folge ist, daß sich leichter Belüftungszellen ausbilden und daß stärkere Korrosionsströme fließen können.

11.1.2 Wasser-Luft Verhältnis in Böden

Der Boden als Korrosionsmedium kann als poröse Substanz betrachtet werden, die durch mehr oder weniger feste, teilweise kolloidale, lösliche und hygroskopische Bestandteile sowie lebende Organismen gebildet wird und in deren Poren Wasser und Luft enthalten sind. Oberhalb des Grundwasserspiegels sind die feinsten kapillaren Poren mit Wasser gefüllt, während die größeren Poren mit Luft gefüllt sind. Abgesehen von den kapillaren, wasserabsorbierenden Eigenschaften von Böden, hängt der Wassergehalt von der örtlichen Mengen- und Zeitverteilung der Regenfälle und vom Grundwasserspiegel ab. Liegt dieser beispielsweise einen halben Meter unterhalb der Oberfläche, so trocknet eine Sandschicht an der Oberfläche aus, während eine entsprechende Lehmschicht an der Oberfläche feucht bleibt. Lehmböden und organische Böden (Humus) haben aufgrund ihrer kolloidalen Natur eine besonders große Fähigkeit, Wasser zu speichern.

Für das Auftreten von Korrosion ist ein bestimmter Wassergehalt im Boden erforderlich, im allgemeinen auch die Anwesenheit von Sauerstoff. Dennoch kann die Korrosion von Stahl auch unter anaeroben (sauerstofffreien) Bedingungen in der Gegenwart und unter Mitwirkung sulfatreduzierender Bakterien stattfinden. Der kathodische Vorgang ist in diesem Fall die Wasserstoffentwicklung, welche durch den bakteriellen Stoffwechsel und durch das als Korrosionsprodukt gebildete Eisensulfid erleichtert wird.

Eine der wichtigsten Funktionen des Bodenwassers liegt in der Regulierung der Luftzufuhr. Wenn das Porenvolumen nur teilweise mit Wasser gefüllt ist, findet der Übergang von Sauerstoff an die Metalloberfläche hauptsächlich durch Diffusion in der Gasphase statt, also ein relativ schneller Vorgang. Dies gilt in der Regel (s.o.) für die oberhalb des Grundwasserspiegels liegende Erdschicht. Wenn jedoch das Porenvolumen des Bodens vollständig mit Wasser gefüllt ist, wie es unterhalb des Grundwasserspiegles der Fall ist, wirkt das Wasser als Dichtung und behindert den Luftzutritt an die Metalloberfläche. Sauerstoff kann dann die Metalloberfläche nur durch Diffusion über das Porenwasser erreichen, in welchem, verglichen mit freiem Wasser, die Konvektion relativ langsam oder gar nicht erfolgt. Die Diffusionsgeschwindigkeit von Sauerstoff ist in Wasser um rund vier Zehnerpotenzen niedriger als in Luft. Die Bedingungen gleichen denjenigen, die in einer porösen Brennstoffzelle herrschen, in der Elektrolyt und Gas gleichzeitig vorhanden sein und im richtigen Verhältnis stehen müssen, um einen hohen Wirkungsgrad zu erreichen. Die Sauerstoffverarmung in wassergetränktem Boden kann dadurch noch verstärkt werden, daß modernde organische Substanzen oder lebende Organismen den verfügbaren Sauerstoff verbrauchen.

Bei steigendem Wassergehalt der Poren eines Bodens wird die Korrosionsgeschwindigkeit zunächst infolge des zunehmenden Anteils an benetzter Oberfläche und der verbesserten Leitfähigkeit zunehmen. Sobald sich jedoch der Wassergehalt einem Sättigungswert nähert, der einer vollkommenen Ausfüllung der Bodenporosität entspricht, oft bis ungefähr zur Hälfte des Bodenvolumens, nimmt die Korrosionsrate wegen der starken Hemmung der Sauerstoffzufuhr schnell bis auf einen Minimalwert ab. Bild 11.1 veranschaulicht, wie die Korrosivität des Bodens und der Bodenwiderstand sich mit dem Wassergehalt verändern. Daraus ergibt sich, daß der (reziproke) Bodenwiderstand nur als Maß für die Korrosivität von solchen Böden gelten kann, die nicht mit Wasser gesättigt sind.

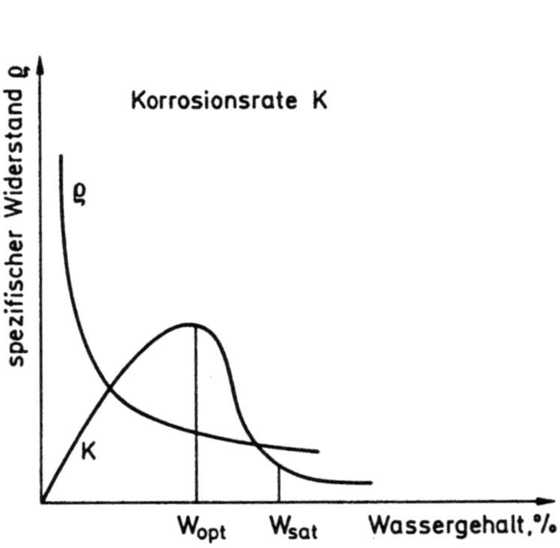

Bild 11.1. Spezifischer Widerstand ρ und Korrosionsrate K als Funktionen des Wassergehaltes im Boden. Bei einem bestimmten optimalen Wassergehalt W_{opt}, der noch mit einem freien Luftzutritt vereinbar ist, erreicht die Korrosionsrate ein Maximum. Wenn der Wassergehalt den Sättigungswert W_{sat} erreicht, fällt die Korrosionsrate stark ab. Der (reziproke) Widerstandswert ist nur unterhalb von W_{opt} ein Maß für die Korrosivität des Bodens.

Die Bedeutung des Wassergehaltes für den Sauerstofftransport erklärt, warum im allgemeinen die Korrosionsrate oberhalb des Grundwasserspiegels deutlich höher ist als unterhalb. Dies führt auch zu einer periodischen Änderung der Korrosionsrate im Boden, je nachdem wie stark der Boden als Folge der einzelnen Regenfälle durchfeuchtet ist: Während leichter Regen die Korrosivität des Bodens erhöht, bewirkt ein starker Regen oder Dauerregen, durch den der Boden völlig aufgeweicht wird, eine starke Abnahme der Korrosivität. Steigt nach Beendigung der Regenfälle der Luftanteil in den größeren Poren wieder an, so nähert sich auch die Korrosivität wieder einem maximalen Wert. In ähnlicher Weise beobachtet man geographische Änderungen der Korrosionsrate im Boden von sehr niedrigen Werten in trockenen wüstenähnlichen Gebieten bis zu einem Maximum in feuchtem Klima und belüftetem Boden, während sich in sehr regenreichen oder sumpfigen Gebieten wieder sehr niedrige Werte ergeben.

11.1.3 Zusammensetzung der Luft im Boden

Die in der Bodenporosität enthaltene Luft unterscheidet sich von der Zusammensetzung atmosphärischer Luft aufgrund biologischer Vorgänge im Boden. Das Vermodern organischer Materie sowie die Atmung von Pflanzenwurzeln verbrauchen Sauerstoff und entwickeln Kohlendioxid. Der Sauerstoffgehalt nimmt deshalb unterhalb der Oberfläche stark ab, wohingegen der Kohlendioxidgehalt ansteigt, insbesondere dann, wenn der Austausch mit der Atmosphäre gehemmt ist. Während des Winters stellen Frost und Schmelzwasser eine Barriere zwischen atmosphärischer Luft und der Luft im Boden dar. Tabelle 11.2 zeigt, wie die O_2- und CO_2-

Tabelle 11.2. Beispiel für die Änderung der O_2- und CO_2-Gehalte in der Bodenluft mit zunehmender Tiefe während der Monate März-April und Juli-August

Bodentiefe in m	März-April Vol.-% O_2	März-April Vol.-% CO_2	Juli-August Vol.-% O_2	Juli-August Vol.-% CO_2
0	20,9	0,03	20,7	0,03
0,3	19,4	1,0	19,5	2,2
0,6	0,25	2,5	18,0	3,4
0,9	0,25	6,2	17,0	5,1
1,2			13,5	9,0
1,5			12,7	11,8
1,8			10,8	12,3

Gehalte in der Bodenluft mit der Bodentiefe während einer feuchten (März-April) und einer trockenen (Juli-August) Periode variieren können. Bild 11.2 gibt den O_2- und CO_2-Gehalt von Feinton und Grobton wieder. Die Effekte sind um so größer, je feiner, d.h. je strenger ein Ton ist. Das Bodenwasser steht daher mit einer Gasphase im Gleichgewicht, die eine wesentlich andere Zusammensetzung als die mit dem Oberflächenwasser im Gleichgewicht befindliche Atmosphäre hat. Allein aufgrund des gelösten Kohlendioxids kann der pH-Wert des Bodenwassers weniger als 5 betragen. Insofern ist es auch nicht überraschend, daß Rost im Boden häufig Eisencarbonat ($FeCO_3$) enthält.

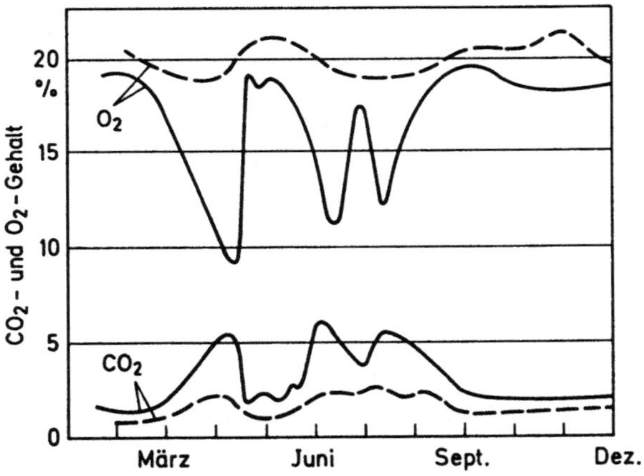

Bild 11.2. O_2- und CO_2-Gehalte als Funktion der Jahreszeit in einer Tiefe von 30 cm in Feinton (——) und Grobton (---).

Ein in den Boden getriebener Stahlpfosten ist einer Sauerstoffkonzentration ausgesetzt, die mit zunehmender Tiefe abnimmt. Direkt unterhalb des Grundwasserspiegels, wo der Sauerstoffzutritt plötzlich blockiert ist, erhält man die höchsten Korrosionsraten (Bild 11.3). Belüftungszellen entstehen nicht in großen Tiefen. Stattdessen ist die Korrosionsrate in großen Tiefen infolge eines verringerten Sauerstoffgehaltes im Boden meist klein.

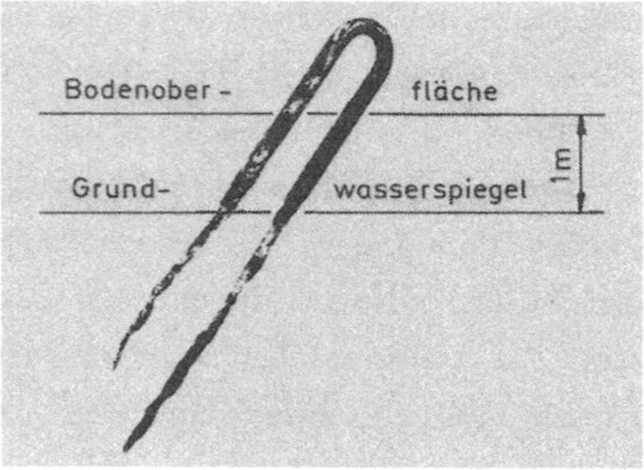

Bild 11.3. Ankereisen eines Hochspannungsmasten, das unterhalb des Grundwasserspiegels infolge von Belüftungszellen korrodiert ist.

11.1.4 Voraussetzungen für die Bildung von Belüftungszellen im Boden

Die Außenfläche einer Metallkonstruktion, die sich in der oberen Erdschicht befindet, bildet zahlreiche Belüftungszellen infolge einer sich örtlich ändernden Zusammensetzung des Erdbodens.

Häufig tritt Korrosion an Stahlrohren oder an bleibewehrten elektrischen Kabeln infolge von Belüftungszellen auf; sie bilden sich an solchen Stellen, an denen die Rohre oder Kabel auf Bodenarten mit unterschiedlichem Wassergehalt und damit unterschiedlicher Sauerstoffdurchlässigkeit stoßen. Dieses Korrosionsverhalten ist besonders in Gebieten anzutreffen, die neben Ton auch andere Bodenarten mit höherer Korngröße (Sand, Kies, Füllmaterial) enthalten. Die Anode dieser Belüftungszellen ist mit Ton, die Kathode mit gröberen Bodenarten umgeben. Bild 11.4 zeigt eine schematische Darstellung einer derartigen Belüftungszelle.

Während eine Metallkonstruktion großer Ausdehnung, z.B. ein Kabel oder eine Rohrleitung, bevorzugt an Stellen angegriffen wird, die mit Ton in Verbindung stehen, können vollständig mit Ton umgebene kleinere Teile über lange Zeiten gegen Korrosion geschützt sein, da nur ein begrenzter Sauerstoffzutritt möglich ist. Dies erklärt, warum seit langem zwei gegensätzliche Anschauungen über die Korrosivität von Ton bestehen: Die eine geht davon aus, daß Ton stark korrosiv ist, während nach der anderen Anschauung Ton eine schützende Wirkung zeigt. Beide Vorstellungen sind offensichtlich richtig, aber unter verschiedenen Voraussetzungen über die Verteilung des Tons an der Bauteiloberfläche.

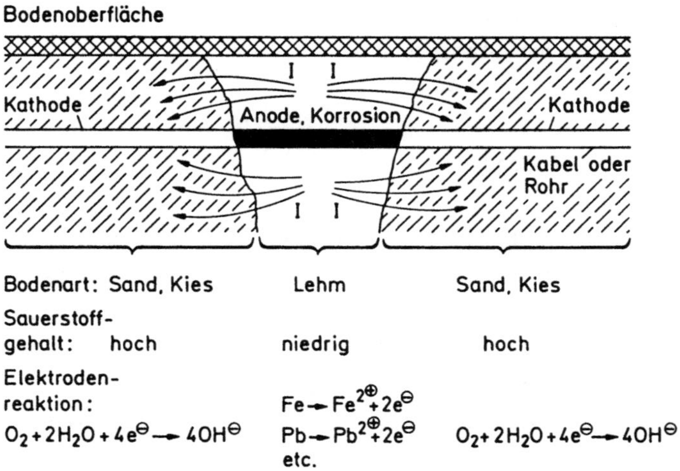

Bild 11.4. Sauerstoff-Konzentrationszelle an einem erdverlegten Kabel oder Rohr beim Übergang von belüftetem zu unbelüftetem Boden.

Die Umwandlung von Lehmboden in ein bebauungsfähiges Gebiet erfolgt in der Regel durch Zusatz von Schotter, Geröll und anderem Füllmaterial; dadurch bilden sich Belüftungszellen aus. Asphalt- und Betonstraßen wirken genauso wie dichter Lehm, indem sie für die Diffusion von O_2 und CO_2 undurchdringliche Schichten darstellen.

Gewöhnlich ergeben sich bei bleibewehrten Fernmeldekabeln häufiger Schwierigkeiten als bei Wasserrohrleitungen. Letztere werden unterhalb des Grundwasserspiegels in einer Tiefe von ungefähr 1,5 m verlegt, um sie vor Frost zu schützen, wodurch sie relativ gleichbleibenden Bedingungen ausgesetzt sind. Demgegenüber werden Fernmeldekabel normalerweise in einer Tiefe von ca. 0,7 m verlegt. Deshalb kann häufig beobachtet werden, daß zwar Kabel, nicht aber Wasserrohre in einem bestimmten Gelände Korrosionsschäden erleiden.

Zahlreiche systematische Korrosionsuntersuchungen, z.B. [11.1], wurden in ausgehobenen und wiederaufgefüllten Gräben in der oberen Erdschicht durchgeführt. Auf diese Weise werden gestörte, inhomogene Bedingungen geschaffen, die eine örtliche Sauerstoff- und Wasserzufuhr erleichtern und dadurch auch die Erzeugung von Belüftungszellen vereinfachen. Im Vergleich dazu zeigen Beobachtungen an Stahlpfosten in ungestörten Böden kaum Korrosion [11.2]. Dies gilt besonders in großen Tiefen, offensichtlich wegen der Sauerstoffverarmung. Selbst in Höhe des Grundwasserspiegels und oberhalb davon ist der Korrosionsangriff an

Stahlpfosten, die in einen ungestörtem Boden getrieben werden, klein im Vergleich zur Schädigung an eingegrabenen Stahlproben.

11.1.5 pH-Wert und Säuregehalt des Bodens

Der pH-Wert von Böden, der sich durch Messung des Farbumschlags oder potentiometrisch, üblicherweise in einer nach Auswässerung einer Bodenprobe erhaltenen Wasserprobe bestimmen läßt, ist in Verbindung mit Metallen wie Kupfer, Blei und Zink von großer Bedeutung für die Korrosivität des Bodens, offensichtlich als Folge der Auflösung passivierender Oxidfilme. Für Eisen und Stahl ist der pH-Wert des Bodens weniger wichtig. Dennoch wirken saure Böden mit pH-Werten zwischen 3,5 und 4,5 normalerweise auf Stahl stärker korrosiv als schwach saure oder neutrale Böden mit pH > 5. Andererseits sollte darauf hingewiesen werden, daß eine alkalische Reaktion bei Stählen, die in wäßriger Lösung nur schwach korrosionsfördernd wirkt, im Boden andere Auswirkungen haben kann. In Schichten oberhalb des Grundwasserspiegels ist für die Korrosionsrate normalerweise die elektrische Leitfähigkeit ausschlaggebend, die in alkalischen Böden oft hoch ist, in denen Stähle deshalb häufig hohe Korrosionsraten zeigen. Ein Anstieg des pH-Wertes und der Korrosionsrate kann auch durch bakteriologische Produktion von Ammoniak, insbesondere bei Kupfer, hervorgerufen werden.

In der Regel sind tiefliegende mineralische Böden weniger sauer als humusreiche Böden der Oberfläche. Gelegentlich findet man eine stark saure Reaktion in mineralischen Böden, die pyrit- oder schwefelhaltigen Schlamm oder Schiefer enthalten, was die Folge einer bakteriologischen Reaktion ist. Nach längerer Anwendung von Ammoniumsulfat als Düngemittel wird häufig eine Abnahme des pH-Wertes um 2-3 Einheiten beobachtet, die offenbar durch einen Ammoniakverlust in die Atmosphäre verursacht wird.

In Humusböden ist der pH-Wert häufig ein unbefriedigendes Maß für den Säuregehalt, da die schwache Huminsäure nur zu einem kleinen Teil dissoziiert vorliegt. Dies bedeutet, daß auch bei mäßig niedrigem pH-Wert ein großer Vorrat an organischen Säuren vorhanden sein kann, welcher eventuell auch die Metallauflösung unter Komplexbildung erleichtert. Bei pH-Werten, die für das im Boden enthaltene Wasser niedrig genug sind, um Oberflächenoxide zu lösen, erscheint die Gesamtacidität für die Beurteilung der Korrosivität des Bodens geeigneter als der pH-Wert; sie kann durch Titration bestimmt werden. Es sollte berücksichtigt werden, daß beim Aufnehmen von Bodenproben Verluste an Kohlendioxid zu Fehlern in der Bestimmung des pH-Wertes und der Gesamtacidität führen.

11.1.6 Redoxpotential des Bodens

Es wurde auch versucht, ein weiteres Maß für die Korrosivität des Bodens zu erhalten, und zwar durch Messung von Redoxpotentialen. Das Korrosionspotential eines bestimmten Metalls kann jedoch, genau so wenig wie in anderen Medien, als Maß für die Korrosivität des betreffenden Bodens angesehen werden, da bei einer vorgegebenen Korrosionsrate das Korrosionspotential entweder hoch oder niedrig sein kann, je nachdem ob anodische oder kathodische Polarisation vorherrschend ist. Stattdessen verwendet man eine inerte Elektrode, im allgemeinen eine blanke Platinelektrode, die ein gut definiertes Elektrodenpotential ergibt; es wird auf eine geeignete Bezugselektrode, meist eine $Cu/CuSO_4$-Elektrode bezogen. Das Potential der Platinelektrode wird durch den Gehalt an oxidierenden und reduzierenden Substanzen im Boden bestimmt. Häufig ergibt sich das Redoxpotential von Böden auch über das Gleichgewicht zwischen Fe^{2+}- und Fe^{3+}-Ionen. In der Regel erhält man in gut belüfteten Böden hohe Werte für das Redoxpotential, dagegen niedrige Werte in Böden, die reich an organischen Substanzen sind und kaum mehr Sauerstoff enthalten. Dennoch kann das Redoxpotential an einem bestimmten Punkt nicht als ein Maß für die Korrosivität an diesem Punkt benutzt werden. Die Änderung des Redoxpotentials auf einer bestimmten Länge kann jedoch einen Hinweis auf mögliche Belüftungszellen geben. An langen erdverlegten Konstruktionen sind deshalb Korrosionsangriffe an den Stellen zu erwarten, an denen das Redoxpotential niedrig liegt. Die Potentialdifferenz zwischen gut belüftetem und entlüftetem Boden kann bis zu 1 V betragen. Ein sehr niedriger Wert für das Redoxpotential weist auf die Gefahr der Anwesenheit von sulfatreduzierenden Bakterien hin (s. Abschn. 11.1.8).

11.1.7 Spezifischer Widerstand des Bodens

Das beste Maß für die Korrosivität von Böden ist im allgemeinen deren Leitfähigkeit, bzw. deren spezifischer Widerstand. Der spezifische Widerstand des Erdbodens ist hauptsächlich durch den Salzgehalt im Porenwasser bestimmt. Für schwach saure Böden der Oberfläche gilt

$$\rho x \, [S] = 750\,000,$$

worin der spezifische Widerstand (in Ωcm) in einer durch Auswässerung erhaltenen Wasserprobe (100 g Boden + 100 g Wasser) und S der Salzgehalt in mg/l bedeutet, entsprechend dem trockenen, festen Rückstand der genannten gefilterten Wasserprobe (s. auch Abschn. 11.1.5). S wird vorwiegend indirekt über die Messung von ρ bestimmt.

Bei guter Luftdurchlässigkeit des Bodens, also z.B. in den trockeneren Erdschichten oberhalb des Grundwasserspiegels, ergibt sich keine Sauerstoffverarmung, so daß weder der kathodische Vorgang behindert noch die Anwesenheit von sulfatreduzierenden Bakterien gefördert wird. In diesem Fall ist die Korrosivität eines Bodens in erster Näherung umgekehrt proportional zu seinem spezifischen Widerstand, welcher dann für die in den Belüftungszellen fließenden Ströme maßgebend ist. Oberflächenböden lassen sich deshalb entsprechend Tabelle 11.3 unterteilen. Die Beziehung zwischen spezifischem Widerstand (ρ, Ωcm) und Korrosionsrate ($\dot{d}$, μm/Jahr) von Stahl in Oberflächenböden kann empirisch folgendermaßen ausgedrückt werden:

$$(\rho + 300)\dot{d} = 40\ 000.$$

Tabelle 11.3. Zusammenhang zwischen spezifischem Widerstand und Korrosivität in Oberflächenböden bei pH > 6

Spezifischer Bodenwiderstand in Ωcm	Salzgehalt S einer durch Auswässerung einer Bodenprobe (1:1) erhaltenen Wasserprobe in mg/l	Korrosivität	Mittlere Korrosionsrate d für Stahl in µm/Jahre
$<10^2$	>7500	sehr hoch	>100
10^2-10^3	7500- 750	hoch	100- 30
10^3-10^4	750- 75	niedrig	30- 4
$>10^4$	< 75	sehr niedrig	< 4

Für pH > 6 ergibt sich eine gute Übereinstimmung mit Ergebnissen aus Feldversuchen. Niedrigere pH-Werte führen zu höheren Korrosionsraten als in Tabelle 11.3 und der obigen Gleichung angegeben. Dies gilt besonders für hohe spezifische Widerstände.

Tiefliegende Gebiete, die früher Meeresböden waren, haben gewöhnlich einen niedrigeren spezifischen Widerstand und damit eine höhere Aggressivität als hochliegende Gebiete. Die niedrigsten Widerstände und die höchste Aggressivität findet man in den sog. "kulturellen Ablagerungen" (Mülldeponien) alter Städte, die eine Höhe von 10 m erreichen können. Eine besonders hohe Korrosivität wird auch in Böden beobachtet, die Schlacken von Hochöfen enthalten.

Tiefer liegende mineralische Böden haben normalerweise höhere spezifische Widerstandswerte (10^4-10^5 Ωcm) als Böden der Oberflächenschicht (10^3-10^4 Ωcm). Dieser Unterschied erklärt sich durch einen höheren Salzgehalt der Oberflächenschichten, der hauptsächlich durch das Vermodern pflanzlicher Substanzen entsteht.

Für tiefliegende mineralische Böden ist der Widerstand jedoch weniger entscheidend, da die Aggressivität solcher Böden normalerweise durch die begrenzte Zufuhr an gelöstem Sauerstoff, manchmal auch durch die Anwesenheit sulfatreduzierender Bakterien, bestimmt wird.

Unter Zugrundelegung des bisher Gesagten sind die Korrosionsbedingungen ober- und unterhalb des Grundwasserspiegels in Bild 11.5 schematisch erläutert.

Daß der Widerstand in der trockeneren Erdschicht oberhalb des Grundwasserspiegels ausschlaggebend ist, stimmt mit der Tatsache überein, daß es sich dort im allgemeinen um einen lokalisierten Angriff handelt, z.B. Lochfraß, bei dem der

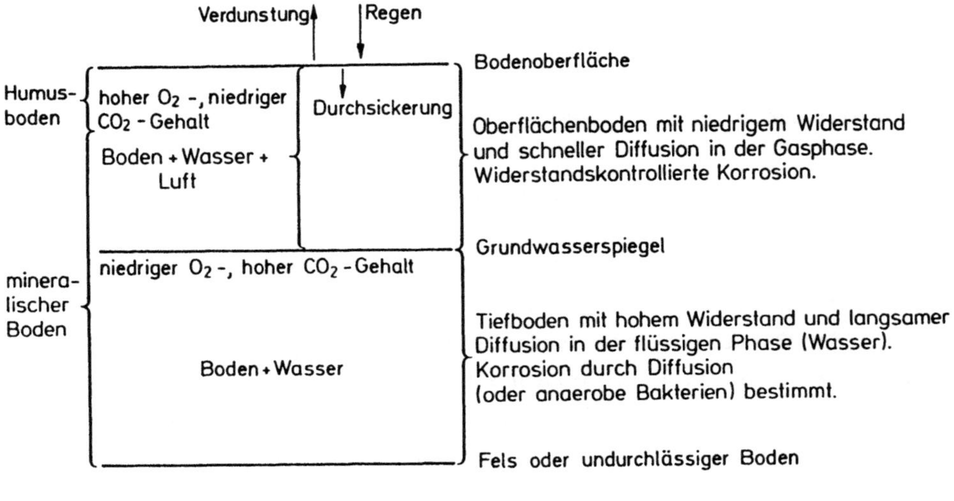

Bild 11.5. Schematische Übersicht der Korrosionsbedingungen im Boden ober- und unterhalb des Grundwasserspiegels.

Ohmsche Potentialabfall zwischen anodischen und kathodischen Bereichen häufig entscheidend ist. Bild 11.6 zeigt schematische Stromspannungskurven für die Bodenkorrosion unter verschiedenen Bedingungen.

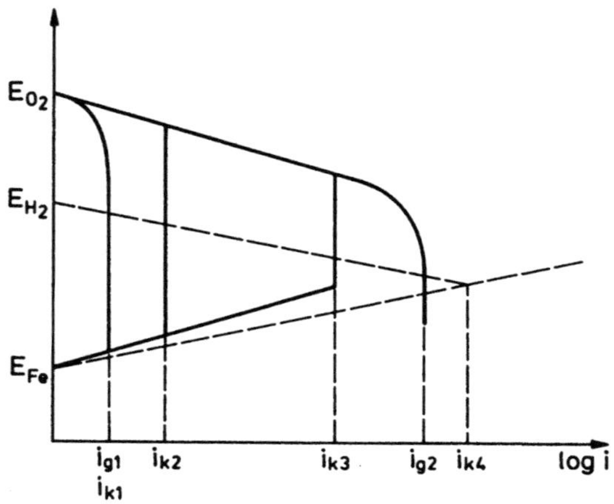

Bild 11.6. Schematische Stromspannungsdiagramme für verschiedene Arten der Bodenkorrosion.

i_{g1} = durch Diffusion begrenzter Strom unterhalb des Grundwasserspiegels

i_{g2} = durch Diffusion begrenzter Strom oberhalb des Grundwasserspiegels

i_{k1} = Diffusions-begrenzte Korrosion unterhalb des Grundwasserspiegels

k_{i2} = Widerstands-begrenzte Korrosion oberhalb des Grundwasserspiegels in Böden mit niedriger Leitfähigkeit

i_{k3} = Widerstands-begrenzte Korrosion oberhalb des Grundwasserspiegels in Böden mit hoher Leitfähigkeit

i_{k4} = Wasserstoff-entwickelnde Korrosion, die in sauerstofffreiem (anaerobem) Boden erfolgt und durch Sulfat-reduzierende Bakterien beschleunigt wird.

11.1.8 Mikrobiologische Korrosion

Eine besondere Art der Bodenkorrosion ist die sog. mikrobiologische Korrosion. Dennoch ist auch diese Korrosionsart grundsätzlich elektrochemischer Natur. Es handelt sich hierbei um einen Korrosionsangriff an Eisen und Stahl, der bevorzugt in tiefliegenden wassergetränkten Lehmböden in Anwesenheit von sulfatreduzierenden Bakterien unter Luftabschluß auftritt und deshalb als anaerober Vorgang bezeichnet wird. Die bekanntesten Bakterienarten sind die Vibrio desulfuricans. Die bakterielle Wirkung scheint in einer Depolarisation von kathodisch entwickeltem Wasserstoff zu bestehen, der von den Bakterien für ihren Stoffwechsel verbraucht wird. Dadurch wird die kathodische Reaktion und folglich auch die Metallauflösung erleichtert. Die Teilreaktionen des betrachteten Vorgangs lassen sich folgendermaßen schreiben:

auf anodischer Oberfläche: $4Fe \rightarrow 4Fe^{2+} + 8e^-$ (elektrochemisch),
auf kathodischer Oberfläche: $8H_2O + 8e^- \rightarrow 8H + 8OH^-$ (elektrochemisch),
in Bakterien: $8H + SO_4^{2-} \rightarrow S^{2-} + 4H_2O$ (mikrobiologisch).

Sulfidionen, S^{2-} und HS^- sowie H_2S sind starke Katalysatoren für kathodische und anodische Vorgänge (vgl. lyotrope Reihe unter Abschn. 2.3.3). Folgende sekundäre Reaktionen schließen sich an:

$$3Fe^{2+} + 6OH^- \rightarrow 3Fe(OH)_2$$
$$3Fe(OH)_2 \rightarrow Fe_3O_4 + 2H_2O + H_2$$
$$S^{2-} + Fe^{2+} \rightarrow FeS.$$

FeS ist ein Elektronenleiter und eine sehr wirksame Kathode für die Wasserstoffentwicklung. Die Gesamtreaktion lautet folgendermaßen:

$$4Fe + 2H_2O + SO_4^{2-} \rightarrow Fe_3O_4 + FeS + 2OH^- + H_2.$$

Für diese Korrosionsart ist es charakteristisch, daß die sich bildenden schwarzen Korrosionsprodukte neben Fe_3O_4 auch größere Mengen an FeS enthalten.

Diese Korrosionsart wurde in Lehmböden in den Niederlanden entdeckt, aber danach in der ganzen Welt auch in anderer Umgebung gefunden. Eine große Anzahl von Mikroorganismen mit unterschiedlicher Physiologie und verschiedenartigem Stoffwechsel ist erwiesenermaßen am Korrosionsprozeß beteiligt. Viele Arten benötigen einen pH-Wert zwischen 5 und 9 und in bestimmten Fällen auch ein niedriges Redoxpotential. Geeignete Lebensbedingungen finden sich z.B. in Meerwasser, welches einen pH-Wert nahe 8 hat. Insbesondere tragen Mikroorganismen in stark verschmutztem Hafenwasser zur Korrosion bei. In diesem Fall ist das Chlorieren eine wirksame Abhilfe, die auch den Bewuchs der Stahloberflächen mit größeren Organismen verhindert.

Als korrosionsfördernd gelten folgende Bakterien:
- sulfatreduzierende Bakterien (Vibrio desulfuricans);
- schwefeloxidierende Bakterien, die Schwefelsäure bilden (Thiobacillus);
- eisenoxidierende Bakterien (Ferrobacillus), die durch das Oxidieren von Fe^{2+} zu Fe^{3+} existieren; Fe^{3+} kann wiederum Sulfide oxidieren, d.h. FeS_2 zu H_2SO_4;
- verschiedene Arten von ammoniakbildenden Bakterien.

Die verschiedenen Arten werden nach ihren physiologischen Eigenschaften, wie Salzaufnahme und Fähigkeit zur Oxidation von Wasserstoff, als auch nach den Grenzen von Temperatur und pH-Wert, innerhalb derer das Wachstum auftritt, identifiziert. Korrosionsfördernde Mikroorganismen sind sogar in heißen Quellen entdeckt worden. Viele, aber nicht alle Mikroorganismen werden durch Kupfersalze vergiftet. In kupferhaltigen Umgebungen können sich manchmal auch kupferbeständige Kulturen entwickeln.

Mikrobiologische Korrosion wurde nicht nur im Boden und Meerwasser beobachtet, sondern auch in Wasserumlauf- und Abwasserbeseitigungssystemen, in Zentralheizungen und Klimaanlagen, innerhalb bleibewehrter Kabel, in Bohrmilch, d.h. Öl-Wasser-Emulsionen, die bei schneidender Bearbeitung als Schmier- und Kühlmittel benutzt werden, sowie in Systemen für Transport und Lagerung von Ölprodukten.

11.2 Besonderheiten des Lochfraßes bei Bodenkorrosion

Die Bodenkorrosion kann häufig als ein Extremfall der Korrosion unter Ablagerungen betrachtet werden, wie sie als Folge der Bildung von Belüftungszellen an Metallen auftritt, welche sich in schlammhaltigen Wässern befinden, so daß es zu Ablagerungen auf der Metalloberfläche kommt. Im Boden werden diese Bedingungen dadurch verstärkt, daß Struktur und Zusammensetzung des Bodens örtlich variieren. Es ist verständlich, daß die Korrosion in feuchten Böden, insbesondere bei mangelhafter oder ungleichmäßiger Belüftung, lokalisierter Natur ist und häufig zu tiefem Lochfraß führt.

In gut belüfteten Böden fällt die anfangs hohe Lochfraßgeschwindigkeit von Stahl im Laufe der Zeit stark ab, da es bei reichlichem Sauerstoffzutritt zu einer Oxidation der anfänglich gebildeten Korrosionsprodukte und zur Ausfällung von schützendem, schwerlöslichem Fe(III)-Hydroxid auf der Stahloberfläche kommt. Demgegenüber wird in schlecht belüfteten Böden beobachtet, daß die Lochfraßgeschwindigkeit, wenn überhaupt, so nur allmählich mit der Zeit abnimmt. In diesen Fällen diffundiert nämlich das gelöste Eisen, welches dann als leichter lösliche Fe(II)-Verbindung auftritt, von der Stahloberfläche aus in den Boden, wodurch es sich so verteilt, daß es zu keiner oder nur zu einer geringen Schutzwirkung kommt. Die Abhängigkeit der Lochfraßgeschwindigkeit von der Aufenthaltsdauer im Boden wird auch durch den Salzgehalt des Bodens beeinflußt. Sogar in gut belüfteten Böden kann eine hohe Konzentration löslicher Salze die Ausfällung von Fe(III)-Hydroxid derart zurückdrängen, daß die Abscheidung einer schützenden Rostschicht vollkommen verhindert wird. Unter diesen Umständen sinkt die Lochfraßgeschwindigkeit auch nach längeren Zeiten im Boden kaum.

Es sollte darauf hingewiesen werden, daß die Proben in Feldversuchen, wie auch bei ähnlichen Versuchen in Wasser, notwendigerweise klein im Vergleich zu den tatsächlichen Konstruktionen sind. Die Häufigkeit und Geschwindigkeit des Lochfraßes auf kleinen Proben wird deshalb eher minimale als maximale Werte annehmen. Erstens steigt die Wahrscheinlichkeit für das Auftreten eines Loches mit der exponierten Oberfläche des Metalls. Zweitens ist es wahrscheinlicher, daß tiefe Löcher auf großen Blechen entstehen, da jedem Loch ein größerer kathodischer Bereich entspricht. Schließlich können in der Praxis Streuströme die Korrosion großer Konstruktionen verstärken, was bei kleinen Proben nicht der Fall ist.

Die Geschwindigkeit, mit der ein Loch mit der Aufenthaltsdauer im Boden unter vorgegebenen Bedingungen wächst, folgt häufig einem Potenzgesetz der Form: $X = kt^n$, worin X die maximale Tiefe des Loches zur Zeit t ist und k und n Konstanten sind. Für Stahl liegt n zwischen 0,1 in gut belüfteten Böden und 0,9 in schlecht belüfteten Böden. Je kleiner der Wert für n ist, desto stärker fällt die Wachstumsrate der Löcher mit der Zeit ab. Wenn sich n dem Wert 1 nähert, erreicht die Lochwachstumsgeschwindigkeit einen konstanten Wert, d.h. die Eindringtiefe ist proportional zur Zeit.

11.3 Werkstoff-Vergleich bei Bodenkorrosion

Ein Vergleich der Korrosionsgeschwindigkeit verschiedener Metalle zeigt, daß die Korrosionsgeschwindigkeit von Kupfer ungefähr 1/6 derjenigen von Stahl ist. In feuchten salzhaltigen Böden kann sie jedoch auf die Hälfte der Korrosionsgeschwindigkeit von Stahl in demselben Boden ansteigen. Weiterhin ist der Lochfraß bei Kupferwerkstoffen weniger ausgeprägt als bei Stählen. Blei korrodiert meist langsamer als Stahl, die Korrosionsgeschwindigkeit kann jedoch in schlecht belüfteten Böden oder in sauren Humusböden, die lösliche komplexe Salze mit Blei bilden, ein Vielfaches des Mittelwertes betragen und auch zu starkem Lochfraß führen. An Zink und Aluminium ist der Lochfraß in vielen Böden stark ausgeprägt.

Eine Erhöhung des Chromgehaltes im Stahl erniedrigt die Lochfraßgeschwindigkeit und den Gewichtsverlust in vielen Böden, bei einem Chromgehalt von über 6 % nimmt die Lochfraßgeschwindigkeit jedoch wieder zu. Daher tritt starker Lochfraß bei den gebräuchlichen ferritischen Sonderstählen mit 12-18 % Chrom auf. Demgegenüber sind die austenitischen 18-8 Chrom-Nickel-Stähle im Hinblick auf Lochfraß und gleichmäßige Korrosion in feuchten Böden kaum gefährdet. Eine noch höhere Beständigkeit gegen Lochfraß zeigen die säurebeständigen austenitischen Chrom-Nickel-Molybdän-Stähle. Zinküberzüge sind für alle Stähle eine sehr wirksame Maßnahme sowohl gegen gleichmäßige Korrosion als auch gegen Lochfraß im Boden.

Für stark korrosive Böden ($\sigma = 10\text{-}10^3\ \Omega cm$) oberhalb des Grundwasserspiegels liegen die in Tabelle 11.4 aufgeführten Testergebnisse (nach Romanoff) für die mittlere Dickenabnahme und die maximale Lochtiefe verschiedener Stahlbleche vor.

11.4 Korrosion archäologischer Funde

Einige Schlüsse auf die Langzeit-Korrosivität von Böden verschiedener Lagen lassen sich aus Beobachtungen zur Korrosion archäologischer Funde aus Eisen und anderen Metallen ziehen. Funde von gut erhaltenem, nicht verrostetem Eisen kommen häufiger in höheren Regionen vor, die nach der letzten Eiszeit nicht mit Meeren bedeckt waren. In maritimen Ablagerungen sind Rostagglomerate meist die einzigen Reste von Eisengegenständen. Manchmal lassen sich die Originalformen durch vorsichtige Reduktion, elektrolytisch oder in Wasserstoff, wiederherstellen. Wenn zuweilen erstaunlich gut erhaltene Eisengegenstände im Boden gefunden werden, so sollte beachtet werden, daß dies immer eine Frage des "Überlebens des Stärkeren" ist, sowohl was die Zusammensetzung des Werkstoffs als auch die Umgebung betrifft. In einigen Fällen haben sich durch die Anwesenheit von Phosphaten, Karbonaten und Tannin schützende Filme auf Eisengegenständen gebildet und ihre Korrosion wirksam unterbunden.

In diesem Zusammenhang ist es interessant zu vermerken, daß es historische Beweise gibt, nach denen in früheren Zeiten Bodenkorrosion bewußt als Veredelungsverfahren für Schmiedeeisen eingesetzt wurde. Der in Sizilien lebende griechische Historiker Diodorus Siculus schreibt (ungefähr 50 v.Chr.), daß die Kelten, die in Spanien um 500-150 v.Chr. regierten, Eisen für die Waffenherstellung präparierten, indem sie Eisenbleche in der Erde vergruben und sie dort beließen, bis der unbeständigere Teil des Eisens gerostet war. Von dem reineren, restlichen Teil stellten sie dann Schwerter her, die so scharf und hart waren, daß "weder Schild noch Helm noch irgend eine andere Waffe ihnen widerstehen konnten". Nach dieser Beschreibung kann man vermuten, daß das Rosten in der Erde diejenigen Stellen der Blechoberfläche entfernt hat, die besonders stark versprödende Verunreinigungen wie z.B. Sulfide enthielten.

11.5 Korrosionsprobleme bei der Beseitigung von Atommüll

In Zukunft werden wir bei der Entsorgung verbrauchter Kernbrennstäbe einem wachsenden, noch ungelösten Korrosionsproblem gegenüberstehen. Am besten wäre die sichere Wiederaufbereitung der verbrauchten Kernbrennstäbe, wobei diesen Plutonium und andere Transurane zur Wiederverwendung entzogen würden und nur die Spaltprodukte mit Halbwertszeiten von etwa 500 Jahren in Deponien gelagert werden müßten. Dabei wäre die Einlagerung der Spaltprodukte in unlösliche synthetische Gesteine oder einfach deren Verschluß in Edelstahlzylindern und Deponierung in trockenen Gebirgskavernen oberhalb des Grundwasserspiegels für den notwendigen Zeitraum möglich.

11.6 Vergleich zwischen Korrosion im Boden, in Luft und in Wasser

Aus dem bisher Gesagten folgt, daß die Korrosionsbedingungen im Boden zwischen zwei Extremen variieren, die einerseits mit den atmosphärischen Bedingungen und andererseits mit den Bedingungen beim Eintauchen in Wasser vergleichbar sind. Deshalb ist es verständlich, daß die Bodenkorrosion Eigenschaften mit der atmosphärischen Korrosion und der Korrosion in wäßrigen Lösungen gemeinsam hat. Die Bedingungen sind jedoch wegen der starken Unterschiede in der chemischen Zusammensetzung und der Struktur verschiedener Bodenarten sehr komplex. Dies gilt nicht nur regional, sondern auch lokal, so daß jede größere Metallkonstruktion in der Erde mit Böden unterschiedlicher Aggressivität in Berührung ist. Insgesamt ist der Boden wahrscheinlich das komplizierteste Korrosionsmedium, dem man normalerweise begegnet.

Die metallische Korrosion im Boden, insbesondere in feuchten Böden, gleicht der Korrosion an vollständig in Wasser eingetauchten Metallen insofern, als die Korrosionsrate der gleichmäßigen Korrosion meist durch die Sauerstoffdiffusion bestimmt wird und deshalb praktisch unabhängig von kleineren Schwankungen der chemischen Zusammensetzung, des Gefüges und der Wärmebehandlung ist. Dennoch nimmt die Bodenkorrosion oft die Form des lokalisierten Lochfraßes an, der stark von der Art und Verteilung der Schlackeneinschlüsse im Stahl, insbesondere der Sulfideinschlüsse, abhängt. Im Gegensatz dazu stellt sich heraus, daß sich wie bei der atmosphärischen Korrosion ein gewisser Anteil an Phosphor im Stahl günstig auf seine Beständigkeit bezüglich der Bodenkorrosion, besonders in den oberen Erdschichten, auswirkt.

Andererseits ähnelt die Bodenkorrosion der atmosphärischen Korrosion in bezug auf die von der Umgebung, d.h. von der Bodenart bzw. von der örtlichen Atmosphäre, abhängigen Korrosionsrate. Ein Metall oder eine Legierung kann sich deshalb in verschiedenen Böden oder geologischen Schichten sehr unterschiedlich verhalten; dies ist von Unterschieden in der Zusammensetzung, der Leitfähigkeit, dem Säuregehalt, dem Bakterienanteil usw. abhängig.

Tabelle 11.4. Mittlerer Materialverlust und maximale Lochtiefe verschiedener Stähle für stark korrosive Böden ($\rho = 10 \ldots 10^3\ \Omega\,cm$) oberhalb des Grundwasserspiegels

Werkstoff	Mittlerer Materialverlust in µm/Jahr	Maximale Lochtiefe in µm/Jahr
unlegierter Stahl	200	400
legierter Stahl mit		
5 % Cr	165	300
18 % Cr	30	400
18 % Cr 8 % Ni	0	50
17 % Cr 12 % Ni 2,5 % Mo	0	<10

12 Korrosionsschutz durch metallurgische sowie durch konstruktive Maßnahmen

12.1 Veränderung der Zusammensetzung oder des Gefüges, der inneren Spannungen oder der Oberflächenbeschaffenheit des Metalls

Der Korrosionswiderstand metallischer Werkstoffe läßt sich häufig durch Änderung der Zusammensetzung (entweder Hinzufügung von Legierungszusätzen oder Reinheitssteigerung durch Raffination), durch Gefügeänderungen (mit Hilfe von Wärmebehandlungen) oder durch Änderung der Spannungszustände (mittels Wärmebehandlung oder Kaltverformung) und schließlich durch Änderung des Oberflächenzustandes (d.h. durch Polieren oder Beizen) erheblich verbessern.

Für eine Steigerung der Korrosionsbeständigkeit empfehlen sich folgende Gruppen von Legierungszusätzen:

— passivierende Zusätze, z.B. Chrom (mindestens 11 %), Nickel und Molybdän in rostfreien und säurebeständigen Stählen;

— Zusätze, die die Passivierung erleichtern, z.B. Kupfer, Silber, Palladium oder Platin in säurebeständigen Stählen; Palladium und Platin in Titan; Platin und Silber in Zirkonium; Nickel in Aluminium; vgl. galvanischen anodischen Schutz weiter unten;

— neutralisierende Zusätze, z.B. Titan, Niob und Tantal als Stabilisatoren (Karbidbildner) in austenitischen rostfreien Stählen; Cer, Titan und Kupfer zur Neutralisierung von Schwefel in Stählen; Magnesium und Mangan zur Neutralisierung von Eisen und Silicium in Aluminium;

— oxidbildende Zusätze, z.B. Chrom, Aluminium und Silicium in hitzebeständigen Stählen; Aluminium, Beryllium und Magnesium in Kupfer zur Verbesserung der Oxidationsbeständigkeit;

— inhibierende Zusätze, z.B. Arsen oder Antimon in Messing, um einer Entzinkung entgegenzuwirken.

Raffinationsprozesse, die zu einem verbesserten Korrosionswiderstand führen, beinhalten z.B. das Herabsetzen des Schwefelgehaltes bei verschiedenen Stählen, des Kohlenstoffgehaltes bei rostfreien Stählen sowie der Eisen-, Silicium- und Kupfergehalte bei Aluminium usw.

Gefügeverändernde Wärmebehandlungen zur Erhöhung des Korrosionswiderstandes bestehen üblicherweise aus einer Anlaßbehandlung, durch die die Auflösung sekundärer Phasen (intermetallischer Verbindungen oder Karbide) angestrebt wird, und einer anschließenden raschen Abkühlung (Abschrecken).

Innere Zugspannungen, die die SpRK und den wasserstoffinduzierten Bruch fördern, können durch Spannungsfreiglühen beseitigt werden. Die Anlaßbedingungen (Temperatur, Zeit) müssen so gewählt sein, daß man einen ausreichenden Spannungsabbau ohne zu großen Festigkeitsverlust erhält.

Andererseits begünstigen Druckspannungen in der Oberflächenschicht die Widerstandsfähigkeit des Werkstoffs gegen Spannungsrißkorrosion und Korrosionsermüdung. Durch verschiedene Verfahren lassen sich Druckspannungen einbringen oder zumindest die Zugspannungen reduzieren, so z.B. durch Kugelstrahlen oder durch ein spezielles Wickelverfahren, bei dem Drähte maschinell auf Haspeln zu Ringen gewickelt werden.

Zur Erhöhung der Korrosionsbeständigkeit passivierender Metalle (rostfreie Stähle und die Metalle der Platingruppe) ist das Polieren äußerst wichtig. Das Beizen ist ein wirksames Mittel, um die Korrosionsbeständigkeit von unlegierten Stählen und rostfreien Stählen zu verbessern, da man damit sulfidische Schlakkeneinschlüsse von der Oberfläche entfernt.

12.2 Korrosionsschutzgerechte Gestaltung

12.2.1 Korrosionsschutz beginnt mit der Gestaltung

Die Hauptaufgabe des Konstrukteurs ist es, der Konstruktion eine geeignete Form in bezug auf Funktion, Herstellung und mechanische Festigkeit zu verleihen. Da jedoch viele Konstruktionen korrosiven Einflüssen ausgesetzt sind, müssen Schutzmaßnahmen vorgesehen werden. Im Hinblick auf die Folgekosten, sollte der Konstrukteur stets den Aspekt des Korrosionsschutzes berücksichtigen.

Die wirtschaftlichsten Konstruktionen sind offensichtlich jene, die während ihrer Lebensdauer die geringsten jährlichen Kosten verursachen. Die Instandhaltungskosten, insbesondere die Kosten für neue Anstriche, fallen bei den Gesamtkosten stark ins Gewicht. Deswegen ist auf keinen Fall gesichert, daß eine Konstruktion, die in der Herstellung die billigste ist, auch langfristig die wirtschaftlichste ist. Oftmals ist es wirtschaftlich gesehen vernünftiger, eine Alternative zu wählen, die in der Herstellung zwar teurer, in der Instandhaltung aber billiger ist.

Der gesamte Korrosionsschutz sollte deshalb im Konstruktionsstadium beginnen. Es ist nämlich unmöglich, eine Stahlkonstruktion wirksam durch einen Anstrich oder eine andere Oberflächenbehandlung zu schützen, wenn sie hinsichtlich der Korrosion eine unzulängliche Gestaltung aufweist. Eine wirksame und billige Methode zur Vermeidung von Korrosion ist oftmals, die Konstruktion so anzulegen, daß sie keine Korrosionsangriffe begünstigt. Deshalb sollten folgende Schritte bei der Gestaltung beachtet werden:

- Festlegung der grundlegenden Voraussetzungen,
- Wahl des Konstruktionswerkstoffs und einer geeigneten Oberflächenbehandlung oder eines anderen Korrosionsschutzes,
- sorgfältige Ausführung der Konstruktionsarbeit.

12.2.2 Festlegung der grundlegenden Voraussetzungen

Faktoren wie die berechnete Lebensdauer der Konstruktion, die mechanischen Spannungen, denen sie unterliegen wird, die leichte Zugänglichkeit für Instandhaltung und Reparatur usw. beeinflussen in hohem Maße sowohl die Werkstoffauswahl, die Oberflächenbehandlung und/oder andere Korrosionsschutzmethoden als auch die geeignete Gestaltung. Folgende Fragen geben eine Vorstellung von entscheidenden Gesichtspunkten in diesem Zusammenhang:

- Wo wird die Konstruktion eingesetzt?
- Welche Lebensdauer ist erforderlich?
- Ist die Konstruktion für die Instandhaltung zugänglich?
- Kann Unterbrechung oder Stillstand toleriert werden?
- Wie korrosiv ist die Umgebung?
- Welche Korrosionsart ist zu erwarten?
- Besteht die Gefahr der Korrosionsermüdung oder der Spannungsrißkorrosion?
- Herrschen extreme Bedingungen wie hohe Temperatur, hoher Druck, hohe Strömungsgeschwindigkeit usw.?

Für Konstruktionen, die der Atmosphäre ausgesetzt sind, gibt der geographische Standort Anhaltspunkte darüber, wie ernst das Korrosionsproblem genommen werden muß. Wichtig ist dabei, ob das Klima ländlich, maritim oder städtisch ist. Die größten Korrosionsprobleme sind in der Nähe von chemischer Industrie und Hüttenwerken zu erwarten. Die Korrosivität der Umgebung erfordert jedoch gründlichere Untersuchungen; häufig muß auch Kondenswasser berücksichtigt werden. Die Korrosivität der Umgebung kann durch den Säure- oder Salzgehalt von Flüssigkeiten, z.B. wiederaufbereitetes Kühlwasser oder durch den Anteil an Staub und hochkorrosiven Gasen, wie SO_2, SO_3, Cl_2 und HCl in der Atmosphäre, stark ansteigen. Auch kleinere Mengen verschiedener korrosiver Flüssigkeiten führen auf einer Konstruktion häufig zu vergrößerten Korrosionsproblemen. Schmieröle, Benzin und andere Erdölprodukte verursachen selten direkt Korrosion, beschädigen aber oft herkömmliche Anstriche und Lacke und können insofern indirekt Korrosion verursachen. Halogenhaltige organische Flüssigkeiten, z.B. chlorierte Kohlenwasserstoffe, lösen jedoch eine starke Korrosion auf Leichtmetallen und ihren Legierungen aus.

12.2.3 Wahl der Oberflächenbehandlung oder anderer Korrosionsschutzmaßnahmen

Die meisten Konstruktionen erfordern eine gewisse Oberflächenbehandlung sowohl aus ästethischen Gründen als auch aus Gründen des Korrosionsschutzes. Der Konstrukteur sollte zumindest die Grundzüge dieser Oberflächenbehandlungen kennen. Das bedeutet, daß er die Antwort auf folgende Fragen wissen sollte:

- Wird die Konstruktion gestrichen, asphaltiert, mit Gummi, Kunststoff oder Metall überzogen?
- Ist die Konstruktion für die Instandhaltung zugänglich und ist sie dies auch mit der gewählten Oberflächenbehandlung?
- Welche Lebensdauer wird für den Oberflächenschutz angenommen?
- Bestehen irgendwelche Einschränkungen bezüglich der Vorbehandlung, der Art der Auftragung und der Trocknungszeit des Überzugs?
- Sind besondere Toleranzen oder Maße einzuhalten?
- Sind kathodischer Schutz oder Inhibitoren eine Alternative zu einem Schutzüberzug?

12.2.4 Konstruktionsprinzipien unter Berücksichtigung der Korrosion

Die Bilder dieses Abschnitts geben zahlreiche Beispiele für die Konstruktion von Maschinen und Anlagen. Einige der wichtigsten Grundregeln sind im folgenden zusammengestellt:

Vereinfachung der Formen

Je einfacher (runder) die gewählte Form für eine Konstruktion ist, um so größer ist die Möglichkeit für einen guten Korrosionsschutz. Je mehr Winkel, Ecken, Kanten und innere Oberflächen eine Konstruktion aufweist, um so schwieriger wird die praktische Verwirklichung der Oberflächenbehandlung. Außerdem hat eine komplizierte Konstruktion eine größere dem korrosiven Medium ausgesetzte Oberfläche. Rohrförmige Profile sind besonders leicht zu streichen und instandzuhalten und besitzen normalerweise eine minimale Oberfläche, weshalb sie eine gute Alternative zu den häufiger vorkommenden L-, T- und U-Profilen und insbesondere zu Kastenprofilen darstellen, die meist sehr schwierig durch Streichen und andere Oberflächenbehandlungen zu warten sind.

Vermeidung von Restfeuchtigkeit

In der Regel findet ohne Anwesenheit von Feuchtigkeit keine Korrosion statt. Eine der Hauptaufgaben des Konstrukteurs ist es deshalb sicherzustellen, daß die Konstruktion so gut wie möglich vor Feuchtigkeit geschützt ist. Profile sollten so zusammengefügt werden, daß es zu keinen Feuchtigkeitsansammlungen kommen kann und daß die Konstruktion richtig gestrichen und gewartet werden kann (Bild 12.1). Behälter sollten so konstruiert sein, daß sie vollständig geleert und gereinigt werden können (Bild 12.2) und daß sich unter ihnen keine Feuchtigkeit sammelt (Bilder 12.3, 12.4). Stahlträger sollten immer in Betonfundamente eingebettet werden (Bild 12.5).

Kondensierte Feuchtigkeit, die sich an der Kontaktfläche zwischen einem warmen Gas und einer kalten Metalloberfläche bildet, stellt häufig ein großes Problem dar. Dies ist hauptsächlich darauf zurückzuführen, daß die kondensierte Feuchtigkeit im allgemeinen nicht reines Wasser, sondern eine relativ aggressive Lösung ist, die wesentlich früher kondensiert (einen höheren Taupunkt hat). Bekannte Beispiele sind Schwefelsäure und schweflige Säure, die aus Verbrennungs- oder Abgasen von Hüttenwerken kondensieren. Korrosionsprobleme durch kondensierte Feuchtigkeit lassen sich meist zufriedenstellend im Entwurfs- oder Konstruktionsstadium lösen. Gebräuchliche Maßnahmen sind doppelwandige Gasschächte oder Schornsteine. Oft erweist sich jedoch die Wahl einer Arbeitstemperatur, bei der keine Kondensation eintritt, als die beste und wirtschaftlichste Lösung. Im Zusammenhang mit der Kondensation sollte ferner berücksichtigt werden, daß viele Isolationsmaterialien für Heizungen lösliche Salze, i.a.

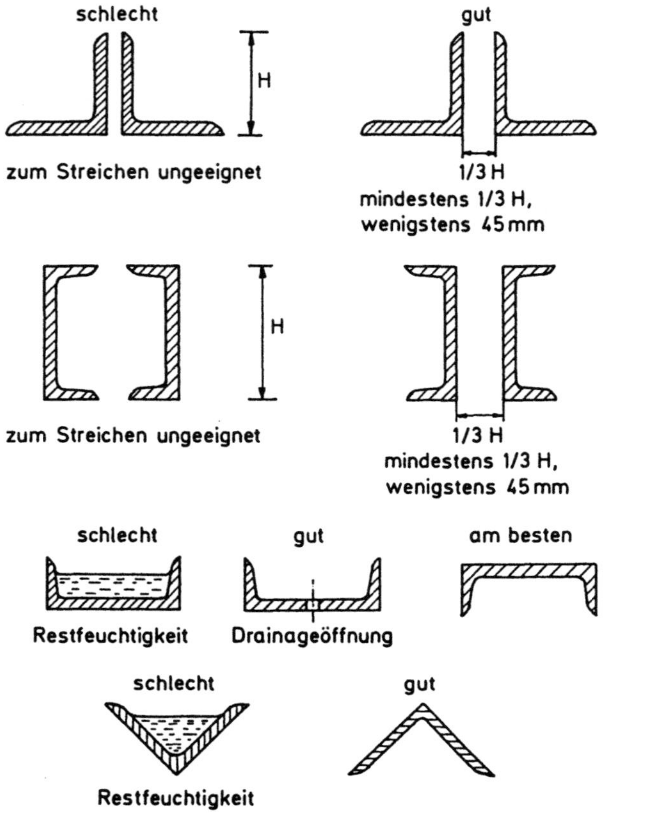

Bild 12.1. Gute und schlechte Anordnung von Profilen.

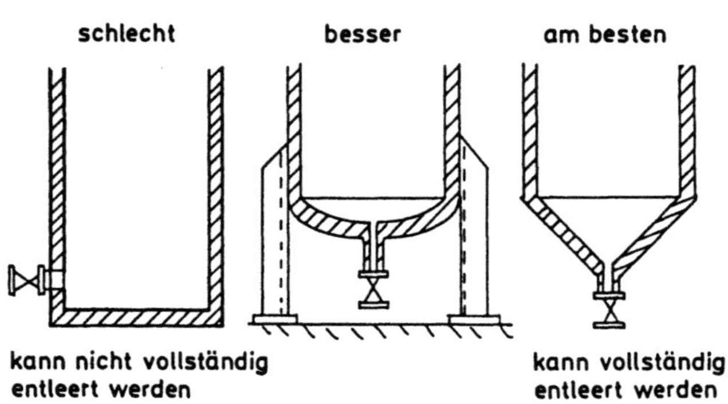

Bild 12.2. Vorratsbehälter sollten so konstruiert sein, daß sie vollständig geleert und leicht gereinigt werden können.

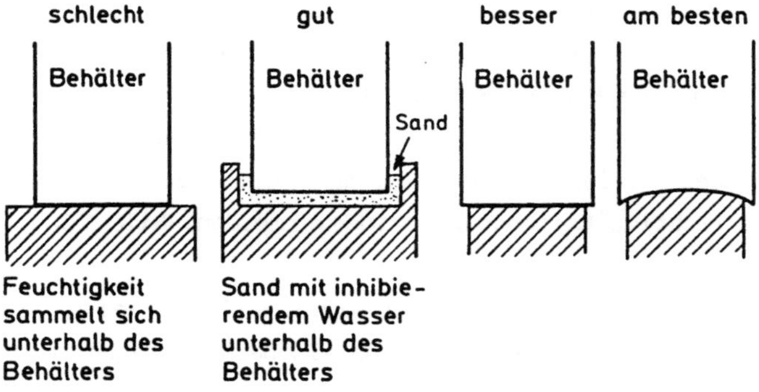

Bild 12.3. Konstruktion von Betonfundamenten für Behälter.

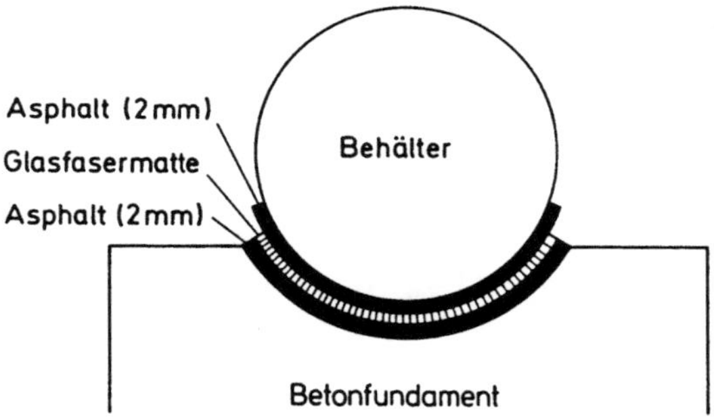

Bild 12.4. Geeignete Konstruktion eines Betonfundaments für einen zylindrischen Behälter.

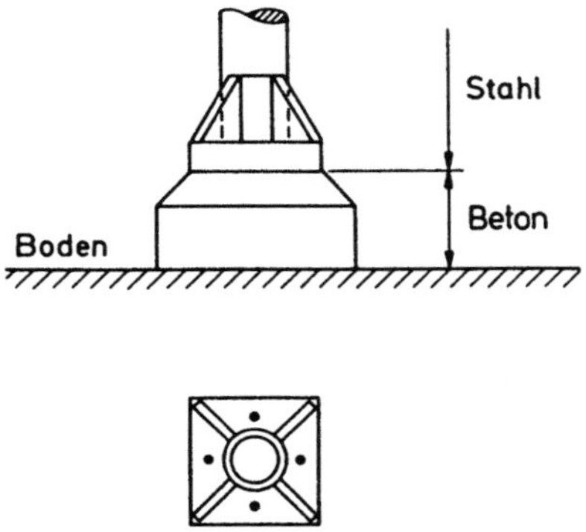

Bild 12.5. Geeignete Konstruktion eines Stützpfeilers. Die Bodenplatte sollte immer auf einem Betonfundament oberhalb des Bodens liegen.

Chloride und Sulfate, enthalten. Diese Salze werden durch kondensierte Feuchtigkeit gelöst und können dann an der Wand des isolierten Teiles angereichert werden, was zu erstaunlich schnellen Korrosionsangriffen, auch bei hochlegierten Stählen, führen kann. Es sollten deshalb Vorkehrungen zur Drainage kondensierter Feuchtigkeit getroffen werden (Bild 12.6); manchmal läßt sich die Kondensation auch durch eine richtige Heizungsisolation vermeiden (Bild 12.7).

Profilträger, die umgekehrt eingebaut sind (s. Bild 12.8) und teilweise geschlossene Räume bilden (Bild 12.9), sollten mit Drainagelöchern versehen sein. Da zur Vermeidung von Restfeuchtigkeit die Belüftung meist ebenso wichtig ist wie die Drainage, sollte in geschlossenen Konstruktionen jede Drainageöffnung so angeordnet sein, daß die Konstruktion genügend belüftet wird. Drainage- und Belüftungsöffnungen müssen daher so groß sein, daß sie nicht durch Schmutz verstopfen und durch Wasseransammlungen den entgegengesetzten Effekt herbeiführen. Auch für das Sprühen von Rostschutzmitteln, z.B. in Kraftfahrzeugen, sind Belüftungsöffnungen nützlich.

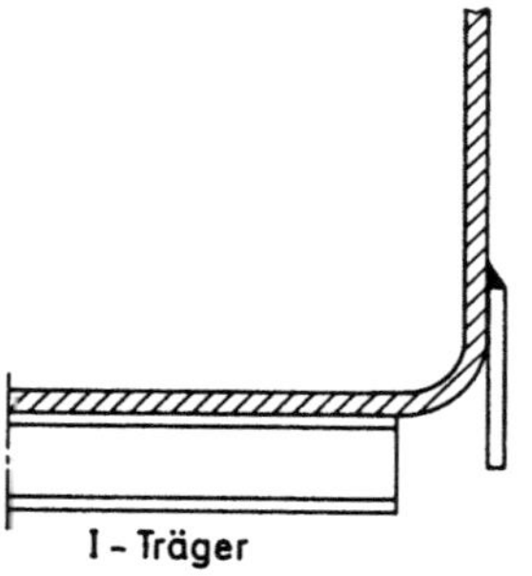

Bild 12.6. Drainage von kondensierter Flüssigkeit.

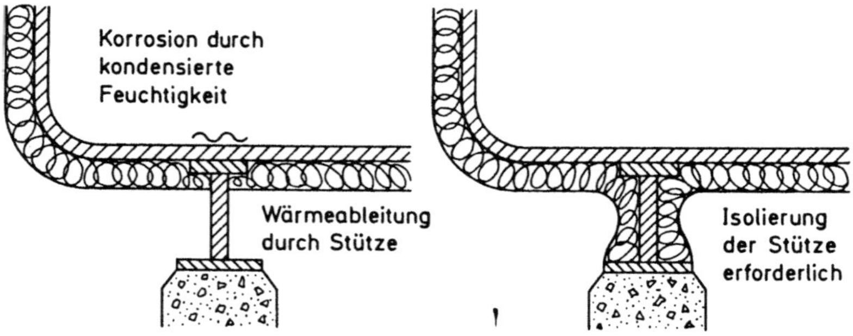

Bild 12.7. Wärmeisolation eines Reaktionsgefäßes oder Rohres für feuchte Gase.

Bild 12.8. Leicht geneigtes Profil mit Versteifungsblechen, an denen sich Wasser und Schmutz gesammelt haben und zum Rosten führen. Drainageöffnungen hätten vorgesehen werden müssen.

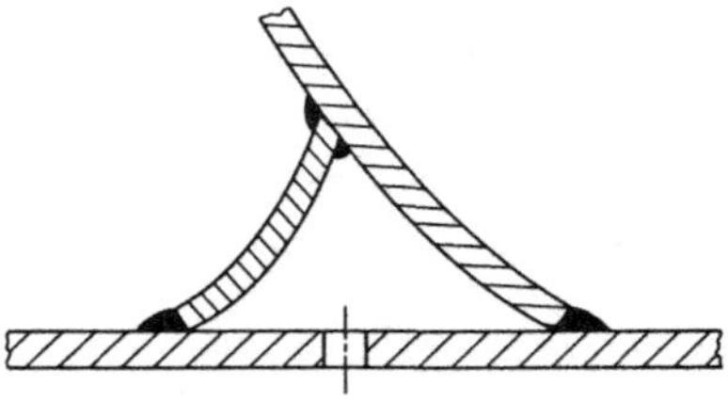

Bild 12.9. Hohlräume sollten mit Öffnungen versehen werden.

Enge Spalten sollten bei Konstruktionen nach Möglichkeit vermieden werden (s. Bild 12.10). Ist dies nicht möglich, sollten sie entweder mit Rostschutzmitteln (Bleimennige, Zinkchromat; vgl. Bild 12.11) abgedichtet oder nahtgeschweißt werden.

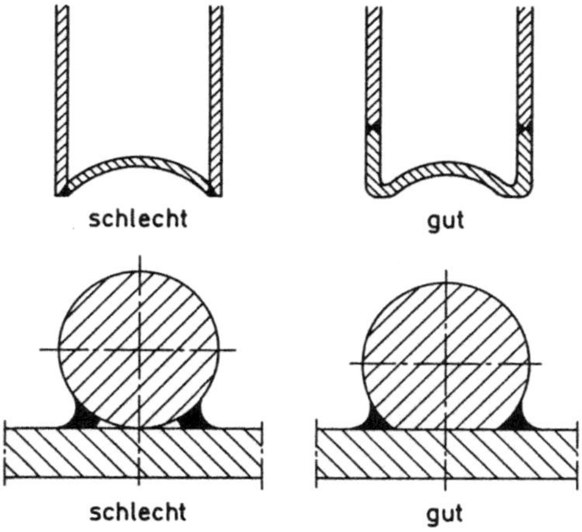

Bild 12.10. Man vermeide Ecken und enge Spalten, in denen sich Schmutz ansammelt und die schwierig durch Überzüge zu schützen sind.

Bild 12.11. Atmosphärische Korrosion eines Flößgrabens in Nordschweden. Die Spalten hätten vor dem Schutzanstrich mit einem Rohrschutzmittel versiegelt werden sollen.

Risiken der galvanischen Korrosion

Galvanische Korrosionsvorgänge an Metallkombinationen treten insbesondere auf, wenn

— die Metalle eine ausreichende Potentialdifferenz aufweisen,
— die Metalle direkt miteinander verbunden sind,
— beide Metalle mit demselben Elektrolyten in Verbindung stehen,
— die Lösung gelösten Sauerstoff (oder Säure) für die Aufrechterhaltung des kathodischen Prozesses enthält.

Der Konstrukteur muß sicherstellen, daß wenigstens eine dieser Bedingungen nicht erfüllt ist. Nach Möglichkeit sollte jedoch die Verbindung unterschiedlicher Metalle bzw. Legierungen vermieden werden. Dies gilt insbesondere dann, wenn die betreffenden Werkstoffe in der galvanischen Reihe der Elektrodenpotentiale weit voneinander entfernt stehen. Normalerweise ist mit galvanischer Korrosion zu rechnen, sobald die Potentialdifferenz über 50 mV liegt.

Zur Vermeidung galvanischer Korrosion wird häufig zwischen die beiden Metalle ein elektrischer Isolator eingebracht (Bild 12.12). Dem Konstrukteur stehen zu diesem Zweck zahlreiche organische Werkstoffe zur Verfügung. Fast alle können

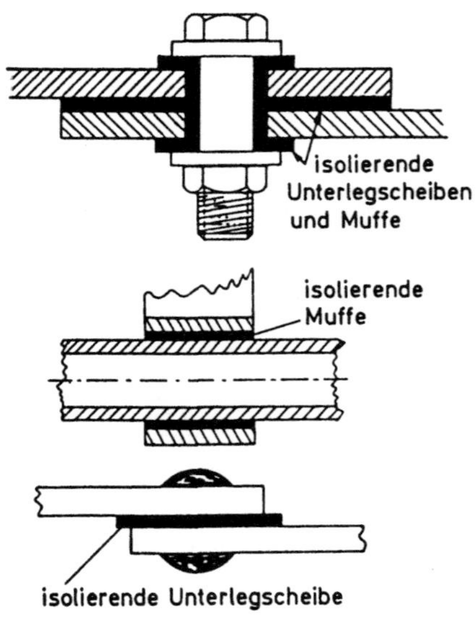

Bild 12.12. Unterschiedliche Werkstoffe sollten durch elektrisch isolierende Materialien voneinander getrennt werden, um galvanische Korrosion zu vermeiden.

jedoch leicht durch hohe Anpreßdrücke beschädigt werden und sind deshalb nicht ganz zuverlässig. Vor allem dürfen die isolierenden Materialien nicht porös sein, da sie sonst Feuchtigkeit absorbieren und Spaltkorrosion verursachen könnten. Gute Verbindungen zwischen verschiedenen Metallen ergeben sich teilweise durch Klebstoffe. Anorganische Werkstoffe finden ebenfalls Verwendung, sie sind jedoch meist zu spröde. Eine gute Lösung bietet in einigen Fällen die Verwendung eines Zwischenstückes, welches ein mittleres Potential aufweist (Bild 12.13). Beispiele für den letzteren Fall sind Zink- oder Aluminiumunterlegscheiben zwischen Stahlbolzen und Leichtmetallen, Bleiverbindungen zwischen Kupferrinnen und Rinnen aus verzinktem Stahl sowie Messingmuffen zwischen Stahl- und Kupferrohren.

Um den direkten Kontakt zwischen metallischen Werkstoffen und einer umgebenden Lösung zu vermeiden, wird ein zuverlässiger Korrosionsschutzanstrich gewählt, der die galvanische Korrosion auf ein annehmbares Maß reduziert. Es ist äußerst wichtig, auch den edleren Teil des galvanischen Paares zu streichen. Wird nur das unedlere Metall mit einem Anstrich versehen, kann es zu Lochfraß in den Poren des Überzugs kommen.

Ist kein gelöster atmosphärischer Sauerstoff vorhanden, wird auch in Anwesenheit galvanischer Zellen nur sehr geringe galvanische Korrosion auftreten, weil letztere nicht ohne eine Substanz abläuft, welche den kathodischen Prozeß aufrechterhalten kann. In geschlossenen Wasserkreisläufen ohne Kontakt zur Atmosphäre können sogar Metalle, die in der galvanischen Reihe weit voneinander entfernt stehen (z.B. unlegierter Stahl und Kupfer), risikofrei miteinander

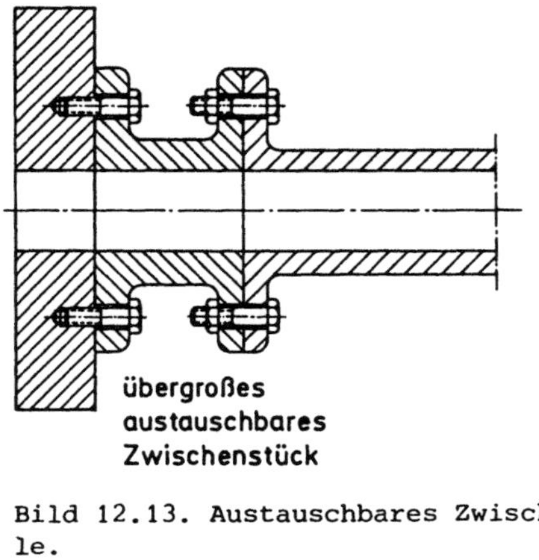

Bild 12.13. Austauschbares Zwischenstück für das Verbinden verschiedener Metalle.

verbunden werden. In Anwesenheit von Sauerstoff sollten unterschiedliche Metalle in den Konstruktionen vorzugsweise weit voneinander entfernt eingesetzt werden, um den elektrolytischen Widerstand der galvanischen Zelle zu erhöhen.

Vorsicht beim Fügen und Verbinden

Aus der Sicht der Korrosion sind beim Verbinden verschiedener Werkstoffe folgende Aspekte besonders gefährlich:

- die Bildung von Spalten, Taschen und Hohlräumen,
- das Entstehen heterogener Mikrogefüge (beim Schweißen und Löten),
- das Auftreten galvanischer Effekte.

Allgemein gilt für Verbindungen, daß die gefährliche Kombination aus kleiner Anode und großer Kathode vermieden werden muß und stattdessen die umgekehrte Kombination angestrebt werden sollte, um die Verbindung kathodisch zu schützen. Nieten, Bolzen, Schrauben, Schweißnähte und Lötverbindungen sollten deshalb edler sein als die zu verbindenden Teile der Konstruktion (Bild 12.14).

Das am weitesten verbreitete industrielle Verfahren zur Verbindung von Metallen ist das Schweißen. Aus der Sicht der Korrosion ist das Stumpfschweißen dem Nahtschweißen vorzuziehen, da letzteres häufig überflüssige Spalten, Taschen und Hohlräume erzeugt. Die meisten Schweißverfahren für Baustähle und niedriglegierte Stähle geben keinen Anlaß zur Korrosion, sofern die Schweißverbindung sorgfältig ausgeführt und der richtige Zusatzwerkstoff gewählt wurde. Dagegen erfordern Leichtmetalle, hochlegierte Stähle und seltene Metalle und Legierungen vielfach spezielle Schweißverfahren.

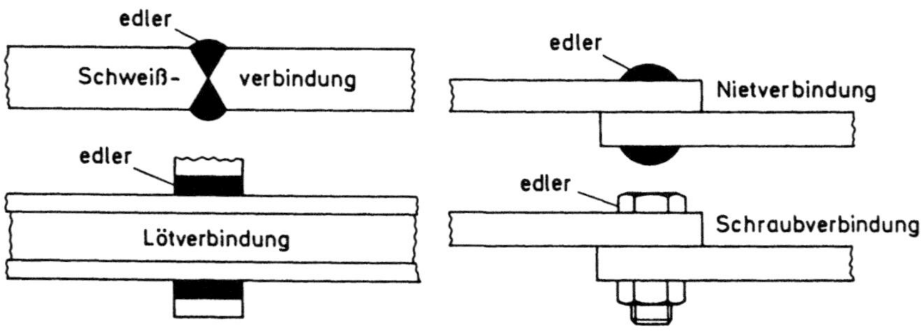

Bild 12.14. Der verbindende Werkstoff sollte immer edler sein als die zu verbindenden Teile.

Für Schmelzschweißverfahren verwendet man Zusatzwerkstoffe, deren Zusammensetzung von der des Grundmetalls meist etwas abweicht, da der Zusatzwerkstoff für eine relativ große Gruppe ähnlicher Stähle einsetzbar sein muß. Dies hat zur Folge, daß eine nicht immer zu vernachlässigende Potentialdifferenz zwischen dem Schweißmetall und dem Grundwerkstoff zu erwarten ist. Auch das üblicherweise sehr rasche Abkühlen der Schweißverbindungen kann infolge der dadurch auftretenden Unterschiede in der Wärmebehandlung des Schweiß- und Grundmetalls derartige Potentialdifferenzen erzeugen.

Durch die Wahl eines Zusatzwerkstoffes, der etwas edler ist als der Grundwerkstoff (eine Wahl, die oft wegen anderer Aspekte der Schweißtechnik getroffen wird), erhält man die günstige Kombination aus kleiner Kathode und großer Anode. Auf diese Weise können viele Korrosionsprobleme, insbesondere in Elektrolyten hoher Leitfähigkeit, gelöst werden. Trotzdem läßt sich vereinzelt ein bevorzugter Korrosionsangriff an der Wärmeeinflußzone beobachten. Das gilt besonders für Stähle, die aktive Sulfideinschlüsse entsprechend Kap. 3 enthalten. Diese Art des Korrosionsangriffs sollte nicht mit den häufigeren Fällen der intergranularen Korrosion und Lochfraßkorrosion verwechselt werden, die infolge von Karbidausscheidung und Chromverarmung entlang der Korngrenze in den Randschichten der Wärmeeinflußzone von Schweißnähten rostfreier Chrom- oder Chrom-Nickel-Stähle (s. Kap. 8) auftreten. Beim Schweißen von Edelstählen sollte kein Acetylengas verwendet werden, da es zu intergranularer Korrosion infolge von Aufkohlung und Karbidausscheidung kommen kann. Schweißspannungen führen immer zu einer mehr oder weniger starken Beeinflussung der Korrosionseigenschaften (Bild 12.15).

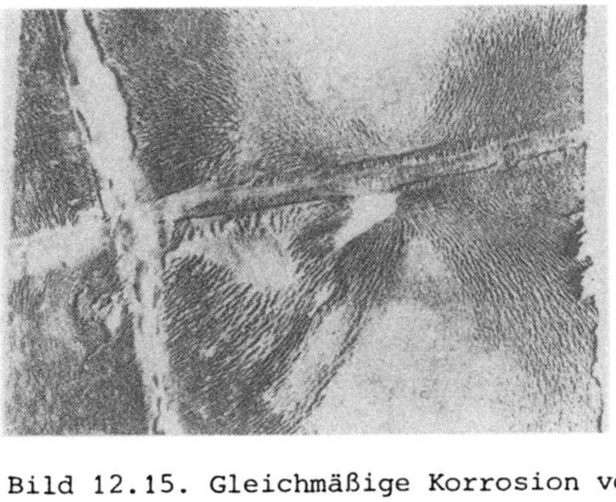

Bild 12.15. Gleichmäßige Korrosion von säurebeständigem Chrom-Nickel-Molybdän-Stahl (18 % Chrom, 11 % Nickel, 2,5 % Molybdän) in einer H_2SO_4- und SO_2-haltigen Lösung bei 40 °C. Die Struktur (Maserung) ist auf Schweißspannungen zurückzuführen, die den Korrosionsangriff örtlich erhöht haben.

Stumpfnähte sind weniger korrosionsanfällig als Kehlnähte oder Schweißverbindungen, die den Nietungen früherer Zeiten nachempfunden sind (Bild 12.16). Durchgehende Schweißnähte sind dem Punktschweißen sowohl aus mechanischen Gründen als auch in bezug auf die Korrosionsanfälligkeit vorzuziehen (Bild 12.17).

Schweißnähte sollten immer eben und so ausgeführt sein, daß sie keine Taschen und Spalten aufweisen; außerdem sollten sie von Schlacken und Spritzflecken gereinigt sein. Beim Zusammenschweißen unterschiedlich dicker Bleche sollte sich der überstehende Teil des dickeren Bleches auf der Seite befinden, die einem weniger korrosiven Medium ausgesetzt ist. Dementsprechend sollte auch die kleinere Schweißnahtfläche dem korrosiven Medium zugewandt sein (Bild 12.18).

Beim Löten mit Hart- oder Weichloten ergeben sich in den meisten Fällen beträchtliche Potentialunterschiede zwischen dem Grund- und Zusatzwerkstoff. Es können sich insbesondere beim Hartlöten mit kupferhaltigem Lot intermetallische

Bild 12.16. Gute und schlechte Gestaltung von Schweißnähten.

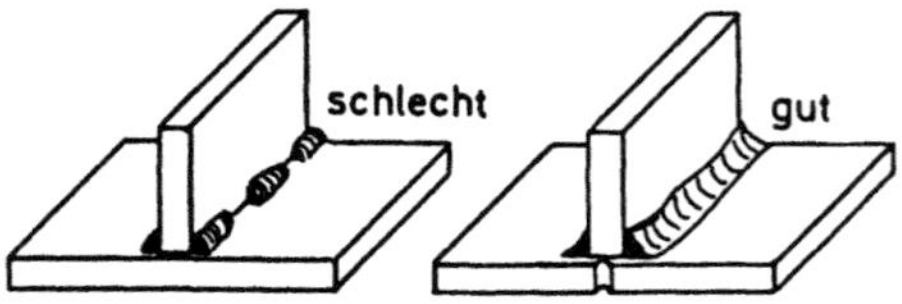

Bild 12.17. Durchgehende Schweißnähte sind den punktweise geschweißten Nähten vorzuziehen.

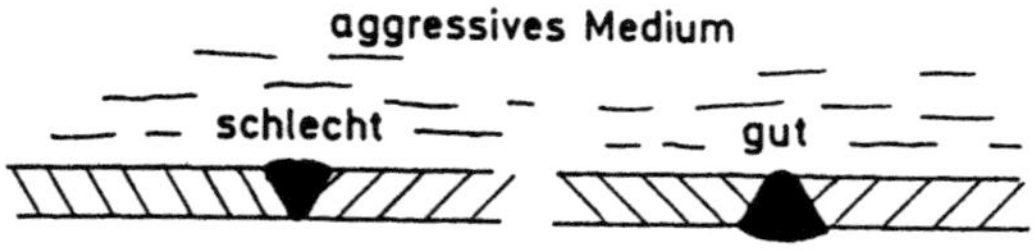

Bild 12.18. Die schmälere Seite der Schweißnaht sollte dem aggressiven Medium zugewandt sein.

Verbindungen ausbilden. Die meisten der beim Löten verwendeten Flußmittel ergeben zusammen mit Feuchtigkeit aggressive Lösungen hoher Leitfähigkeit und können dadurch spätere Korrosionsangriffe, insbesondere auf Leichtmetallen und ihren Legierungen, hervorrufen.

Konstruktiv gesehen stellen Lötverbindungen keine ernsthaften Korrosionsprobleme dar, da Spalten und Taschen normalerweise gut mit Lot ausgefüllt sind, welches in vielen Fällen eine hohe Fluidität und gute Benetzungseigenschaften aufweist. Die Auswirkungen der Wärmebehandlung sind im allgemeinen wegen der niedrigen Schmelzpunkte der Lote und der vernachlässigbaren Aufschmelzung des Grundwerkstoffs weniger stark als beim Schweißen. Lötverbindungen sind fast ausnahmslos nach dem Prinzip ausgelegt, kleine Kathoden- mit großen Anodenflächen zu verbinden, da das Lot üblicherweise edler ist als der Grundwerkstoff.

Geschraubte und genietete Verbindungen geben viele Möglichkeiten zur Bildung enger Spalte und kleiner Winkel. Außerdem korrodieren kaltverformte Oberflächen wie Nieten und Gewinde schneller als warmverformte Metalloberflächen. Verschiedene Metalle lassen sich besser durch Löten mit einem edlen Lot als durch Verschrauben verbinden (Bild 12.19). Bei Konstruktionen, die realtiv häufig zerlegt werden müssen und deshalb geschraubt sind, sollten die Gewinde mit Rostschutzmittel überzogen oder vor der Montage mit Zinkchromat grundiert werden. Schrauben und Muttern aus unlegiertem Stahl werden am besten verzinkt.

Die Kontaktflächen von genieteten Verbindungen sollten vor der Montage vor Korrosion geschützt werden. Das Befestigen von Rohren an einem Behälter sollte mit angeflanschten Stegen und nicht mit Schraubverbindungen erfolgen. Außerdem sollten sich Rohrbefestigungen usw. nicht an verschiedenen Teilen des Behälters befinden. Besser ist es, sie an einer Stelle zu konzentrieren, vorzugsweise an einem Blindflansch, der sich bei Verrosten leicht austauschen läßt. Weiterhin

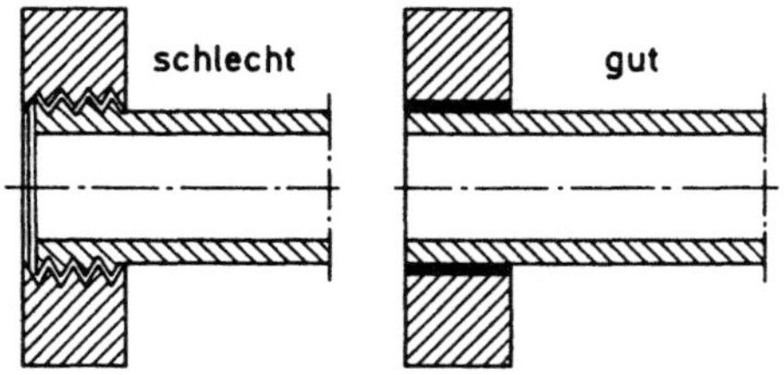

Bild 12.19. Löten ist dem Verschrauben vorzuziehen.

sollte vermieden werden, daß Bolzen an der Innenseite hervortreten, da dies zu lokalisiertem Angriff rund um die Kontaktstelle führen kann (Bild 12.21).

Bild 12.20. Bolzen und Mutter sollten beide verzinkt werden.

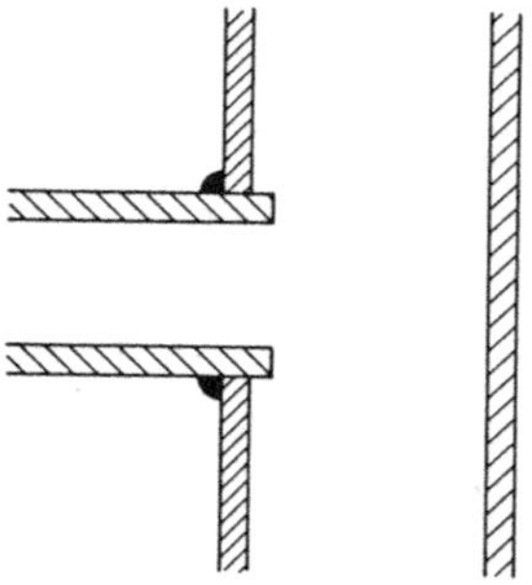

Bild 12.21. Ein Rohrende sollte nicht an der Innenseite hervortreten, da dies zu Belags- oder Erosionskorrosion führen kann.

Das Kleben gewinnt als industrielles Verfahren zur Verbindung von Metallen immer mehr Bedeutung. Klebeverbindungen haben den Vorteil, daß sie elektrisch nichtleitend sind, wodurch galvanische Korrosion ausgeschlossen ist. Dieses Verfahren ist jedoch bei Konstruktionen in stark korrosiver Umgebung nur begrenzt einsetzbar. Die Wahl des Klebstoffes und die Reinigung der Metalloberfläche vor dem Auftragen des Klebers spielen eine wichtige Rolle. Warmabbindende Zwei- oder Mehrkomponentenkleber ergeben normalerweise die besten Verbindungen sowohl in bezug auf die mechanische Festigkeit als auch auf die Korrosionseigenschaften. Das Reinigungsproblem läßt sich meist durch Sandstrahlen oder Beizen lösen.

Dimensionsänderungen infolge von Korrosionsvorgängen

Die Abnahme der Wandstärke infolge von Korrosion kann zu einer überproportionalen Abnahme der Dauerfestigkeit führen. Deshalb sollten Konstruktionen, die hohen dynamischen Spannungen ausgesetzt sind, äußerst sorgfältig gegen Korrosion geschützt werden, so daß sich ihre Abmessungen nicht wesentlich ändern. Bei Konstruktionen, die geringen Spannungen unterliegen, ist eine gewisse Abnahme der Wandstärke erlaubt und wird durch ein stärkeres Ausgangsmaterial kompensiert. Dies gilt vor allem, wenn eine Konstruktion schwer oder gar nicht zugänglich ist, z.B. im Erdboden, und wenn ein aufgetragener Oberflächenschutz keine ausreichende Haltbarkeit aufweist.

Korrosionsprodukte haben meist ein merklich größeres Volumen als das Metall, aus dem sie entstanden sind. Bei Konstruktionen mit genieteten oder geschraubten Verbindungen kann der Korrosionsangriff an der Verbindungsfläche eine derartige Volumenvergrößerung und daraus folgende mechanische Spannung ("Wachstumsdruck") bewirken, daß das Metall zwischen den Nieten oder Schrauben verformt wird bzw. daß letztere sogar auseinanderplatzen. Derartige Konstruktionen erfordern daher besonders sorgfältigen Korrosionsschutz (vgl. Bilder 12.22, 12.23).

Bild 12.22. Glaswand eines Balkons, die durch das Rosten der Stahlprofilrahmen zerstört wurde. Letztere hätten vor dem Streichen verzinkt werden müssen.

Bild 12.23. Sprengende Wirkung von Rost. Ornament aus Kupfer auf einem Rahmen aus Stahlrohren. Durch den entstandenen Rost wurde das Kupfer auseinandergerissen.

13 Korrosionsschutz durch Beeinflussung des korrosiven Mediums

13.1 Entfernung korrosionsfördernder Komponenten aus dem umgebenden Medium

Beispiele hierfür sind:

— Entfernen von Sauerstoff aus Wasser durch Evakuieren, durch Sättigung mit Stickstoff oder durch Zusätze von Sulfit oder Hydrazin;
— Entfernen von Säure aus Wasser durch Neutralisation, z.B. durch Zusatz von Kalk;
— Entfernen von Salzen aus Wasser durch Ionenaustauscher;
— Entfernen von Feuchtigkeit aus der Luft durch Trocknung, z.B. durch Verwendung von Silikagel in Instrumenten, Verpackungen und anderen kleinen geschlossenen Räumen;
— Erniedrigung der relativen Luftfeuchtigkeit der umgebenden Luft durch eine Erhöhung der Temperatur, z.B. 6-7 °C über der Außentemperatur in Lagerräumen;
— Beseitigung fester Teilchen aus dem Wasser oder der Luft durch Filterung, Rauchgasfilterung usw.

Hydrazin wird im allgemeinen zur Entfernung atmosphärischen Sauerstoffs verwendet, der im Kesselwasser gelöst ist. Hydrazin ist elektrochemisch gesehen kein Korrosionsinhibitor, obwohl es in der Praxis häufig als solcher bezeichnet wird. Hydrazin reduziert Sauerstoff entsprechend der Reaktion

$$N_2H_4 + O_2 \rightarrow N_2 + 2H_2O.$$

Es kann jedoch auch oxidierend wirken und wird dabei selbst zu Stickstoff und Ammoniak oxidiert bzw. reduziert

$$3N_2H_4 \rightarrow N_2 + 4NH_3.$$

Letztere Reaktion führt zu einer Alkalisierung des Wassers, die ebenfalls günstig wirkt. Billiger ist es jedoch, die Alkalisierung mit Ammoniak durchzuführen.

Der Einsatz von Hydrazin (normalerweise als 15%ige wäßrige Lösung erhältlich) führt in zirkulierendem Kesselwasser meist zu guten Ergebnissen. Es bildet sich eine dichte und schützende Magnetitschicht aus, welche das Potential des Stahls um ca. 100 mV anhebt. Eine Konzentration von ungefähr 100 mg N_2H_4/l kann als ausreichend angesehen werden.

Trocknung der Luft bietet sich als eine Maßnahme gegen atmosphärische Korrosion von gelagerten Waren in Lagerräumen (Bild 13.1) oder von Maschinenteilen in speziellen Gehäusen (Bilder 13.2, 13.3) an. Dazu wird trockene Luft aus einer Trocknungsanlage den Maschinen usw. zugeführt, die sich z.B. unter einer Pla-

Bild 13.1. Trocknung eines Lagerraumes. Lufttrockner links. Luft wird teilweise umgewälzt.

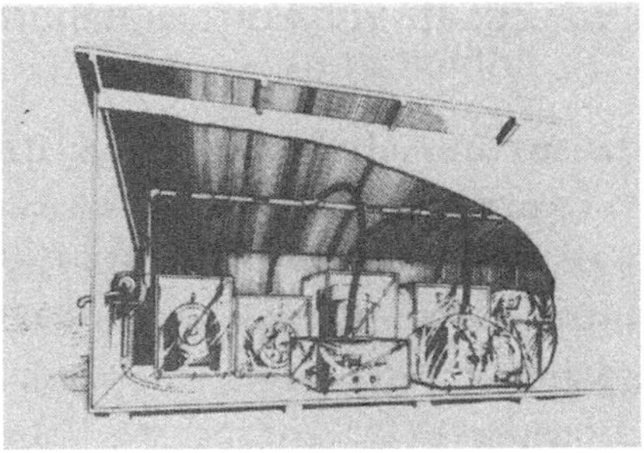

Bild 13.2. Trocknung von Gehäusen, in denen sich gelagerte Gegenstände befinden. Keine Luftumwälzung.

Bild 13.3. Lagerung von militärischen Gegenständen in getrocknetem Kunststoffzelt. Lufttrockner links.

stikfolie befinden. U.a. gibt es Umlauftrockner auf der Basis von Lithiumchlorid auf Asbestunterlage (vgl. Bild 13.4). Eine wichtige Anwendung dieser Methode ist die Lagerung von militärischer Ausrüstung in getrockneter Luft. Weitere Beispiele sind die innere Trocknung von Schiffen und Stahlbrücken.

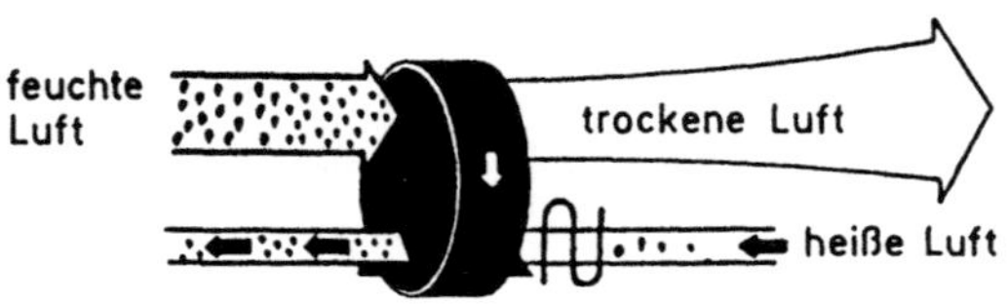

Bild 13.4. Prinzip eines Umlufttrockners. Feuchtigkeit der Frischluft wird durch LiCl, das sich auf Asbestunterlage befindet, absorbiert. Das sich drehende Filter wird durch heiße Luft gereinigt, die in entgegengesetzter Richtung an einer Stelle durchströmt.

13.2 Zusatz von korrosionshemmenden Substanzen (Inhibitoren)

Inhibitoren sind Substanzen, die bei der Korrosion in feuchter Umgebung dem Korrosionsmedium zugefügt werden, um die Korrosionsrate durch Verzögerung des anodischen und/oder kathodischen Vorgangs herabzusetzen. Ein anodischer Inhibitor erhöht die anodische Polarisation und verschiebt dadurch das Korrosionspotential in positiver Richtung, während ein kathodischer Inhibitor das Korrosionspotential entsprechend in negativer Richtung verschiebt. Bei gemischten Inhibitoren ist die Potentialänderung geringer und die Richtung wird durch die relative Größe der anodischen und kathodischen Effekte bestimmt (Bild 13.5).

13.2.1 Anodische Inhibitoren

Anodische Inhibitoren sind im allgemeinen Anionen, die zu den anodischen Oberflächenbereichen wandern und diese in günstigen Fällen, häufig in Verbindung mit gelöstem Sauerstoff, passivieren. Zur Gruppe der anodischen Inhibitoren gehören z.B. Orthophosphat, Silikat, Nitrit, Chromat und Benzoat. Nichtoxidierende Inhibitoren sind nur in Verbindung mit gelöstem Sauerstoff wirksam.

Obwohl die anodischen Inhibitoren sehr effektiv und weit verbreitet sind, haben sie gewöhnlich einen Nachteil: ist der Inhibitorgehalt nicht ausreichend, um die gesamte Oberfläche des als Anode wirkenden Metalls zu bedecken, so entsteht

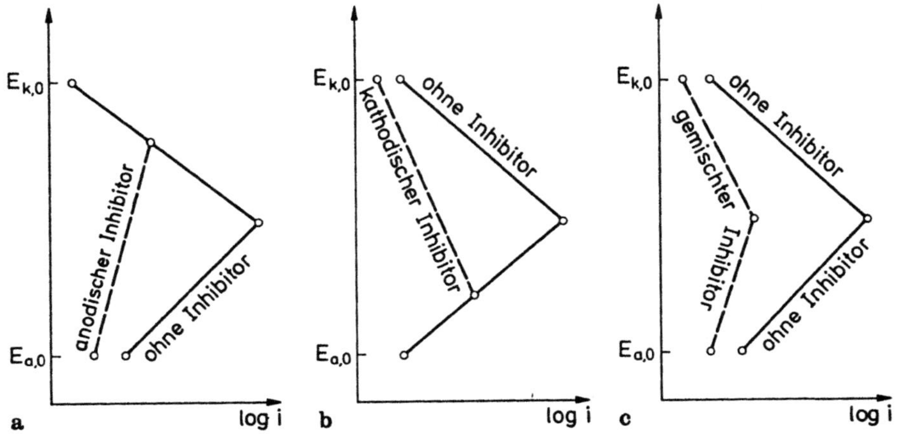

Bild 13.5. Wirkung von Korrosionsinhibitoren. a) Anodische Inhibitoren: Chromat, Nitrit, Molybdat, Wolframat, Orthophosphat, Silikat, Benzoat; b) Kathodische Inhibitoren: $Ca(HCO_3)_2$, $ZnSO_4$, $Cr_2(SO_4)_3$, $NiSO_4$, Polyphosphat, Aminomethylenphosphat (AMP), As^{3+}, Quecksilber (auf Zink), Sb^{3+} (auf Eisen); c) Gemischte Inhibitoren: organische Inhibitoren, die Stickstoff und/oder Schwefel enthalten, z.B. Amine, Triasole, Thiasole; anorganische Inhibitoren, z.B. Arsenit, Arsenat, Selenat.

die gefährliche Kombination aus kleiner Anode und großer Kathode, die zu Lochfraß führen kann. Deshalb werden anodische Inhibitoren häufig als "gefährlich" bezeichnet. Benzoat scheint eine Ausnahme zu bilden, da es in zu geringen Konzentrationen nur zu einer gleichmäßigen Korrosion führt.

Der Zusatz von Orthophosphaten (z.B. Dinatrium-Phosphat) zu Wasser erhöht die Alkalität, fördert aber auch die Bildung schützender Filme, wenn das Wasser genügend Calciumhydrogencarbonat enthält. Diese Schutzfilme bestehen vorwiegend aus Calciumcarbonat und Eisenoxiden und nur zu kleinen Anteilen aus Phosphaten. Daraus erklärt sich, warum Phosphat in weichem Wasser nur in Verbindung mit Kalk wirksam ist.

Natriumsilikate, die etwa der Zusammensetzung von $Na_2O{\cdot}2SiO_2$ entsprechen, werden als Inhibitoren in Wasser eingesetzt. Sie dienen einerseits als Alkalibildner und andererseits als anodische Inhibitoren. Ihre inhibierende Wirkung beruht auf kolloidalen Anionen des Typs $(mSiO_2{\cdot}nSiO_2)^{2n-}$, die sich durch die Hydrolyse in wäßrigen Lösungen bilden und wahrscheinlich elektrophoretisch zur anodischen Oberfläche wandern. Gut schützende Filme entstehen wie bei den Phosphaten nur dann, wenn das Wasser einen gewissen Anteil löslicher Calciumsalze enthält. Eine wichtige Rolle spielen die Silikate für den Schutz von Aluminium in korrosiven Wässern.

Während Orthophosphate und Silikate ihre schützende Wirkung hauptsächlich in Verbindung mit dem Calciumgehalt des harten Wassers ausüben, wirken andere anorganische Inhibitoren vollkommen selbständig und können deshalb auch in sehr weichem Wasser effektiv eingesetzt werden. Als wichtige Beispiele sind die oxidierenden Inhibitoren Nitrit und Chromat zu nennen.

Nitrit erleichtert offenbar die Bildung schützender Filme durch Oxidation der Korrosionsprodukte zu Verbindungen höherer Wertigkeit, da diese im allgemeinen eine geringere Löslichkeit aufweisen. Dabei verschiebt sich das Korrosionspotential in positiver Richtung. Nitrit wird meist mit anderen Inhibitoren wie Benzoat und Phosphat gemischt. Ohne weitere Zusätze findet Nitrit in Bohrmilch (Emulsion von Öl in Wasser) Verwendung, die als Kühlmittel beim Bohren und Fräsen sowie in Spülbädern eingesetzt wird; dadurch wird das Rosten während des Trocknens bzw. Stillstandes vermieden. Inhibitormischungen auf Nitritbasis sind auch weit verbreitet für den Innenschutz von Öltanks, Ölpipelines und Öltanks von Tankschiffen, die immer etwas salz- oder säurehaltiges und damit korrosives Wasser mitführen.

Einige Chromate (wie z.B. Na_2CrO_4 oder K_2CrO_4) sind oxidierende Inhibitoren, deren Wirkung teilweise in einer Oxidation von Korrosionsprodukten zu einer weniger löslichen Form besteht. Außerdem bilden diese Inhibitoren einen Bestandteil des Passivfilms, der sowohl Chromate als auch Cr_2O_3 enthält. Chromate sind sehr wirksame Inhibitoren, die in Wasser vielen Metallen, einschließlich Stahl, Kupfer, Zink und Leichtmetallen, einen guten Schutz gewähren.

Eine inhibierende Wirkung zeigen auch die Anionen vieler organischer Säuren; zu dieser Gruppe gehören z.B. die Oxidationsprodukte von Leinöl. Unter den organischen Säuren hat sich die Benzoesäure in Form von Natriumbenzoat als am besten geeigneter Inhibitor erwiesen. Benzoat ist kein Oxidationsmittel, es wird aufgrund seines Anionencharakters gewöhnlich in die Klasse der anodischen Inhibitoren eingereiht. Trotzdem zählt es nicht zu den gefährlichen Inhibitoren, da eine zu geringe Konzentration keine Nachteile mit sich bringt. Es sind jedoch relativ hohe Konzentrationen dieses Inhibitors notwendig, um einen wirklichen Effekt zu erzielen. Natriumbenzoat wird meist, zusammen mit Natriumnitrit, als Imprägniermittel für Packpapier verwendet, welches als Schutz vor Feuchtigkeit von Maschinenteilen beim Transport dient.

Der Erfahrungswert für die erforderliche Inhibitorkonzentration liegt bei 1 g/l. Bei Natriumbenzoat ist jedoch eine Konzentration von 10-15 g/l notwendig, um eine zufriedenstellende Wirkung zu erzielen (vgl. Bild 13.6).

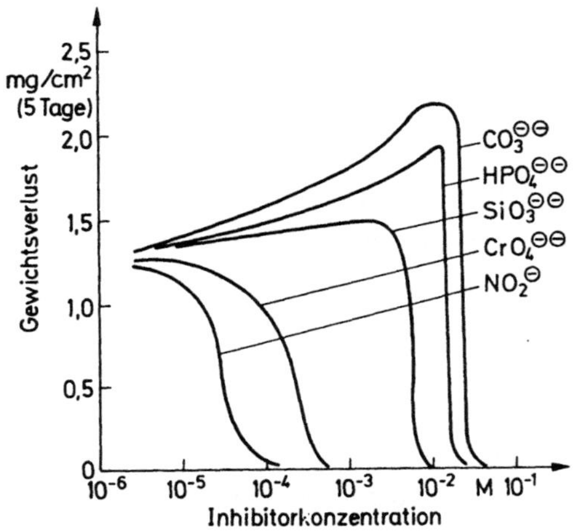

Bild 13.6. Gewichtsverlust von unlegiertem Stahl in Wasser bei RT als Funktion der Zusätze von Natriumsalzen inhibierender Anionen. Von jedem Ion ist eine bestimmte kritische Konzentration für den Korrosionsschutz notwendig. Dieser kritische Wert nimmt durch eine Temperaturerhöhung und durch Chlorid- und Sulfationen zu.

13.2.2 Kathodische Inhibitoren

Kathodische Inhibitoren sind im allgemeinen Kationen, die zu den kathodischen Oberflächenbereichen wandern, an denen sie chemisch oder elektrochemisch abgeschieden werden und dadurch die Oberflächen schützen (isolieren). Ein Beispiel hierfür ist die verzögernde Wirkung von As^{3+} und Sb^{3+} auf die Auflösung von Eisen in Säuren. Es entstehen wahrscheinlich elektrisch nichtleitende Überzüge aus elementarem Arsen oder Antimon, die der Wasserstoffentwicklung entgegenwirken. Weitere Beispiele für diesen Inhibitortyp sind durch den natürlichen Kalkgehalt in hartem Wasser und durch die Zugabe von Zinksulfat gegeben. Diese Substanzen reagieren mit kathodisch entstandenem Alkali unter Bildung schwer löslicher Verbindungen ($CaCO_3$ bzw. $Zn(OH)_2$), welche Schutzfilme darstellen.

Hartes Wasser ist bekanntlich weniger korrosiv als weiches. Als Ursache gelten die erwähnten Ablagerungen, die einen schützenden Film aus $CaCO_3$ und Rost erzeugen. Die Korrosivität von weichem Wasser kann deshalb durch eine vorsichtige Zugabe von Kalk vermindert werden, indem man das Wasser durch ein Filter mit entweder gelöschtem Kalk oder kalziniertem Dolomit laufen läßt. Da der Kalk gelöst in Form von Kationen vorliegt, die zu den alkalischen, kathodischen Oberflächen der Korrosionszellen wandern und dort als Carbonat ausgefällt werden, handelt es sich um einen kathodischen und damit ungefährlichen Inhibitor. Kalk ist besonders als Ergänzung von Phosphat- und Silikatzusätzen geeignet.

Die polyphosphathaltigen gebräuchlichen Zusätze zu Kesselwasser (Handelsnamen: Calgon und Micromet) gehören ebenfalls zu den kathodischen Inhibitoren. Für die Polyphosphate ist die Bildung großer kolloidaler Kationen der Art $(Na_5CaP_6O_{18})_n^{n+}$, besonders in Gegenwart von Calcium, charakteristisch. Diese großen Kationen wandern zur Kathode der Korrosionszelle, wo sie entladen werden und zu relativ dicken Überzügen führen. Für die Wirksamkeit der Phosphate als Inhibitoren sollte das Wasser einen bestimmten Mindestgehalt an Calcium aufweisen; ein Ca/Na-Verhältnis von 1:5 ist angemessen. Häufig werden deshalb zusammengesetzte Natrium-Calcium-Polymetaphosphate verwendet. Wegen ihrer Fähigkeit, Komplexe mit Calcium zu bilden, werden die Polyphosphate als Zusätze für hartes Wasser eingesetzt, um auch die Entstehung dicker Kesselsteinschichten auf wärmeleitenden Oberflächen zu unterbinden.

13.2.3 Organische Inhibitoren mit Doppelwirkung (Adsorptionsinhibitoren)

Organische Korrosionsinhibitoren sind von ähnlichem Typ wie Beizinhibitoren, die beim Beizen von Metallen in Säuren benutzt werden, und wie Kristallwachstumsinhibitoren (Glanzzusätze), die beim Elektroplattieren Verwendung finden. Die meisten organischen Korrosionsinhibitoren enthalten Stickstoff oder Schwefel oder beides. Da sie auf der ganzen Metalloberfläche adsorbiert werden, wirken sie im allgemeinen auf doppelte Weise, d.h. sie verzögern sowohl die anodische als auch die kathodische Reaktion.

Folgende Gruppen aktiver Substanzen dieser Art lassen sich unterscheiden:

- stickstoffhaltige Verbindungen wie organische Nitrite und Amine;
- schwefelhaltige Verbindungen mit HS^- oder S^{2-} oder in Ringanordnung;
- Verbindungen, die sowohl Schwefel als auch Stickstoff enthalten, insbesondere substituierte Thiokarbamide.

Die Adsorptionsfähigkeit der Amine ist von der Stärke der Amin-Metall-Bindung und der Löslichkeit der Amine abhängig. Die Stärke der Amin-Metall-Bindung ergibt sich aus der hohen Elektronendichte des Stickstoffatoms und der Fähigkeit dieser Elektronen, koordinative Bindungen einzugehen. Die inhibierende Wirkung der aliphatischen Amine nimmt in folgender Reihenfolge zu:

$$NH_3 < RNH_2 < R_2NH < R_3N,$$

wenn R für Äthyl-, Propyl-, Butyl- oder Amyl- steht. Durch Einbringung einer vierten Alkyl-Gruppe wird der inhibierende Effekt stark reduziert.

Schwefelhaltige Inhibitoren sind meist wirksamer als Stickstoffverbindungen, da Schwefel ein noch besserer Elektronendonator ist als Stickstoff. Schwefel zeigt daher eine größere Tendenz zur Bildung koordinativer Bindungen, was zur Adsorption führt. Die inhibierende Wirkung nimmt gewöhnlich mit steigendem Molekulargewicht zu. Innerhalb der Reihe der schwefelhaltigen Inhibitoren (Thiole und Sulfide) nimmt der inhibierende Effekt folgendermaßen zu:

Methyl < Äthyl < Propyl < Butyl < Amyl.

13.2.4 Mischungen von Inhibitoren

So wie einige der oben erwähnten Inhibitoren ihre Wirksamkeit erst in Verbindung mit gelöstem Sauerstoff oder mit Calciumsalzen voll entfalten, erhält man bei Zugabe von zwei Inhibitoren einen deutlich höheren Effekt sowie eine verringerte Lochfraßanfälligkeit bei kleinen Inhibitorkonzentrationen.

Solche Inhibitormischungen bestehen meist aus einem oxidierenden Agens wie Nitrat oder Chromat und einem nichtoxidierenden, aber ausfällenden Agens wie Orthophosphat oder Silikat. Beispiele für derartige Inhibitormischungen sind Nitrit + Benzoat, welches der häufigste und wirksamste Inhibitor für Autokühler ist, sowie Chromat + Orthophosphat, der auch in Salzwasser eine gute inhibierende Wirkung zeigt. In anderen Fällen besteht die Mischung aus einem kathodischen und einem anodischen Inhibitor, z.B. Zinksulfat + Natriumchromat, die zusammen eine schwerlösliche Schicht aus Zinkchromat erzeugen.

13.2.5 Dampfphaseninhibitoren

Als Schutz vor atmosphärischer Korrosion in geschlossenen Räumen, wie z.B. in Verpackungen während der Lagerung und des Transports, können flüchtige Dampfphaseninhibitoren verwendet werden. Sie bestehen aus aliphatischen und zyklischen Aminen und Nitriten mit einem hohen Dampfdruck. Beispiele sind Dicyclohexylammoniumnitrit und -carbonat. Mit Dampfphaseninhibitoren imprägniertes Papier findet häufig als Korrosionsschutzverpackung Verwendung. Flüchtige Inhibitoren wie z.B. Morpholin werden auch in Kompressoren und Kondensatoren eingesetzt. Bei dieser Inhibitorart zeigt sich ebenfalls eine gute Übereinstimmung zwischen der elektrochemischen Korrosionstheorie und den experimentellen Daten, wonach die Schutzwirkung durch eine Verzögerung der anodischen oder kathodischen Reaktion eintritt. In vielen Fällen kommt es zu einer Passivierung.

13.2.6 Inhibitoren auf Ölbasis

Metallische Gegenstände oder Konstruktionen, die abgeschmiert oder durch Öle oder Fette geschützt werden, benötigen häufig einen wirksameren Schutz gegen Korrosionsangriffe. Deshalb wird den Ölen oder Fetten ein Inhibitor zugesetzt. Zweckmäßig ist dies bei Motorenfetten, hydraulischen Ölen, Schmierölen, bei den meisten Schmierfetten und den temporären Rostschutzmitteln. Die dem Öl zugesetzten Inhibitoren können als oxidierende Inhibitoren (Passivatoren) oder als Adsorptionsinhibitoren wirken oder gleichzeitig auf beide Arten.

Beispiele für oxidierende Inhibitoren sind Natriumnitrit und Lithiumnitrit, welche als feste Salze im Fett fein verteilt werden können, ferner bestimmte organische Nitrite und Chromate. Die größte Gruppe der in Öl eingesetzten Inhibitoren sind Adsorptionsinhibitoren, die häufig aus Stickstoff- oder Schwefelverbindungen entsprechend Abschn. 13.2.3 bestehen. Hierher gehören auch die Amine, welche entweder alleine oder als Salze der niedrigeren Carbonsäuren verwendet werden. Die wichtigsten Ölinhibitoren sind die Sulfonate, die man durch Sulfonieren von Öl erhält.

14 Korrosionsschutz durch Änderung des Elektrodenpotentials Metall/korrosives Medium

14.1 Elektrochemischer (kathodischer und anodischer) Korrosionsschutz

Da die Korrosion von Metallen in feuchten Medien elektrochemischer Natur ist, liegt es nahe zu versuchen, sie auch mit elektrochemischen Methoden zu unterbinden. Verfahren dieser Art beinhalten eine Änderung des Elektrodenpotentials des Metalls, um dessen Auflösung zu verhindern oder zumindest zu verringern. Elektrochemischer Korrosionsschutz läßt sich in kathodischen und anodischen Schutz entsprechend der Verschiebung des Elektrodenpotentials in negativer oder positiver Richtung gliedern. Der kathodische Schutz ist das bei weitem wichtigere der beiden Verfahren.

Das Prinzip des kathodischen und anodischen Schutzes möge anhand eines Potential-pH-Diagramms, wie es Bild 14.1 für Eisen in Sulfatlösungen zeigt, erläutert werden. Der Eisengehalt der Lösung wird als 10^{-3} molar (50 ppm) angenommen, ein üblicher Wert für technische Elektrolyte. Eine Probe aus unlegiertem Stahl, die in eine einmolare Schwefelsäure eintaucht, wird unter Wasserstoffentwicklung in Lösung gehen. Das Korrosionspotential der Probe liegt dann zwischen den Gleichgewichtspotentialen einer Wasserstoffelektrode und einer Eisenelektrode der herrschenden Konzentrationen, d.h. ca. 1 M bzw. 0,001 M.

Aus dem Diagramm ergeben sich zwei Möglichkeiten, die Korrosion durch eine Potentialänderung zu verhindern. Bei Anwendung eines kathodischen Stroms kann das Potential der Stahlprobe nach unten in den Immunitätsbereich verschoben werden, in dem das Metall der thermodynamisch stabile Zustand ist. Eine andere Möglichkeit bietet die Erhöhung des Elektrodenpotentials der Probe bis in den Passivitätsbereich, in dem ein höherwertiges Oxid des Eisens die stabile Phase darstellt. Weiterhin wird angenommen, daß sich dieses Oxid als ein dünner,

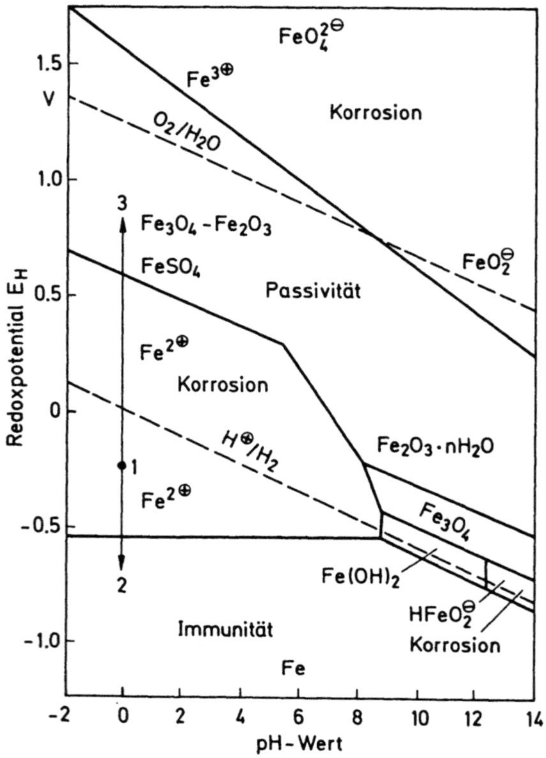

Bild 14.1. Potential-pH-Diagramm für Eisen in Sulfatlösungen. Eisenkonzentration: 10^{-3} mol/l, 25 °C. 1 = ungeschützte, korrodierende Probe; 2 = kathodisch geschützte Probe; 3 = anodisch geschützte Probe.

dichter und haftender Film ausbildet. Der Schutzfilm ist ein Halbleiter mit geringer ionischer Leitfähigkeit, der bewirkt, daß nur noch ein kleiner Strom notwendig ist, um den Stahl im passiven Zustand zu erhalten. Prinzipiell ist es deshalb möglich, schwach verdünnte Schwefelsäure in einem Gerät aus unlegiertem Stahl einzusetzen, wenn ein äußerer Strom (kathodisch oder anodisch) aufgebracht wird.

14.2 Kathodischer Schutz

14.2.1 Bedeutung und Einteilung

Wird der korrodierende Gegenstand in einer elektrochemischen Zelle als Kathode geschaltet, spricht man von kathodischem Schutz. Das Elektrodenpotential wird dann in negativer Richtung zu einem Wert verschoben, der unterhalb des Ruhepotentials der betreffenden Lösung liegt. Die Auflösung des Metalls wird dadurch vollkommen verhindert (vollständiger kathodischer Schutz) oder wenigstens verlangsamt (unvollständiger kathodischer Schutz). Stattdessen kommt es zu Wasserstoffentwicklung oder zu Sauerstoffreduktion, deren Geschwindigkeit proportional zur Stromdichte ist. Der kathodische Schutz wird in galvanischen und elektrolytischen kathodischen Schutz wie folgt unterteilt:

— Galvanischer kathodischer Schutz
  Der korrodierende Gegenstand wird als Kathode einer galvanischen Zelle geschaltet; die Anode, die aus einem unedleren Metall (Magnesium, Zink, Aluminium) besteht, schützt das edlere Metall (z.B. Stahl) dadurch, daß sie geopfert wird. Das Metall der Oferanode kann vorliegen:
  a) als Überzug auf dem Grundwerkstoff (wichtigstes Beispiel: verzinkter Stahl),
  b) als separat angeordnete Anodenplatten mit oder ohne Regelung des Schutzstroms durch einen Widerstand im äußeren Stromkreis.
— Elektrolytischer kathodischer Schutz:
  Der korrodierende Gegenstand wird als Kathode einer elektrolytischen Zelle geschaltet, welche mit Gleichstrom aus einer externen Stromquelle (Gleichrichter) gespeist wird. Die Hilfsanode dieser Zelle ist meist unlöslich (Platin, Blei, Graphit, Nickel), kann aber manchmal auch löslich sein (Eisen, Aluminium). Die Steuerung des elektrolytischen kathodischen Schutzes kann erfolgen durch:
  a) Regelung des Stroms über die angelegte Zellspannung,
  b) Regelung des Kathodenpotentials mittels eines Potentiostaten.

Bild 14.2 illustriert die beiden Verfahren des kathodischen Schutzes.

14.2.2 Anodenmaterialien

Bei den galvanischen Verfahren des kathodischen Schutzes ist der korrodierende Gegenstand direkt mit einem unedleren Metall verbunden, welches dann als Opferanode in einer galvanischen Zelle wirkt; die Kathode ist der zu schützende Gegenstand. Als Anodenmaterialien für den Schutz von Stahl kommen Magnesium, Zink und Aluminium oder häufig auch Legierungen dieser Metalle untereinander oder mit Calcium infrage. Für den Schutz von Kupfer können Opferanoden aus unlegiertem Stahl verwendet werden. Auch das Überziehen eines Metalls mit einem unedleren (z.B. Stahl mit einem Zinküberzug) ist ein Beispiel für den galvani-

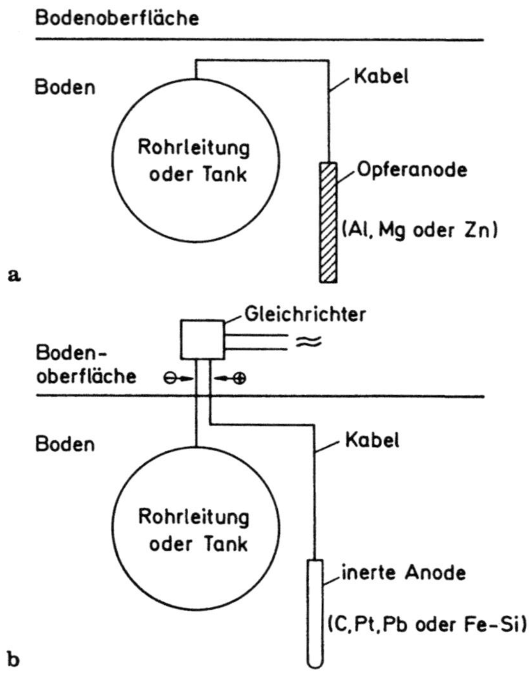

Bild 14.2. Prinzip des kathodischen Schutzes mit A) Opferanode und B) aufgeprägtem Strom.

schen kathodischen Schutz. Der Ausgangspunkt für die Beurteilung der Schutzwirkung eines Metalls ist dessen Position in der galvanischen Reihe der Korrosionspotentiale (s. Tabelle 6.1).

Es ist schwierig, inertes Anodenmaterial für den elektrolytischen kathodischen Schutz zu finden, da kein Material völlig unlöslich ist, wenn es in einer elektrolytischen Zelle als Anode geschaltet ist. Das Standardmaterial für Chloridlösungen ist Graphit, während für Sulfatlösungen Legierungen aus Blei mit Antimon und/oder Silber eingesetzt werden. Neuere Arten von inerten Anoden bestehen aus Titan, welches mit dünnen Schichten aus Platin oder Rutheniumoxid versehen ist.

14.2.3 Strom- und Potentialkriterien

Bild 14.3 erläutert den kathodischen Schutz für die Korrosion unter Wasserstoffentwicklung. Den Zustand, der dem vollständigen kathodischen Schutz ent-

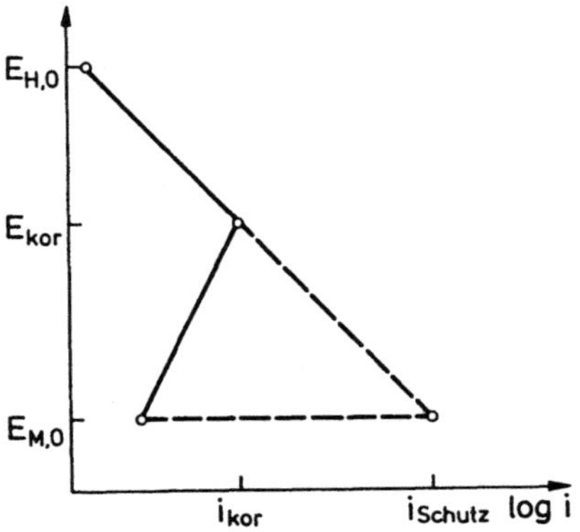

Bild 14.3. Kathodischer Schutz bei der Korrosion unter Wasserstoffentwicklung.

spricht, erhält man, wenn man die kathodische Polarisationskurve auf das Gleichgewichtspotential extrapoliert. Das Diagramm zeigt, daß dazu ein Schutzstrom erforderlich ist, der bedeutend höher als der Korrosionsstrom liegt. Die Wasserstoffentwicklung kann dabei ziemlich stark werden und sogar zum Abplatzen von Schutzschichten führen.

Bild 14.4 veranschaulicht den kathodischen Schutz für die Korrosion unter Sauerstoffreduktion bei der Grenzstromdichte. Theoretisch ist in diesem Fall der Schutzstrom ebenso groß wie der Korrosionsstrom. In der Praxis ist es für

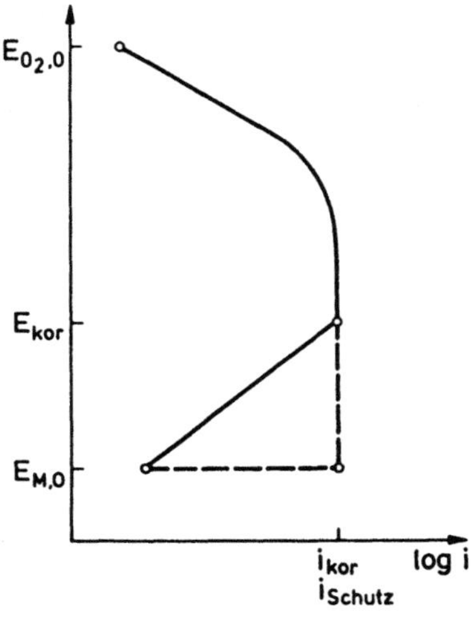

Bild 14.4. Kathodischer Schutz bei der Korrosion unter Sauerstoffreduktion.

diese Korrosionsart ausreichend, wenn der Schutzstrom ca. 20 % höher als der Korrosionsstrom liegt. Mittelwerte für neutrale Lösungen bei Raumtemperatur sind: für oxidfreien Stahl 100 mA/m^2, für gestrichenen Stahl 5 mA/m^2, für Aluminium 10 mA/m^2 und für eloxiertes Aluminium 0,01 mA/m^2. In sauren Lösungen oder bei höheren Temperaturen und Strömungsgeschwindigkeiten sind wesentlich höhere Stromdichten erforderlich.

Sowohl vom theoretischen als auch vom praktischen Standpunkt aus ist es gewöhnlich besser, als Kriterium für den kathodischen Schutz das Elektrodenpotential des Metalls und nicht die Stromdichte anzusehen. Empirische Werte für einen guten kathodischen Schutz von unlegiertem Stahl liegen bei einem Elektrodenpotential von -0,85 V bezogen auf die $CuSO_4$/Cu-Elektrode, was -0,78 V bezogen auf die gesättigte Kalomelelektrode und -0,53 V bezogen auf die Normalwasserstoffelektrode entspricht. Dies stimmt ziemlich genau mit dem Gleichgewichtspotential von Eisen in einer verdünnten Fe^{2+}-Lösung (ca. 0,001 molar) überein. Das Korrosionspotential (s. Tabelle 6.1) ist um etwa -0,4 V gegen die NWE verschoben.

14.2.4 Kombination aus elektrisch isolierendem Überzug und kathodischem Schutz

Im allgemeinen ist es vorteilhaft, den kathodischen Schutz mit einem elektrisch isolierenden Überzug (z.B. Farbanstrich) zu kombinieren. Dabei wird der Schutzstrom auf Fehlstellen im isolierenden Überzug konzentriert. Dies führt auf der Metalloberfläche zu einer guten Stromverteilung, welche auf blanken Metallkonstruktionen Schwierigkeiten bereitet. Der erforderliche Strom und die damit verbundene elektrische Installation sind klein und einfach zu handhaben. Die Kombination aus einem isolierenden Überzug und einem kathodischen Schutz ist häufig das wirtschaftlichste Korrosionsschutzverfahren, und zwar aus folgenden Gründen: Bei Anwendung des kathodischen Schutzes können kleine Defekte und Schäden im Überzug zugelassen werden, während letzterer sonst vollkommen dicht sein müßte, um schützend zu wirken. Ein absolut dichter Überzug kostet in Herstellung und Unterhalt wesentlich mehr als ein Überzug, der z.B. 99 % der Oberfläche bedeckt. Andererseits steigen die Kosten für den kathodischen Schutz ungefähr linear mit der exponierten Metalloberfläche. Die minimalen Kosten für ein kombiniertes Korrosionsschutzverfahren sind in Bild 14.5 schematisch dargestellt.

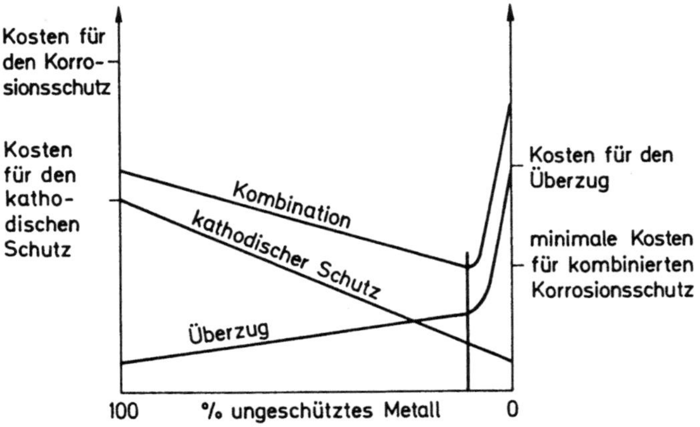

Bild 14.5. Diagramm zur Veranschaulichung der minimalen Kosten bei einer Kombination aus einem isolierenden Überzug und kathodischem Schutz.

Man findet daher den kathodischen Schutz meist in Verbindung mit einer Art Schutzüberzug, beispielsweise Farbe (z.B. bei Schiffen), mit Asphalt oder Kunststoff imprägnierte Bandagen (z.B. um Pipelines), mit Email oder Glas (z.B. in Heißwasserspeichern und in chemischen Reaktoren).

14.2.5 Anwendungen

Schiffsrümpfe werden normalerweise mit mehreren Schichten von Korrosionsschutzfarbe versehen. Die Wartungskosten können jedoch auch durch einen zusätzlichen kathodischen Schutz an den Teilen unterhalb der Wasserlinie beträchtlich gesenkt werden. Gewöhnlich wird zu diesem Zweck ein galvanischer kathodischer Schutz mit Opferanoden aus Magnesium, Zink oder Aluminium gewählt, die mit Stahlbändern an den Schiffsrumpf angeschweißt sind. Am Heck liegen die Anoden näher beisammen, da der Korrosionsangriff dort durch die Nähe der Schiffsschraube infolge der Turbulenzen und der Bildung einer galvanischen Zelle mit dem Schiffsrumpf am höchsten ist. Bei größeren Schiffen und Anlagen der Meerestechnik erfolgt der kathodische Schutz bisweilen elektrolytisch mit Hilfe von inerten Anoden, beispielsweise von mit Platin überzogenem Titan (Bild 14.6). Sie werden meist elektrisch isoliert am Schiffsrumpf befestigt. Ferner besteht die Möglichkeit, nur eine Anode zu verwenden, die an einem isolierten Kabel in beträchtlicher Entfernung vom Schiff mitgeführt wird. Schwimmdocks, Pontonbrücken, Landungsbrücken, Wellenbrecher und Brückenfundamente aus Stahl können

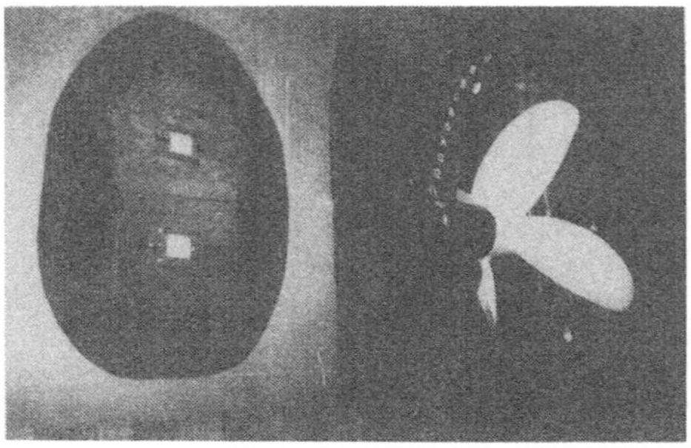

Bild 14.6. Zwei mit Platin überzogene Titananoden, welche sich nahe der Schiffsschraube befinden und einen kathodischen Schutz durch einen äußeren Strom gewähren. Man beachte die isolierende Schicht um die Anoden.

im Meerwasser ebenfalls kathodisch geschützt werden. Der kathodische Schutz vorwiegend mit Zink- oder Aluminiumanoden wird auch im Inneren von Ballastbehältern auf Tankschiffen verwendet, da diese während der Fahrt zum Ölhafen mit Meerwasser gefüllt sind, welches auf die Behälterwände stark korrosiv wirkt.

Erdverlegte Metallkonstruktionen werden ebenfalls häufig kathodisch geschützt. Dies gilt vorwiegend für Gas-, Öl- und Wasserrohrleitungen aus Gußeisen und Stahl, für bleibewehrte elektrische Kabel und für Heizöltanks, die sich in der Erde befinden. Letztere können auch innen kathodisch geschützt werden (Bild 14.7).

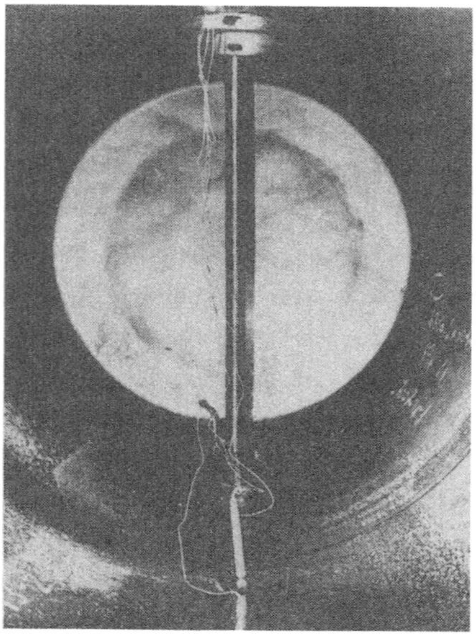

Bild 14.7. Innenseitiger kathodischer Schutz von Öltanks durch Opferanoden aus Magnesium. Kabel verbinden die Anoden elektrisch mit dem oberen Teil des Tanks.

Eine Rohrleitung kann durch galvanische Anoden geschützt werden; diese sollten so tief in der Erde liegen, daß sie sich in feuchtem Boden befinden. Jede Anode ist durch eine Hülle mit "backfill" umgeben, z.B. eine Mischung aus Ton, Gips und Natriumsulfat. Auf diese Weise wird eine gut elektrisch leitende Schicht in der direkten Umgebung der Anode erzeugt. Der Ohmsche Potentialabfall zwischen Anode und Kathode ist hauptsächlich auf diesen Bereich beschränkt, in dem die Stromdichte hoch ist. Für den kathodischen Schutz einer gut isolierten Rohrleitung liegt der Anodenabstand in der Größenordnung von 1 km. In sehr trockenen Regionen (Wüsten) kann er noch größer sein.

Kathodischer Schutz wird auch in anderen Bereichen des Hoch- und Tiefbaus eingesetzt, beispielsweise bei Stahlträgern unter Gebäuden in besonders aggressiven Böden oder bei Stahldrähten in Rohrleitungen aus vorgespanntem Beton, die sich im Wasser und im Boden befinden.

Kühlsysteme werden oft kathodisch geschützt, besonders wenn als Kühlmittel Brack- oder Salzwasser verwendet wird (Bild 14.8). Dabei bestehen die Kondensatorrohre häufig aus Kupferlegierungen, während die Wasserbehälter an den

Bild 14,8. Mit Platin überzogene Titan-Stabanode für den kathodischen Schutz eines Kühlsystems eines Kernreaktors durch äußeren Strom. Schützendes Gehäuse aus PVC. Verbindung zwischen Kabel und Anode befindet sich vollständig in Kunststoff (rechteckiges Feld).

Enden aus Stahl oder Gußeisen gefertigt sind. Die Eisenteile sind der Korrosion oft stark ausgesetzt, teilweise weil sie den mit Kupfer legierten Teilen kathodischen Schutz gewähren. Versuche, die Korrosion der Behälter durch eine Art Überzug zu verringern, führen meist durch lokalen Korrosionsangriff in Poren der isolierenden Schicht zu schlechteren Ergebnissen. Durch den Einsatz von Opferanoden aus Zink können jedoch sowohl die Wasserbehälter als auch die Rohre geschützt werden.

14.3 Anodischer Schutz

14.3.1 Abgrenzung und Einteilung

Wird in einer galvanischen oder elektrolytischen Zelle der zu schützende Gegenstand als Anode geschaltet, spricht man von anodischem Schutz. Das Elektrodenpotential wird dann in positiver Richtung verschoben. Bei vielen Metallen kann dies die Korrosion durch anodische Auflösung des Metalls beschleunigen. Anodischer Schutz ist deshalb im allgemeinen nur für solche Metalle geeignet, welche chemische Passivität zeigen. Ferner muß die Zusammensetzung der korrosiven Lösung das Passivieren begünstigen. Anodischer Schutz kann deshalb nicht in Gegenwart von hohen Konzentrationen aktivierender Anionen wie z.B. in Chloridlösungen eingesetzt werden. Höhere Konzentrationen anderer Anionen, z.B. Sulfationen, die sich in derselben Lösung befinden, können jedoch die Chloridionen von der Metalloberfläche verdrängen. Folglich kann 18-8 Chrom-Nickel-Stahl in 30%iger H_2SO_4 + 1 % NaCl anodisch geschützt werden.

Anodischer Schutz kann ebenso wie der kathodische Parallelfall in galvanischen und elektrolytischen anodischen Schutz wie folgt unterteilt werden:

— Galvanischer anodischer Schutz
  Dazu werden Edelmetalle (Platin, Palladium, Silber, Kupfer) als Legierungszusätze verwendet, welche entweder als Lokalkathoden beim Korrosionsvorgang wirken oder Oberflächenüberzüge auf passiven Metallen (Edelstahl, Titan, Tantal, Zirkonium) bilden.
— Elektrolytischer anodischer Schutz
  Dazu wird Gleichstrom von einer äußeren Quelle über eine Hilfskathode angelegt und das Elektrodenpotential des zu schützenden Gegenstandes (die Anode) durch einen Potentiostaten geregelt.

14.3.2 Anodischer Schutz durch Legieren oder Überziehen mit einem edleren Metall

Ein galvanischer anodischer Schutz ergibt sich durch eine leitende Verbindung zwischen dem zu schützenden Gegenstand und einem edleren Metall, welches dadurch zur Kathode der Korrosionszelle wird. In den meisten Fällen ist dies eine sichere Methode, die Korrosionsgeschwindigkeit zu erhöhen (beachte z.B. die Wirkung von Verunreinigungen auf die Auflösungsgeschwindigkeit von Zink in Säuren). Ist das Grundmetall jedoch passivierbar und begünstigt der Elektrolyt zusätzlich die Passivierung, so kann die Verbindung mit einem edleren Metall die Passivierung weiter fördern. Das Edelmetall bewirkt, daß das Elektrodenpotential des Grundmetalls in den Passivitätsbereich erhöht und dort gehalten wird.

Bei Edelstählen führen Legierungszusätze von 0,1 % Palladium oder 1 % Kupfer zu einem starken Abfall der Korrosionsrate in schwefelsauren Lösungen (Bild 14.9). Denselben Effekt erhält man durch dünne Überzüge (1 µm) eines Edelmetalls auf einem Edelstahl oder durch Zusatz kleiner Mengen von Kupfer- oder Silbersalzen

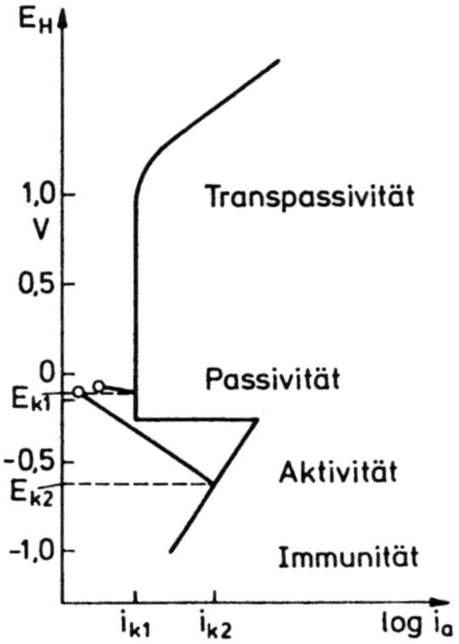

Bild 14.9. Schematische anodische und kathodische Polarisationskurven von rostfreiem Stahl, die auch das Korrosionspotential und den Korrosionsstrom mit (E_{k1}, i_{k1}) und ohne (E_{k2}, i_{k2}) Zusatz von Edelmetallen zeigen, die als Lokalkathoden für die Wasserstoffentwicklung dienen. Eine hohe Austauschstromdichte und eine niedrige Wasserstoffüberspannung der Lokalkathoden bewirken, daß die kathodische Kurve die anodische Kurve nicht im aktiven, sondern im passiven Bereich schneidet.

zur Säure (Bild 14.10). Eine Zugabe von Kupfer zu rostfreien und säurebeständigen Stählen verringert auch deren Lochfraßempfindlichkeit in Chloridlösungen (vgl. Abschn. 7.2.3).

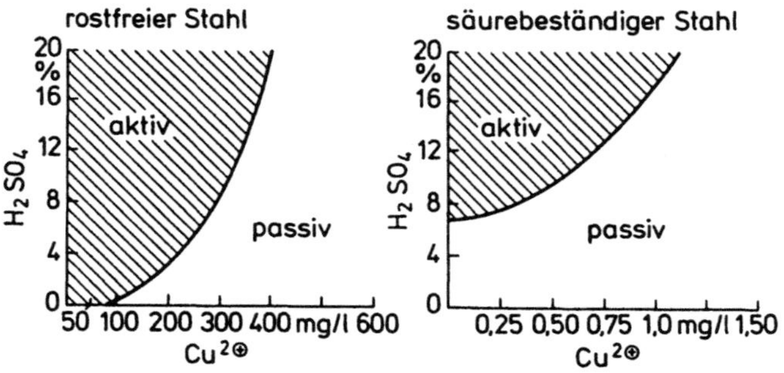

Bild 14.10. Schützender Einfluß von $CuSO_4$-Zusatz zu H_2SO_4 auf rostfreiem Chrom-Nickel-Stahl (18 % Chrom, 9 % Nickel) und säurebeständigem Chrom-Nickel-Molybdän-Stahl (18 % Chrom, 12 % Nickel, 3 % Molybdän).

14.3.3 Anodischer Schutz durch eine äußere elektrische Spannung

Einen elektrolytischen anodischen Schutz erhält man durch eine äußere elektrische Spannung zwischen dem zu schützenden Gegenstand als Anode und einer Hilfselektrode als Kathode; zusätzlich ist eine Bezugselektrode erforderlich. Zwischen der Bezugselektrode und dem zu schützenden Gegenstand (Anode) wird ein Potentiostat geschaltet, welcher auf die Potentialdifferenz zwischen diesen Elektroden reagiert und diese durch Regelung des Stroms konstant hält, so daß der Gegenstand sich während der ganzen Zeit im passiven Zustand befindet.

Die rostfreien und säurebeständigen Stähle, die wichtige Konstruktionswerkstoffe im chemischen Apparatebau darstellen, sind im allgemeinen gut für den anodischen Schutz geeignet. Dasselbe gilt für Anlagenteile aus unlegiertem Stahl, die für alkalische Sulfidlösungen (z.B. Sulfat-Zellulose-Autoklaven) oder für konzentrierte Schwefelsäure (Sulfonierungsbetriebe) eingesetzt werden. Auch chemische Geräte aus Titan lassen sich gut anodisch schützen.

15 Korrosionsschutz durch Überzüge

15.1 Vorbehandlung von Metalloberflächen vor dem Aufbringen von Schutzüberzügen

Vor dem Aufbringen von Schutzüberzügen auf Metalloberflächen ist es im allgemeinen notwendig, die Oberfläche sehr sorgfältig zu reinigen. Zusätzlich muß eine Oberflächenbehandlung erfolgen, um eine geeignete Basis für den beabsichtigten Überzug zu schaffen. Diese Vorbehandlung ist besonders vor dem Elektroplattieren und Emaillieren wichtig. Die höchsten Anforderungen werden beim Elektroplattieren aus Säurebädern gestellt, doch ist auch die Reinigung und Vorbehandlung der Metalloberfläche für gewöhnliche Rostschutzanstriche meist der wichtigste Schritt des ganzen Vorgangs.

Die Vorbehandlung wird üblicherweise in zwei Schritten durchgeführt, wobei der eine organische Substanzen wie Öl und Fett, der andere anorganische Substanzen wie Walzzunder, Rost und andere Korrosionsprodukte entfernen und der Oberfläche eine geeignete Beschaffenheit verleihen soll. Die beiden Schritte der Vorbehandlung können den Umständen entsprechend mehrmals und in verschiedener Reihenfolge wiederholt werden.

Das Spülen und Entfetten ist vor jedem Aufbringen von Überzügen, i.a. sogar vor dem Beizen, erforderlich; in einigen Fällen auch vor dem Sandstrahlen. Es sollte beachtet werden, daß verschiedene Arten von Fetten und Ölen ihrer chemischen Natur entsprechend verschiedene Verfahren der Entfettung notwendig machen. Mineralöle und -fette (Kohlenwasserstoffe, z.B. Vaseline usw.) lassen sich durch organische Lösungsmittel entfernen, während für die fetten Öle und Schmierfette (z.B. Lanolin) und auch für einige Wachse die Verseifung der Ester der Fettsäuren in alkalischer Lösung vorzuziehen ist. Eine gut entfettete Metalloberfläche ist durch eine vollständige Benetzbarkeit mit Wasser und das Fehlen von Trockenflecken gekennzeichnet.

Mit der mechanischen Vorbehandlung ist im allgemeinen eine gewisse Änderung der Oberflächenrauhigkeit verbunden, da sie mit einem Metallabtrag einhergeht. Das Schleifen dient zum einen als letzte Stufe der Formgebung und zum anderen zur Erzeugung eines gewissen Oberflächen-"Finish". Eine besonders feine Oberfläche erhält man durch anschließendes, meist mechanisches Polieren; ebenfalls üblich sind das Hochglanz-Beizen oder das anodische Polieren. Die letztgenannten Verfahren erfordern eine vorher geätzte Oberfläche. Eine Oberflächenbehandlung erfolgt auch durch Entgraten in Trommeln. Putzstrahlen ist das wirksamste Verfahren zur Entfernung dicker Zunder- und schwerer Rostschichten und erweist sich als geeignete Oberflächenbehandlung für das Metallspritzen und Phosphatieren sowie für Anstriche. Auch das gewöhnliche Beizen in Säuren befreit die Metalloberfläche von Walzzunder und Rost.

15.1.1 Entfetten

Für das organische Entfetten werden flüchtige organische Lösungsmittel, normalerweise Kohlenwasserstoffe (z.B. Brennspiritus) oder chlorierte Kohlenwasserstoffe (z.B. Trichloräthylen), verwendet. Beide Substanzen haben große Nachteile: erstere sind entflammbar und letztere sind giftig.

Das Entfetten kann entweder durch Eintauchen des Gegenstandes in das Lösungsmittel oder durch Abbürsten mit einer in das Lösungsmittel getauchten Bürste erfolgen. Eine wirksamere Methode besteht darin, das Lösungsmittel mit Hilfe einer Pumpe umzuwälzen und es durch eine Düse auf die Gegenstände zu sprühen. Während des Umwälzens des Lösungsmittels können schwebende Teilchen und Wasser entfernt werden.

Bei der Entfettung mittels kondensierter Dämpfe (Bild 15.1) wird das Lösungsmittel, meist Trichloräthylen, in einem Behälter aus Edelstahl erhitzt; der Dampf, der beim Siedepunkt von 87 ^{o}C um 4,5 mal schwerer ist als Luft, wird an dem in die Dampfphase eingebrachten kalten Werkstück kondensiert. Fettige Verunreinigungen auf der Oberfläche werden durch das reine, kondensierte Lösungsmittel entfernt, bis der Metallgegenstand die Temperatur des Dampfes erreicht hat. Perchloräthylen (Tetrachloräthylen, Siedepunkt 121 ^{o}C) dient demselben Zweck. Sein hoher Siedepunkt erleichtert das Entfetten dünner Objekte, welche in Trichloräthylen die Siedetemperatur zu schnell annehmen. Es sollte beachtet werden, daß Salze, die in organischen Lösungsmitteln unlöslich sind, sich nach der organischen Entfettung noch immer auf der Metalloberfläche

Bild 15.1. Kontinuierliches Entfetten durch kondensierte Dämpfe. Ein Förderseil führt die Gegenstände durch das Kondensat eines organischen Lösungsmittels, das sich im unteren Teil des Gerätes befindet und aufgeheizt wird.

befinden können und später zu einem Unterrosten oder zu Filigrankorrosion unterhalb des organischen Überzugs führen können.

Alkalische Entfettung findet in einer wäßrigen Lösung statt, die ein Reinigungsmittel wie Seife oder ein synthetisches Netzmittel sowie Alkali wie Alkaliphosphat oder Alkalisilikat enthält. Günstig wirkt sich dabei die gleichzeitige Behandlung der Oberfläche durch Abbürsten oder Sprühen sowie eine erhöhte Temperatur aus. Ferner ist es möglich, von der mechanischen Wirkung der elektrolytischen Gasentwicklung (elektrolytische Reinigung) Gebrauch zu machen. Alkalische Entfettung führt zu den saubersten Oberflächen und wird häufig als letzter Schritt, z.B. direkt vor dem Elektroplattieren, eingesetzt.

Die Reinigung mit Emulsionen ist eine Art Kombination der beiden vorhergehenden Verfahren, wobei die Emulsion aus einem organischen Lösungsmittel in einer wäßrigen Seifenlösung besteht. Der Hauptbestandteil dieser Art von Reinigungsmittel ist das organische Lösungsmittel, meist eine Kohlenwasserstoffmischung. Diese Basis wird mit einem Emulgierzusatz auf Seifenbasis angereichert (z.B. Kaliumoleat), welcher das organische Lösungsmittel emulgiert, wenn die Flüssigkeit während des Reinigungsprozesses mit Wasser vermischt wird. Im allgemeinen wird zur Stabilisierung noch ein höherer Alkohol oder ein Netzmittel zugefügt. Die Gegenstände werden in der Mischung aus organischem Lösungsmittel und Emulgator getaucht und anschließend mit Wasser abgesprüht, was zu einer Emulsion von Öl in Wasser führt und die Reinigung der Oberfläche bewirkt.

Beim Entfetten mit Dampf wird dieser mit geringen Mengen von Reinigungsmitteln unter hohem Druck auf die zu reinigende Fläche gestrahlt. Dieses Verfahren wird bevorzugt zum Spülen nach dem Entfetten mit einer Emulsion (s.o.) sowie nach dem Entfernen von Farbe durch Alkali vor dem Wiederanstrich eingesetzt. Ferner findet es auch Anwendung zum Reinigen besonders großer Teile, wie Eisenbahnwaggons u.ä.

15.1.2 Entfernung von Walzzunder und Rost und Einstellung einer gewünschten Oberflächenbeschaffenheit

Walzzunder und Rost sind in Flüssigkeiten unlöslich, die für das Entfetten infrage kommen, und haften meist so stark an der Metalloberfläche, daß sie nicht wie Staub und anderer loser Schmutz mit dem Lösungsmittel einfach abgetragen werden können. Die Entfernung von Rost und anderen Oberflächenoxiden läßt sich folgendermaßen erreichen:

— Mechanische Verfahren

a) Hämmern, Abklopfen, Bürsten (mit Drahtbürsten) und Schleifen. Diese Verfahren können entweder manuell oder maschinell erfolgen.

b) Pneumatisches Strahlen. Hierbei wird trockener oder feuchter Quarzsand oder Stahlsand mittels komprimierter Luft auf die Metalloberfläche gestrahlt; handelt es sich um eine Suspension aus Sand und Wasser, sollte letzteres Inhibitoren (z.B. Phosphat + Nitrit oder Phosphat + Chromat) enthalten, um einem erneuten Rosten der gereinigten Oberfläche vorzubeugen.

c) Schleuderstrahlverfahren. Zu diesem Zweck werden Stahlschrot oder kleine Stahlkugeln über ein rotierendes Schaufelrad (Schleuderrad) gegen die Metalloberfläche geschleudert.

d) Putzen in Trommeln. Dieses Verfahren ermöglicht das Reinigen, Entgraten,

Abrunden scharfer Ecken und Kanten und verbessert im allgemeinen die Oberflächenbeschaffenheit kleiner massengefertigter Teile durch die gegenseitige Reibwirkung mit einem geeigneten Schleifmittel in einer rotierenden Trommel; dieser Vorgang kann in feuchtem oder trockenem Zustand erfolgen. In Abwandlung dieses Verfahrens können die Teile auch gemeinsam mit dem Schleifmittel in Vibration versetzt werden.

e) Polieren. Glänzende und reflektierende Metalloberflächen entstehen dadurch, daß ein feinkörniges Poliermittel auf einem weichen Trägermaterial unter Drehbewegung über die Oberfläche gleitet. In der Regel wird das Poliermittel in einem geeigneten Polierwachs fein verteilt, der später sehr sorgfältig durch Entfetten entfernt werden muß.

-- Thermische Verfahren

a) Reinigung durch Flammstrahlen. Hierbei wird ein spezieller Acetylen-Sauerstoff-Brenner in einem bestimmten Winkel zur Stahloberfläche bewegt. Walzzunder und Rost werden gelockert, organische Verbindungen weggebrannt und die Oberfläche ausgetrocknet. Im Anschluß hieran werden die durch die Wärmebehandlung losgelösten Oxide durch Abbürsten (mit Drahtbürsten) entfernt. Das Streichen kann auf der noch heißen Stahloberfläche erfolgen. Besonders geeignet ist dieses Verfahren für große Konstruktionen (Bild 15.2).

Bild 15.2. Flammstrahlen von Stahl. Ein Acetylen-Sauerstoff-Brenner wird über die Oberfläche bewegt. Walzzunder platzt infolge eines höheren Ausdehnungskoeffizienten im Vergleich zu Stahl ab.

b) Induktives Heizen. Dieses Verfahren bietet sich für Stahlbänder, -stäbe und -rohre an. Sie werden induktiv auf ca. 175 °C aufgeheizt und anschließend mit kaltem Wasser besprüht, so daß der Walzzunder abblättert.

— Chemisches Verfahren (Beizen)

Beim Beizen von Stahl werden die Gegenstände in eine wäßrige Lösung von Schwefel-, Salz- oder Phosphorsäure getaucht. Walzzunder und Rost werden (nicht zuletzt infolge von Wasserstoffentwicklung unterhalb der Oxidschichten) gelöst oder zumindest teilweise vom Grundmaterial abgetrennt.

Beim Aufheizen von unlegiertem Stahl auf Temperaturen zwischen 575 und 1370 °C bildet sich auf der Stahloberfläche eine Oxidhaut aus, die in 1. Näherung aus drei verschiedenen Schichten, s. Bild 15.3, zusammengesetzt ist. Die dem Metall am nächsten liegende Schicht besteht aus Wüstit mit der ungefähren Zusammensetzung FeO. Weiter außen bildet sich Magnetit (Fe_3O_4) und die äußerste Schicht besteht aus Hämatit (Fe_2O_3). Durch rasches Abkühlen wird die Wüstitschicht kaum verändert und der Stahl läßt sich nur schwer beizen. Dasselbe gilt auch für unter 575 °C gewalzten Stahl, bei welchem keine Wüstitschicht entsteht. Beim langsamen Abkühlen eines heißgewalzten Stahls jedoch zersetzt sich die Wüstitschicht teilweise in Magnetit und feinverteiltes metallisches Eisen. Während des Beizvorgangs tritt Säure durch Poren und Risse in die unlöslichen Schichten von Eisen(III)-Oxid und Magnetit ein und greift die Wüstitschicht an. Der Angriff verläuft durch die Bildung kleiner galvanischer Zellen schnell; dabei dienen die Eisenpartikel als Anoden, die Säure als Elektrolyt und Magnetit als Kathode, an der die Wasserstoffentwicklung zur Lockerung der Oxide führt. Da nicht nur Eisen, sondern auch Magnetit und die Beize gute elektrische Leiter

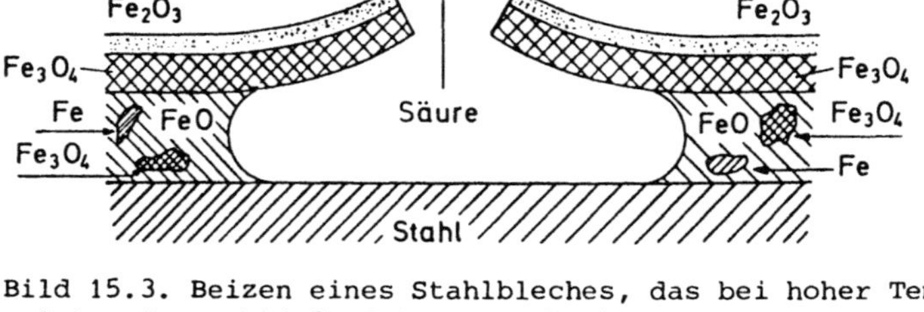

Bild 15.3. Beizen eines Stahlbleches, das bei hoher Temperatur (> 575 °C) gewalzt und anschließend langsam abgekühlt wurde. Die teilweise zersetzte Wüstitschicht liegt dem Stahl am nächsten.

sind, kommt es nur zu einem geringen Ohmschen Potentialabfall und die Beizgeschwindigkeit ist von der Geschwindigkeit abhängig, mit der die Säure in die Oxidschicht eindringen kann.

Während der größte Teil des entwickelten Wasserstoffs in molekularer Form entweicht, diffundiert ein Teil in Form von atomarem Wasserstoff in das Metall und verursacht Wasserstoffversprödung. In unlegierten Stählen ist die Versprödung oftmals nur temporär vorhanden und kann nach einigen Tagen infolge von Diffusion des Wasserstoffs aus dem Metall wieder verschwinden. Eine leichte Erwärmung begünstigt diesen Vorgang. In legierten Stählen wird die Versprödung jedoch häufig permanent.

Durch Zugabe von Beizinhibitoren (Sparbeizzusätze) zu der Säure wird der Angriff auf den Stahl verringert und der Verbrauch an Säure und Stahl reduziert. Bemerkenswerterweise erhöht sich die Wasserstoffversprödung häufig bei der Anwendung von Beizinhibitoren trotz der geringeren Gesamtwasserstoffentwicklung. Sie kann infolge eines adsorbierten Inhibitorfilms, der das Entweichen von Wasserstoff aus dem Stahl verhindert, permanent vorhanden sein.

Schaltet man den zu beizenden Gegenstand als Anode oder Kathode im Beizbad (elektrolytisches Beizen), erhält man eine starke Konvektion auf der Metalloberfläche, wodurch sich Zeit und Temperatur für den Beizvorgang verringern lassen. Der Säureverbrauch kann dadurch nicht reduziert werden. Das elektrolytische Beizen bringt jedoch gewisse Nachteile mit sich, so z.B. eine erhöhte Wasserstoffversprödung beim kathodischen Beizen.

Glänzende und reflektierende Metalloberflächen lassen sich auch durch chemische oder elektrochemische Mittel erzeugen. Das Metall wird kurzzeitig in eine konzentrierte Lösung einer starken Säure getaucht (Hochglanz-Beizen) oder als Anode in einer konzentrierten Elektrolytlösung geschaltet, die häufig Phosphorsäure enthält (anodisches Polieren). Chemisches und elektrolytisches Polieren werden meist unter Bedingungen ausgeführt, die einer anodischen Grenzstromdichte entsprechen; der Vorgang ist mit der mechanischen Passivität nach Abschn. 6.1 verwandt. Es bildet sich eine mit einem Salz des Metalls gesättigte Diffusionsgrenzschicht, und festes Salz scheidet sich an Kratzern und Lochfraßstellen der Metalloberfläche aus. Dies führt zu einer bevorzugten Auflösung hervorstehender Teile und damit zu einer Polierwirkung.

15.2 Metallische Überzüge

15.2.1 Überblick über die verschiedenen metallischen Beschichtungsverfahren

Metallische Überzüge lassen sich nach folgenden Verfahren aufbringen:

— Mechanische Verfahren

Zu dieser Gruppe zählen das mechanische Plattieren (Aufwalzen einer Metallfolie auf ein Grundmaterial) und das Metallspritzen mit Aluminium und Zink. Das Streichen mit Zink- oder Aluminiumstaubfarbe ergibt einen vorwiegend metallischen Überzug und kann ebenfalls in diese Gruppe eingereiht werden.

— Physikalische Verfahren

Wird die metallische Schicht bei höheren Temperaturen aufgebracht, bilden sich durch Diffusion Oberflächenlegierungen. In diese Kategorie fällt das Schmelztauchen in Bädern aus geschmolzenem Zink, Blei oder Aluminium und das Drehen in Trommeln bei hohen Temperaturen zusammen mit einem Pulver des Beschichtungsmetalls, welches mit einem geeigneten Flußmittel versehen ist. Spezielle Trommelverfahren sind das Sheradisieren (Zinküberzug auf Stahl) oder das Alitieren oder Calorisieren (Aluminiumüberzug auf Stahl). Die Oberfläche eines unlegierten Stahls kann auch mit Edelstahl durch Schweißen überzogen werden.

Bei anderen Verfahren, die auf der Kondensation des Beschichtungsmetalls auf dem kalten Grundmaterial beruhen, kommt es zu keiner Legierungsbildung an der Oberfläche und die Bindung zum Grundmetall ist hauptsächlich mechanischer Art. Beispiele für diese Gruppe sind das Vakuumaufdampfverfahren und das Plasmaspritzen. Alle diese Verfahren werden als PVD-Verfahren (Physical Vapor Deposition) bezeichnet.

— Chemische Verfahren

Bei Verfahren unter hohen Temperaturen, die eine Legierungsbildung an der Oberfläche bewirken, wird der zu schützende Gegenstand (A, z.B. Stahl) in eine Schmelze oder einen Dampf einer chemischen Verbindung, häufig ein Chlorid, des Beschichtungsmetalls (B, z.B. Chrom) eingeführt. Das Beschichtungsmetall kann entsprechend folgender Reaktionen abgeschieden werden:

a) Austausch: $A + BCl_2 \rightarrow B + ACl_2$,
b) chemische Reduktion: $BCl_2 + H_2 \rightarrow B + 2HCl$,
c) thermische Dissoziation: $BCl_2 \rightarrow B + Cl_2$.

Bei allen diesen Reaktionen kommt es an der Grenzfläche zu einer mehr oder weniger starken Legierungsbildung zwischen Beschichtungsmetall B und Grundmetall A. Man faßt diese Verfahren unter der Bezeichnung CVD (engl. chemical vapor deposition) zusammen.

Verfahren bei niedrigen Temperaturen führen nicht zu metallischer Legierungsbildung an der Oberfläche. Bei ihnen erfolgt die Metallbeschichtung durch
a) kathodische Metallabscheidung, sog. Elektroplattieren,
b) chemische Reduktion (z.B. Bildung einer Silberschicht aus Silbernitrat durch Reaktion mit Formaldehyd; chemische Nickelplattierung durch Reduktion mit Hypophosphit),
c) Eintauchplattieren, das die Reduktion eines edleren Metalls aus einem seiner Salze durch das unedlere Grundmetall bewirkt, z.B. Kupfer auf Stahldrähten (Telefonleitungen).

15.2.2 Metallische Schutzüberzüge, die edler als das Grundmetall sind

Zu den metallischen Überzügen auf unlegiertem Stahl, die edler als das Grundmetall sind, gehören z.B. Kupfer, Nickel, Chrom, Blei, Zinn und Silber. In weichem Wasser ist sogar Aluminium edler als Stahl. Oberhalb von 60 °C wird auch Zink infolge der Bildung einer Zink/Zinkoxid-Elektrode edler als Stahl.

Überzüge aus edleren Metallen als das Grundmetall sollten völlig dicht sein. Sind Poren oder Kratzer vorhanden, entsteht die gefährliche Kombination aus kleiner Anode und großer Kathode, die zu Lochfraß führen kann. Solche Überzüge werden auch als kathodisch bezeichnet (vgl. Bild 15.4).

Der wichtigste metallische Schutzüberzug dieser Gruppe ist der elektrolytisch aufgebrachte Nickelüberzug auf Stahl. Der Stahl wird gelegentlich erst mit Kupfer plattiert, weil Kupfer nicht nur billiger ist als Nickel, sondern auch leichter zu polieren ist als Stahl und weil ein Kupferüberzug leichter porenfrei herzustellen ist. Verbesserte moderne Nickelbäder ermöglichen es jedoch, dichte Nickelschichten direkt auf dem Stahl abzuscheiden. Sie sind korrosionsbeständiger als Kupfer-Nickel-Schichten, insbesondere in Industrieatmosphäre.

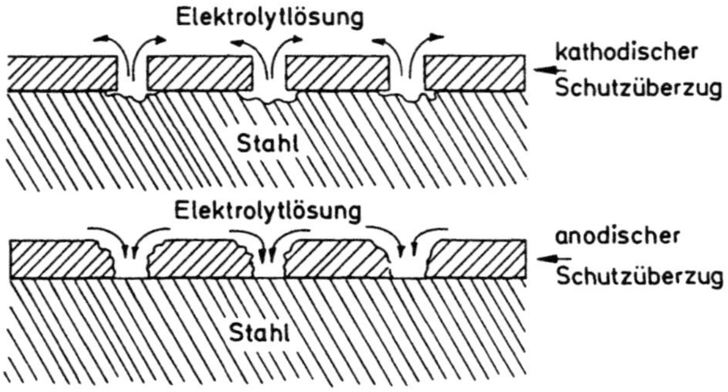

Bild 15.4. Schematische Darstellung des Stromflusses an Störstellen in einem kathodischen und einem anodischen Schutzüberzug auf Stahl.

Glänzende Nickeloberflächen erhält man häufig durch sog. Duplexüberzüge. Diese bestehen aus einer inneren halbmatten Nickelschicht, die sich aus einem Bad mit bestimmten ausgleichenden Zusatzstoffen abscheidet und einer äußeren Schicht, die aus einem Nickelbad mit Zusatz von Glanzbildnern entsteht. Dies sind Inhibitoren, welche ein grobkristallines Wachstum verhindern; sie sind häufig vom gleichen Typ wie die Korrosions- und Beizinhibitoren. Die Anwendung von zwei verschiedenen Nickelschichten verringert die Wahrscheinlichkeit für das Auftreten offener Porosität, wie sie durch Bildung von Wasserstoffblasen entstehen kann, wenn diese während des Abscheidungsprozesses an der Kathode haften. Ferner ist die glänzende Nickelschicht unedler als die halbmatte und übt dadurch eine kathodische Schutzwirkung in vorhandenen Poren aus. Allgemein gilt, daß die Korrosionsanfälligkeit von Nickelschichten wie auch anderer elektrolytischer Metallüberzüge mit dem Gehalt an gleichzeitig abgeschiedenen Zusatzstoffen in der Schicht ansteigt.

Nickelplattierungen laufen im Freien ziemlich schnell durch Oxidation an. Sie werden daher für den Einsatz in korrosiver Atmosphäre elektrolytisch mit einer dünnen Chromschicht überzogen, welche den Glanz erhält, die Schutzwirkung allerdings kaum erhöht. Der als Verchromung bekannte Überzug bei Autos besteht im wesentlichen aus Nickel (35-50 µm) und nur zu einem kleinen Teil (0,3-0,5 µm) aus Chrom. Der dünne Chromüberzug, der edler ist als die Nickelschicht, ist nie ganz dicht. Tatsächlich scheint eine größere Anzahl von Mikrorissen oder Mikroporen in dem Chromüberzug von Vorteil zu sein, weil die größere Anodenfläche zu einem langsameren Eindringen in die Nickelschicht führt. Eine Chromschicht mit Mikroporen erhält man durch die gleichzeitige Abscheidung kleiner, feinverteilter, nichtleitender Teilchen, z.B. $BaSO_4$, aus dem Nickelbad mit Glanzzusatz innerhalb der glänzenden Nickelschicht.

Gegen Abrieb schützen dicke Chromschichten, die direkt auf den Stahl elektroplattiert werden. Wichtige Anwendungsgebiete finden sich im Druckereiwesen. Die Kolbenringe von Verbrennungsmotoren werden häufig auch mit dicken Chromschichten versehen.

Nickelüberzüge erhält man ebenfalls durch chemisches oder stromloses Nickelplattieren. Nickel läßt sich aus wäßrigen Lösungen seiner Salze mittels Reduktion mit Natriumhypophosphit $NaPH_2O_2$ abscheiden. Die abgeschiedene Nickelschicht ist röntgenographisch amorph, kristallisiert aber beim Erhitzen auf etwa 400 °C; sie enthält ca. 7-9 % Phosphor, der aus eingeschlossenem Nickelphosphid stammt. Für einen ähnlichen Prozeß werden Borwasserstoffe als Reduktionsmittel verwendet; die Nickelschicht ist dann borhaltig.

15.2.3 Metallische Schutzüberzüge mit kathodischer Schutzwirkung

Ein Metallüberzug, der unedler ist als das Grundmaterial, liefert neben einem mechanischen auch einen kathodischen Schutz, indem er als Opferanode in bezug auf das Grundmaterial wirkt. Derartige Überzüge bezeichnet man deshalb als anodisch, s. Bild 15.4. Wegen des kathodischen Schutzes in Poren oder Kratzern brauchen diese Überzüge nicht vollkommen dicht zu sein. Zu den Beispielen für Metallüberzüge, die bezüglich Stahl anodisch sind, zählen vor allem Zink und Cadmium. Dasselbe gilt auch für Aluminiumüberzüge in chloridhaltiger Umgebung. Aufgespritzte Aluminiumschichten sind immer unedler als Stahl. Zinn ist im allgemeinen edler als Stahl, kann aber auf der Innenseite von Blechdosen unedler sein, wahrscheinlich infolge der Bildung komplexer Zinnionen, welche organische Säurereste enthalten.

Die wichtigste praktische Anwendung von anodischen Metallüberzügen ist die Verzinkung von Stahl. Zinküberzüge können auf verschiedene Weise aufgebracht werden. Einzelteile werden durch Elektroplattieren oder durch Eintauchen in flüssiges Zink ("Feuerverzinkung") überzogen. Größere Teile lassen sich mit Zink entweder durch Aufspritzen von geschmolzenem Zink oder durch Streichen mit einer zinkreichen Farbe schützen. Die beiden zuletzt genannten Verfahren sind erheblich teurer.

Die Schutzwirkung von elektrolytisch aufgebrachten Zinküberzügen wird häufig durch nachfolgendes Chromatieren weiter erhöht. Mit Zink überzogener Stahl sollte bei Einsatz in korrosiver Atmosphäre zusätzlich gestrichen werden. Dazu muß die Zinkoberfläche so vorbehandelt werden, daß ihr alkalischer Charakter neutralisiert wird. Dies kann durch einen passivierenden Haftgrund (Wash-Primer) oder durch Phosphatieren oder Chromatieren erfolgen. Der Zinküberzug wird anschließend mit einer Farbe überstrichen, die nicht mit Alkali reagiert.

Beim Feuerverzinken wird der sorgfältig gesäuberte Stahl in ein Zinkbad getaucht. Ein Flußmittel dient zur Lösung der Oxide, die sich auf der Stahloberfläche zwischen dem Reinigungsvorgang und der Verzinkung gebildet haben. Ihre Beseitigung soll die Reaktion zwischen Eisen und Zink erleichtern. Je nach der Art der Anwendung des Flußmittels lassen sich verschiedene Verfahren unterscheiden:

Beim "trockenen" Feuerverzinken wird das Teil in eine Flußmittellösung getaucht, die aus einer wäßrigen Lösung von Zink- und Ammoniumchlorid besteht. Vor dem Eintauchen in das Zinkbad kommt das Teil zum Trocknen in einen Trockenschrank.

Beim "nassen" Feuerverzinken wird das gereinigte Teil direkt in das Zinkbad getaucht, wobei die Metalloberfläche mit einer geschmolzenen Schicht aus Flußmittel bedeckt ist, die auch in diesem Fall aus Zink- und Ammoniumchlorid besteht. Die Badoberfläche wird durch ein senkrechtes Stahlblech in zwei Teile geteilt und ein Teil der Oberfläche mit einer Flußmittelschicht versehen. Die zu verzinkenden Gegenstände werden durch die Flußmittelschicht hindurch in das Bad eingetaucht und aus dem Teil ohne Flußmittelschicht wieder herausgezogen. Das Feuerverzinken erfolgt normalerweise bei einer Zinkbadtemperatur von 450-460 ^{o}C.

Zwei Spezialverfahren des Feuerverzinkens sind das kontinuierliche Verzinken von Stahlbändern nach dem Sendzimir-Verfahren und das Sheradisieren.

Beim Sendzimir-Verfahren wird das Stahlband in der Gasphase vorbehandelt. Zuerst wird es durch einen Glühofen mit oxidierender Atmosphäre geschickt, um kohlenstoffhaltige Verunreinigungen (z.B. Fett, Kohlenstoffteilchen nach dem Beizen) wegzubrennen und anschließend durch einen Glühofen mit einer Spaltgas-Atmosphäre geführt, welche Oberflächenoxide reduziert und dieselbe Aufgabe wie oxidlösende Flußmittel bei anderen Verfahren erfüllt. Danach wird das Band durch ein Zinkbad gezogen und schließlich abgekühlt, gerichtet und geschnitten. Man erhält mit diesem Verfahren eine dünne Zinkschicht.

Das Sheradisieren ist ein Trommelverfahren, welches sich für das Verzinken von Kleinteilen eignet. Die Gegenstände werden zusammen mit Zinkpulver in einen Glühofen gelegt. Dieser wird gedreht, auf eine Temperatur direkt unterhalb des Schmelzpunktes von Zink aufgeheizt und auf dieser Temperatur ca. eine Stunde gehalten, wobei das Zink durch die Gasphase übertragen wird. Mit diesem Verfahren läßt sich eine dünne, gut haftende Schicht erzeugen.

Feuerverzinkte Schichten kosten zwar ungefähr ebensoviel wie ein erstklassiger Korrosionsanstrich, haben aber eine längere Lebensdauer. Diese liegt für Zinkschichten üblicher Dicke (80-125 µm) auf einer Stahlkonstruktion in ländlicher Umgebung bei mindestens 40 Jahren.

Bei der Erzeugung von Zinküberzügen durch Metallspritzen wird Zink in Form eines Drahtes oder eines Pulvers in die Acetylen-Sauerstoff-Flamme eingeführt, wobei das Zink schmilzt und als feine Tröpfchen mittels komprimierter Luft auf die Stahloberfläche geblasen wird. Liegt das Zink in Drahtform vor, kann das Schmelzen auch durch elektrisches Heizen erfolgen.

In ähnlicher Weise kann Stahl auch mit Aluminium überzogen werden, und zwar durch Schmelztauchen, in Trommeln oder durch Metallspritzen, nicht aber durch Elektroplattieren. Mit Aluminium beschichteter Stahl eignet sich besonders für Schalldämpfer und Auspuffrohre von Kraftfahrzeugen sowie für Abgas- und Rauchgassysteme auch unter reduzierenden Bedingungen, z.B. in schwefelhaltigen Gasen, bei denen legierte Stähle häufig versagen.

Ein Zinküberzug mit kathodischem Schutz läßt sich auch durch Streichen der Stahloberfläche mit einer Zinkstaubfarbe erzeugen. Die Farbe muß einen hohen Anteil an Zinkstaub aufweisen, ungefähr 95 % des trockenen Films entsprechend, so daß die Zinkteilchen teils untereinander, teils mit dem Grundmaterial in elektrischem Kontakt sind. Dazu muß das Grundmaterial gut gereinigt sein, z.B. sandgestrahlt. Langfristig bildet sich dann Zinkoxid, welches als kathodischer Inhibitor wirksam ist (vgl. Abschn. 13.2.2).

Das Bindemittel eines zinkreichen Farbanstrichs kann organisch (Epoxid- oder Phenolharz), anorganisch (Bleisilikat) oder beides (Äthylsilikat) sein. Zinkreiche Anstriche gewähren einen sehr guten Schutz gegen atmosphärische Korrosion und können ohne einen Deckanstrich eingesetzt werden. Ein wichtiges Anwendungsgebiet sind reparaturbedürftige Oberflächen, bei denen vorher die Zinkschicht durch Feuerverzinken oder Metallspritzen erzeugt wurde. Die zinkreichen

Farben gehören zur Gruppe der Werkstattgrundierfarben. Am häufigsten wird eine Zink-Blei-Silikat-Kombination verwendet, die wie andere bleihaltige Farben die Fähigkeit besitzt, Sulfate und bis zu einem gewissen Grad auch Chloridionen zu neutralisieren.

15.3 Nichtmetallisch-anorganische Überzüge

15.3.1 Mechanisch schützende Überzüge

Email ist eine glasige Substanz, die sich aus Glasbildnern, Flußmittel, Stabilisatoren, opaken Agenzien und Farbpigmenten zusammensetzt. Der Glasbildner besteht hauptsächlich aus Quarzsand (SiO_2) und Borax ($Na_2B_4O_7$) und das Flußmittel aus Kalium- und Natriumoxid. Eine bessere chemische Beständigkeit läßt sich durch die Stabilisatoren Calcium- und Aluminiumoxid erzielen. Die opaken Zusatzstoffe sind gewöhnlich Titan- und Zirkondioxid, die sich im Glas nicht lösen. Die Farbpigmente sind Metalloxide.

Bei 1200-1300 $^{\circ}C$ entsteht aus diesen Substanzen eine schmelzflüssige Masse, die granuliert und in Wasser abgekühlt wird. Das Granulat wird anschließend zusammen mit Wasser, Ton und Natriumsilikat in Kugelmühlen zu einer viskosen, nicht sedimentierenden Dispersion gemahlen. Diese kann durch Eintauchen oder Aufspritzen auf die sorgfältig gereinigte Fläche aufgebracht werden. Der Überzug wird zunächst bei einer Temperatur von ungefähr 125 $^{\circ}C$ getrocknet und anschließend bei 500-850 $^{\circ}C$ für 4-10 Minuten je nach Art und Dicke des Grundmaterials gebrannt. Das Email, das bei diesem Vorgang teilweise geschmolzen wird, ist fest mit dem Grundmaterial verbunden und bildet eine glänzende Oberfläche.

Email zeigt eine gute Beständigkeit gegen nicht zu starke Alkalien, gegen Säuren (mit Ausnahme von Fluorwasserstoffsäure), gegen kochendes Wasser, Wasserdampf und verschiedene organische Lösungsmittel sowie gegen Hitze (bis zu 600 $^{\circ}C$). Email ist außerdem farbbeständig, elektrisch isolierend, geruchs- und geschmacksneutral und beständig gegen Abrieb. Der große Nachteil von Emailschichten ist ihre Sprödigkeit, so daß schon eine leichte Verformung des metallischen Grundwerkstoffs zum Abplatzen führt.

Zum Emaillieren eignen sich vorzugsweise niedriglegierte Sonderstähle oder wenigstens unberuhigte Stähle, die eine weitgehend einschlußfreie Oberflächenschicht mit geringem Kohlenstoffgehalt aufweisen. Bei Stählen, die mit Aluminium beruhigt sind und häufig Calciumsulfideinschlüsse enthalten, kann es zum Auftreten von sog. Fischschuppen kommen. Es handelt sich hierbei um ein Absplittern des Emails, das in gewissen Fällen erst nach zwei bis drei Monaten auftritt. Die Ursache scheint in einer Wasserstoff- oder Methanansammlung unterhalb der Emailschicht zu liegen.

Neben dem Emaillieren von Schmuck- und Ziergegenständen wird das Emaillieren in der Praxis hauptsächlich für Aluminium angewandt, insbesondere in der Bauindustrie. Die Emailschicht ist matt oder glänzend erhältlich und kann praktisch beliebig eingefärbt werden. Deshalb erlaubt emailliertes Aluminium einen größeren Spielraum in der Farbwahl für architektonische Zwecke als eloxiertes Material (s.u.).

Ein Metall wird gelegentlich durch die Bildung eines mechanischen Passivoxidfilms geschützt. Ein Beispiel dafür ist die "Schwarzoxidation" von Stahl in einer Ätzalkalilauge, die ein Oxidationsmittel enthält. Dabei bildet sich eine schwarz-braune Oxidschicht aus Magnetit (Fe_3O_4), die eine geeignete Grundlage für Rostschutzöle und -fette darstellt. Für den Schutz von Uranbrennstäben in Kernreaktoren wird häufig eine Zirkonlegierung (Zircaloy) mit 1,5 % Zinn und ungefähr 0,1 % Eisen, Chrom und Nickel verwendet. Sie wird durch eine dichte, schwarze ZrO_2-Schicht geschützt, welche durch kontrollierte Oxidation in Dampf erzeugt wird.

Auf bestimmten Metallen, insbesondere Aluminium, können dicke Oxidschichten durch elektrolytische Prozesse erzeugt werden. Man bezeichnet das Verfahren als Anodisieren (bei Aluminium auch Eloxieren), weil die Metallgegenstände als Anoden in einem elektrolytischen Bad geeigneter Zusammensetzung geschaltet werden. Die Anodisierungsschicht ist porös und kann deshalb leicht gefärbt werden. Die Schutzwirkung der Anodisierungsschicht kann durch Versiegelung erhöht werden, die in einer Behandlung in heißem Wasser besteht, das vorzugsweise einen Inhibitor wie z.B. Kaliumchromat enthalten sollte. Auch Magnesium, Zink, Zirkonium und Titan lassen sich in ähnlicher Weise anodisieren.

Die anodische Oxidation von Aluminium und Aluminiumlegierungen bewirkt eine Verstärkung des extrem dünnen Oxidfilms, mit dem Aluminium unter atmosphärischen Bedingungen immer überzogen ist. Der Aluminiumgegenstand wird als Anode in einem geeigneten Elektrolyten geschaltet, meist eine wäßrige Lösung von Schwefel- oder Chromsäure, während die Kathode aus Blei besteht. An der Anode (Aluminiumgegenstand) entwickelt sich atomarer Sauerstoff, der hauptsächlich zu

Aluminiumoxid reagiert und eine in Säuren unlösliche Schicht bildet. Da die Oxidschicht ein größeres Volumen einnimmt als das Metall, aus dem sie entstanden ist, kommt es zu einer Zunahme der Abmessungen um ca. 1/3 der Filmdicke (Tabelle 15.1).

Tabelle 15.1. Angaben zu Anodisierverfahren

Anodisierverfahren	Elektrolytkonzentration in %	Temperatur in °C	Zellspannung in V	Stromdichte in A/m²	Anodisierzeit in min	Filmdicke in µm
Chromsäureverfahren	3-10	ca. 40	10-50[a]	10- 30	20-60	1- 8
Schwefelsäureverfahren	20	< 20	12-24	120-200	10-60	5-30

[a] kontinuierliche Erhöhung

Nach dem Anodisieren in Schwefelsäure wird der Film in heißem Wasser oder in einer wäßrigen Lösung, z.B. Kaliumchromatlösung, bei 95-100 °C für 30 Minuten versiegelt. Das Schwefelsäureverfahren ist sowohl bezüglich der Chemikalien als auch der elektrischen Energie beträchtlich billiger als das Chromsäureverfahren. Gegenstände mit Poren und Spalten, z.B. genietete Verbindungen, können nicht in Schwefelsäure anodisiert werden, da Elektrolytrückstände an diesen Stellen zu Korrosion führen können. Beim Chromsäureverfahren besteht wegen der korrosionsinhibierenden Eigenschaften von Chromsäure keine solche Gefahr. Es sollten nur Gegenstände anodisiert werden, die keine Schwermetalle enthalten, da diese bei der anodischen Oxidation stark angegriffen werden.

Anodisierungsschichten aus Chromsäurebädern werden meist nicht versiegelt, haben aber trotzdem eine bessere Korrosionsbeständigkeit als unversiegelte Filme aus einem Schwefelsäurebad. Schichten aus dem Schwefelsäurebad sind im allgemeinen leichter und dekorativer und auch besser für ein nachfolgendes Einfärben geeignet als die grau bis gelb-grauen Schichten aus Chromsäurebädern. Außerdem sind erstere hart und spröde, während letztere relativ weich und elastisch sind.

15.3.2 Schutzüberzüge mit inhibierender Wirkung

Stahl wird üblicherweise in Phosphorsäurelösungen phosphatiert, die saure Zink- oder Manganphosphate enthalten. Die Lösung wird entweder durch Eintauchen oder Aufspritzen aufgebracht. Dabei wird der Stahl durch die Säure unter Bildung von Eisenphosphaten angegriffen, die mit der Metalloberfläche verwachsen und daher auch Keimplätze für die Kristallisation von schwerlöslichen Mangan- oder Zinkphosphaten bilden. Letztere werden infolge einer pH-Erhöhung an der Metalloberfläche ausgeschieden. Das Phosphatieren läßt sich durch den Zusatz von Oxidationsmitteln wie Nitraten oder Chromaten beschleunigen, wobei Nitrat geeigneter ist, da es zu Nitrit reduziert wird, welches später eine inhibierende Wirkung ausübt. Eine Stahloberfläche sollte vor dem Phosphatieren in Säure gebeizt werden, wenn die Phosphatschicht lackiert werden soll. Dient der Phosphatfilm als Basis für Öl oder Fett, ist Sandstrahlen als Vorbehandlung vorzuziehen.

Die Dicke des Phosphatfilms ist gewöhnlich 2-3 μm, kann aber zwischen 1-10 μm schwanken. Der Film hat kristalline Struktur, ist spröde und hält nur geringen Spannungen stand, ohne zu platzen. Er ist matt, die Farbe zeigt verschiedene Schattierungen zwischen grau und braun. Phosphatfilme haften gut und sind etwas porös, weshalb sie eine ausgezeichnete Grundlage für Farben, Lacke, Rostschutzöle und -fette darstellen. Alleine bietet der Phosphatfilm nur einen unzureichenden Schutz. Das Phosphatieren wird übrigens auch zur Verminderung der Reibung beim Kaltziehen eingesetzt.

Als Dünnschichtphosphatierung bezeichnet man das Phosphatieren in schwach sauren Alkaliphosphatbädern. Diese Phosphatfilme bestehen aus Fe(III)-Phosphat und Fe_2O_3, sind sehr dünn (0,1-0,2 μm), feinkristallin und sehr hart.

Um einen besseren Korrosionsschutz zu gewährleisten, sollten alle Phosphatfilme zum Schluß in einer verdünnten Lösung von Chromsäure gespült und anschließend gut getrocknet werden. Wird der Lack elektrophoretisch aufgetragen (s. Abschn. 15.4.5), erübrigt sich das Trocknen.

Das Phosphatieren von Nichteisenmetallen unterscheidet sich prinzipiell nicht von dem der Stähle. Die Oberflächen der Nichteisenmetalle werden dabei durch einen Überzug aus Zink- oder Manganphosphat bedeckt. Das Phosphatieren eignet sich am besten für Zink und Cadmium, führt zu guten Ergebnissen bei Aluminium und kann auch für Magnesium verwendet werden.

Das Chromatieren gleicht dem Phosphatieren und wird häufig als passivierende Behandlung nach dem Phosphatieren eingesetzt. Es findet nicht allein bei Stahl, sondern bei Leichtmetallen und bei Zink und Cadmium Verwendung. Chromatieren ist schnell, billig und leicht durchzuführen. Bei allen genannten Metallen besteht es in einer Oxidationsbehandlung der Metalloberfläche in einem Bad, das Chromsäure oder Chromate enthält. Es bilden sich Schichten, die aus Chromaten und Cr(III)-Oxid bestehen, wobei sich die Farbe (grün, gelb oder farblos) mit zunehmender Säurekonzentration ändert. Die Schichten sind im allgemeinen sehr dünn (0,5 µm), haben eine Gelstruktur und sind sehr dicht. Ihre Haftung ist außerordentlich gut, so daß solche Schichten eine gute Grundlage für Anstriche bilden. Obwohl sie nur eine geringe Beständigkeit gegen Abrieb aufweisen, zeigen sie eine gewisse selbstheilende Fähigkeit, wenn sie an einer Stelle beschädigt werden. Dies ist darauf zurückzuführen, daß die Chromate nicht ganz unlöslich sind und es somit an feuchter Luft durch Oberflächendiffusion in den umliegenden Bereichen zur Repassivierung der freigelegten Oberflächen kommt.

Aluminium wird gewöhnlich in Säurebädern chromatiert, die Chrom- und Schwefelsäure und manchmal Fluoridionen als Katalysatoren enthalten. Diese Bäder wirken schnell, erfordern eine Behandlungszeit von wenigen Minuten und ergeben eine Filmdicke von nur 0,01-0,05 µm. Die Chromatfilme sind wegen ihrer positiven Eigenschaften weit verbreitet, insbesondere als Grundlage für Anstriche. Sie stellen häufig einen billigeren Ersatz für das Anodisierverfahren dar, wenn dieses wegen hoher Kosten oder besonderer Schwierigkeiten (Konstruktionen aus verschiedenen Metallen) vermieden werden soll.

Zink und Cadmium werden in Lösungen chromatiert, die aus Chrom-, Salpeter- und Schwefelsäure zusammengesetzt sind. Elektrolytisch abgeschiedene Zinküberzüge werden ebenfalls häufig chromatiert.

15.4 Organische Überzüge

Das Überziehen von Metalloberflächen mit organischen Stoffen, insbesondere mit Farben und Lacken, ist das weitaus wichtigste Verfahren des Korrosionsschutzes und ist wahrscheinlich für die Hälfte aller Kosten verantwortlich, die für Korrosionsschutzmaßnahmen ausgegeben werden.

15.4.1 Grundlagen der Anstrich- und Lacktechnik

Für Farben und Lacke ist es charakteristisch, daß sie in flüssiger Form aufgetragen und anschließend einem Trocknungsprozeß unterzogen werden. Das flüssige Produkt wandelt sich dann in ein festes, kohärentes und haftendes Material um, das als Schicht, Film, Mantel oder Überzug bezeichnet wird. Das Endprodukt besteht aus oder enthält einen beträchtlichen Anteil an hochpolymeren, amorphen organischen Substanzen.

Die folgenden drei Hauptbestandteile werden gewöhnlich bei Farben und Lacken unterschieden: a) Bindemittel, b) Pigment, c) flüchtige Lösungsmittel und Verdünner.

Das Bindemittel ist für die Kohärenz innerhalb des Farbfilms und für dessen Haftung auf dem Substrat verantwortlich. In einigen Fällen ist das Bindemittel selbst spröde und hat ein schlechtes Haftvermögen. Dies kann durch Zusatz von Weichmachern behoben werden, die nichtflüchtig sein müssen.

Das Pigment ist vorwiegend für Farbe und Deckvermögen verantwortlich, spielt aber auch für die Konsistenz, die Härte und die Festigkeit des Farbfilms eine bedeutende Rolle. In Grundfarben für Korrosionsschutz sollte das Pigment inhibierende oder andere korrosionsschützende Eigenschaften aufweisen. In Deckanstrichen wird für antikorrosive Zwecke häufig ein Pigment verwendet, das aus schuppenartigen Teilchen besteht, wodurch der Diffusionsweg für Sauerstoff und Wasser stark erhöht wird.

Ein Lösungsmittel wird dann benötigt, wenn das Bindemittel bei gewöhnlichen Temperaturen eine feste Substanz ist, wie es bei Harzen und leimartigen Substanzen der Fall ist. Ohne Lösungsmittel kommt man bei Ölfarben aus, die ein Öl mit einer niedrigen Viskosität enthalten. Das Lösungsmittel ist nicht nur für das Auftragen der Farbe wichtig, sondern es beeinflußt auch die Haftfähigkeit sowie andere Eigenschaften. Die flüssige Mischung aus Bindemittel, Lösungsmittel usw. wird als Medium bezeichnet, in dem das Pigment in disperser Form verteilt ist.

Der Verdünner ist eine flüchtige Flüssigkeit, welche der Farbe zugesetzt wird, um ihre Viskosität vor dem Auftragen zu vermindern. In vielen Fällen kann dieselbe Flüssigkeit sowohl als Lösungsmittel als auch als Verdünner fungieren. Von den genannten Farbbestandteilen ist das Bindemittel am wichtigsten. Die

Natur des Bindemittels ist für die Art und Eigenschaften der Farbprodukte entscheidend, welche deshalb häufig nach der Art des Bindemittels unterteilt und benannt werden (s. Tabelle 15.2).

Tabelle 15.2. Einteilung der organischen Überzüge nach Bindemittel und Trocknungsverfahren

PHYSIKALISCHE TROCKNUNG

a) Verdunstung des Lösungsmittels

Überzug	Bindemittel	Lösungsmittel	Verdünner
Zelluloselack	Zellulosenitrat	Ester, Ketone, Glykolester	Alkohole, aromatische Kohlenwasserstoffe, Brennspiritus
Spirituslack	Schellack, Kopal, Novolack	Äthanol	-
Chlorkautschuklack	Chlorkautschuk	Xylol, Ester	Brennspiritus
Asphaltlack	Asphalt	Brennspiritus, Terpentine	-
Vinyllack	PVCA*	Ketone, Ester, Trichloräthylen	Aromatische Kohlenwasserstoffe

b) Verdunstung des Dispersionsmittels

Überzug	Bindemittel	Dispersionsmittel
Latexfarbe	PVA, Akrylharz, Polystyrolbutadien	Wasser
PVC-Überzug	PVC	Ketone, Xylol, Brennspiritus (Organosol)

c) Erstarrung des geschmolzenen Polymers

Überzug	Bindemittel	Dispersionsmittel
Polyäthylen-Überzug	Polyäthylen	-
Nylon-Überzug	Nylon	-
PVC-Überzug	PVC	Weichmacher (Plastisol)
Epoxid-Überzug	Epoxidharz	-

CHEMISCHE TROCKNUNG

a) Oxidative Trocknung

Überzug	Bindemittel	Lösungsmittel	Verdünner
Ölfarbe	Trocknendes Öl	-	Terpentine, Brennspiritus
Alkydfarbe, lufttrocknend	Leinölalkyd	Brennspiritus	-

Tabelle 15.2. Fortsetzung

b) Kaltaushärtung (Polymerisation bei Raumtemperatur)

Überzug	Bindemittel	Lösungsmittel	Verdünner
Karbamidlack	Karbamidharz	Aromatische Kohlenwasserstoffe, Butanol	-
Polyesterlack	Glykolmaleinat Glykolfumarat etc.	Styrol	-
Expoxidlack, aminogehärtet	Epoxidharz	Ester	-
Urethanlack	Polyurethane	Aromatische Kohlenwasserstoffe, Ester	-

c) Warmaushärtung (Polymerisation bei erhöhten Temperaturen)

Überzug	Bindemittel	Lösungsmittel	Verdünner
Alkydlack, warmaushärtend	Alkydkarbamide, Alkydmelamine	Aromatische Kohlenwasserstoffe	Brennspiritus
Epoxidlack, warmaushärtend	Epoxidharz + Phenol- oder Aminoharz	Ester	-
Akryllack, warmaushärtend	Akrylharz	Styrol	Butanol

* Kopolymer von PVC und PVA, vgl. Tabelle 15.3

Farbe ist ein Mittel für den Oberflächenschutz, welche aus Pigment, Bindemittel, Bindemittellösung oder Bindemittelemulsion besteht. Eine Ölfarbe enthält als Hauptbindemittel ein trocknendes Öl. Bei Latexfarben ist das Bindemittel eine Emulsion aus bestimmten Polymerisaten wie Polyvinylazetat, Polystyrolbutadien und Akrylharze in Wasser.

Lack ist ein Mittel für den Oberflächenschutz, bei dem das Bindemittel aus einer organischen filmbildenden Substanz, die häufig in einem Lösungsmittel gelöst ist, besteht. Die filmbildende Substanz kann ein natürliches oder synthetisches Harz, ein polymerisiertes oder auf andere Weise chemisch modifiziertes trocknendes Öl, ein Zelluloseester oder Ester, chlorierter Gummi, eine bituminöse Substanz oder eine Kombination dieser Substanzen sein. Die Lösungsmittel sind im allgemeinen flüchtige organische Flüssigkeiten. Es gibt jedoch auch Lacke, die aus wasserlöslichen Bindemitteln bestehen.

Im englischen Sprachgebrauch unterscheidet man zwei Arten von Lacken. Der engl. "lacquer" genannte Lack bezeichnet einen Überzug, den man durch physikalische Trocknung erhält, während der im Englischen "varnish" genannte Lack ein trocknendes Öl enthält und der Überzug damit durch Oxidation entsteht. Ein Überzug aus schmelzbaren, aber unlöslichen Polymerisaten können als Pulver oder Schmelze durch Pulver- oder Flammspritzen oder durch Eintauchen aufgetragen und anschließend durch Schmelzen oder Sintern in eine dichte Schicht übergeführt werden.

Wie andere Verfahren der Oberflächenbehandlung von Metallen erfüllt auch das Streichen und Lackieren eine zweifache Funktion: Einerseits soll es die Oberfläche gegen Korrosionsangriffe und andere äußere Einflüsse schützen, andererseits soll es dem Gegenstand ein ansprechendes Äußeres verleihen. Dazu muß die Farbe eine geeignete Konsistenz und Fluidität entsprechend des Auftragungsverfahrens - Streichen, Spritzen, Tauchen - aufweisen. Ferner muß der Trocknungsprozeß in einer angemessenen Weise verlaufen und zu einer guten Haftung auf dem Substrat führen.

Die Konsistenz der Farbe ist vorwiegend von der Viskosität der flüssigen Bestandteile, des Anteils und der Art des Pigments sowie von der Temperatur abhängig. Beim Heißspritzen von Farbe kommt man mit wesentlich weniger Verdünner aus als beim Kaltspritzen.

Der Trocknungsprozeß kann physikalisch (physikalische Filmbildung) oder chemisch (chemische Filmbildung) erfolgen (s. Tabelle 15.2). Das physikalische Trocknen besteht aus der Verdunstung von flüchtigen Lösungsmitteln und Verdünnern oder von Dispersionsmitteln oder bei Schmelzüberzügen aus der Verfestigung des Bindemittels. Ein durch physikalische Trocknung entstandener Film kann deshalb in Lösungsmitteln gelöst werden, die zwischen die Moleküle des Bindemittels eindringen können.

Demgegenüber findet bei der chemischen Trocknung eine chemische Reaktion statt, bei der die Moleküle durch kovalente Bindungen verknüpft werden, die auch durch Lösungsmittel nicht aufgebrochen werden können. Leinöl und andere trocknende Öle reagieren mit dem atmosphärischen Sauerstoff, der Vernetzungsbrücken zwischen den Ölmolekülen aufbaut. Kovalente Bindungen entstehen auch beim Aushärten, wobei es in dem Überzug zu einer Polymerisation, Polykondensation oder Polyaddition kommt, die bei kaltaushärtenden Lacken bei normalen Temperaturen, bei Einbrennlacken bei einer erhöhten Temperatur (100-200 °C) stattfindet.

Eine mechanische Haftung entsteht vorwiegend auf unebenen und porösen Oberflächen, auf denen die Farbe durch Kapillarkräfte in die Poren gesogen wird und wo der getrocknete Film auf mikroskopischen, schräg herausragenden Flächen (Bild 15.5) haftet. Man kann jedoch auch auf einer vollkommen porenfreien, polierten und glänzenden Metalloberfläche eine gute Haftung erzielen. Dabei kommt es zur Adhäsion infolge zwischenmolekularer Anziehungskräfte zwischen den Filmmolekülen und dem Substrat. Eine wichtige Rolle hierfür spielen die im Bindemittel enthaltenen polaren Gruppen wie Carboxyl, Hydroxyl, Carbonyl, Amid und Nitrat. Bei der Anwendung von Haftgrundmitteln entstehen sogar chemische Bindungen zwischen dem Überzug und dem Substrat.

Die Adhäsion von organischen Überzügen auf metallischen Oberflächen läßt sich durch eine geeignete Grundierung erheblich verbessern. Das Phosphatieren von Stahl, das Eloxieren von Aluminium und das Chromatieren von Leichtmetallen führt im allgemeinen zu anorganischen Grundierungen, welche selber stark mit der Metalloberfläche verbunden sind und auf denen infolge ihrer Porosität Farbfilme durch mechanische Adhäsion fest verankert sind.

Da ein Farbfilm einen höheren Temperaturausdehnungskoeffizienten als das Grundmetall hat, können bei unzureichender Elastizität so große Scherkräfte zwischen Überzug und Substrat auftreten, daß der Überzug abblättert. Stark ölhaltige Bindemittel ergeben elastischere Überzüge als diejenigen, die hauptsächlich Harze und nur wenig Öl enthalten.

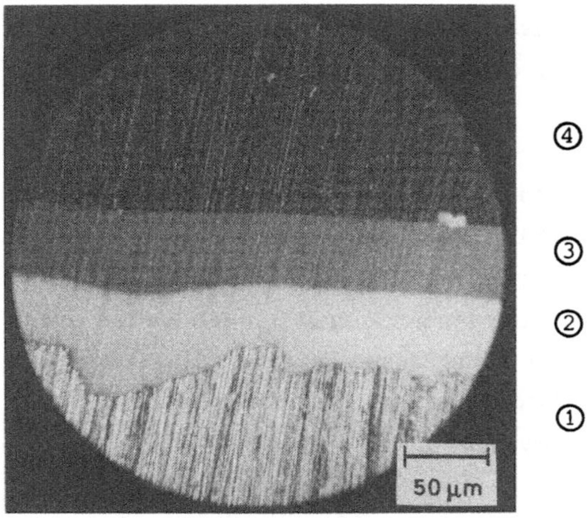

Bild 15.5. Querschnitt eines Farbfilmes auf einer Stahloberfläche. 1 = sandgestrahlter Stahl; 2 = Grundieranstrich, bestehend aus Bleimennige-Urethan-Alkydfarbe; 3 = Deckanstrich, bestehend aus Eisenoxid-Alkydfarbe; 4 = Preßharz.

15.4.2 Polymere Substanzen in organischen Überzügen

Die meisten Bindemittel in Farben und Lacken sind polymere Substanzen, welche beim Trocknungsvorgang zu Hochpolymeren umgewandelt werden. Dagegen bezeichnet man das monomolekulare nichtpolymerisierte Ausgangsmaterial als Monomer. Die Endung "mer" steht für die periodisch auftretende Einheit in einem Polymer, weshalb dieses ein durch Monomere gebildetes Makromolekül darstellt.

Entsprechend ihrer Struktur werden Polymere in zwei Hauptgruppen unterteilt:
— Kettenpolymere: Polymere, bei denen die Monomere untereinander kettenförmig, entweder linear oder verzweigt, verbunden sind;
— Netzpolymere: Polymere, bei denen die Monomere untereinander in einem dreidimensionalen Netzwerk verbunden sind.

Aufgrund der freien Rotation einer Einzelbindung hat ein Kettenpolymer eine gewisse Elastizität. Unter dem Einfluß einer äußeren Spannung werden die meist gekrümmten Moleküle gestreckt. Die Elastizität nimmt mit der Kettenlänge zu, wobei ein Polymer mit einer geraden, unverzweigten Kette elastischer ist als ein Kettenpolymer mit Verzweigungen (verzweigtes Polymer). Mit zunehmender Kettenlänge erhöht sich auch die Viskosität einer Polymerlösung. Ein viskoser Lack braucht deshalb nicht zu einem dicken Film zu führen. Bestimmte thermoplastische Kettenpolymere wie PVC, Polyäthylen und Nylon haben so lange Ketten, daß sie in üblichen Lacklösemitteln nicht aufgelöst und deshalb nicht als Lacklösungen aufgetragen werden können. Bei Lackfilmen, die aus Kettenmolekülen durch Verdunstung eines Lösungsmittels (physikalische Trocknung) entstanden sind, werden die Moleküle der Polymere durch schwache zwischenmolekulare Kräfte zusammengehalten. Ein derartiger Film ist deshalb in bestimmten Lösungsmitteln löslich.

Das Netzwerk- oder Vernetzungspolymer kann sich bilden, wenn Kettenmoleküle in Brücken untereinander durch kovalente Bindungen verknüpft sind. Je dichter diese Brücken in dem dreidimensionalen Netzwerk liegen, um so härter und weniger elastisch ist das Material. Diese Querverbindungen können weder durch Lösungsmittel noch durch eine Erhöhung der kinetischen Energie, d.h. durch eine angemessene Temperaturerhöhung, aufgebrochen werden. Aus diesem Grund ist ein Netzwerkpolymer unlöslich und unschmelzbar.

Ihrer Entstehung entsprechend können die Kunststoffe in solche unterteilt werden, die durch Polymersiation, Polykondensation oder durch Modifikation natürlicher Produkte wie Zellulose oder Gummi erzeugt wurden. Nach ihren Eigenschaften lassen sich Kunststoffe als Thermoplaste, Duroplaste und Elastomere klassifizieren.

Thermoplaste bestehen aus linearen oder verzweigten Kettenpolymeren ohne Querverbindungen. Duroplaste härten beim ersten Formpressen zu vernetzten Polymeren mit einer gut entwickelten Netzstruktur aus. Sie werden auch bei erneutem Erhitzen nicht wieder plastisch. Bei sehr starkem Erhitzen zersetzen sie sich durch das Aufbrechen der chemischen Bindungen.

Elastomere (Gummi) sind Substanzen, die bei ihrer Einsatztemperatur relativ weich sind. Bei Elastomeren bleibt die örtliche Bewegungsfreiheit der Kettenglieder erhalten, das Fließen, d.h. das gegenseitige Gleiten ganzer Moleküle, wird jedoch verhindert. Dies ist auf eine schwache Netzwerkstruktur von sich elastisch dehnenden Querverbindungen zurückzuführen. Wird der Grad der Vernetzung erhöht, indem man dem Gummi 30 % Schwefel zusetzt, erhält man harte Werkstoffe, z.B. Hartgummi (Ebonit, Vulkanit). Die Grenze zwischen Duroplasten und Elastomeren ist deshalb fließend.

Tabelle 15.3 zeigt, daß Thermoplaste und Elastomere häufig Polymerisate von Molekülen derselben Art darstellen, während Duroplaste häufig Polykondensate sind, die sich aus verschiedenen Molekülen unter Abgabe von Wasser oder anderer kleiner Moleküle bilden. Beispiele für die Polyaddition, d.h. Addition von Monomeren ohne Abgabe kleiner Moleküle, werden bei der Erzeugung von Polyurethanen aus Glykol und Isocyanaten gefunden.

Wie die Bindemittel in Farben und Lacken werden auch die polymeren Materialien als Korrosionsschutz eingesetzt, sogar in Form von Verkleidungen, die durch das Aufkleben von Folien oder Platten auf dem metallischen Substrat entstehen. Obwohl Kunststoffe gewöhnlich beständiger gegen Chemikalien sind als Baustähle, werden sie auch auf verschiedene Weise angegriffen. In Abhängigkeit der Art des Kunststoffs und des umgebenden korrosiven Mediums, kann der Angriff in Form von Hydrolyse (insbesondere bei Ester- und Äthergruppen), Oxidation (insbesondere bei Doppelbindungen), Quellen (z.B. Gummi in organischen Lösungsmitteln) oder in Form von Spannungsbruch (z.B. bei Äthylen und Akryl) stattfinden.

Im allgemeinen jedoch sind die Kunststoffe ziemlich beständig gegen wäßrige Lösungen nichtoxidierender Säuren, Salze und Alkalien. Die Duroplaste sind relativ immun gegenüber organischen Lösungsmitteln, in denen die Thermoplaste

Tabelle 15.3. Beispiele für Thermoplaste, Duroplaste und Elastomere

Chemische Bezeichnung	Trivial- oder Handelsname	Chemische Formel des Monomers (manchmal näherungsweise)	Ungefähre höchste Einsatztemperatur
Thermoplaste			
Polyvinylchlorid	PVC	CH_2CHCl	70 °C
Polyvinylidenchlorid	PVDC	CH_2CCl_2	100 °C
Kopolymer von Vinylidenchlorid und Akrylonitril	Saran		-
Polyvinylazetat	PVA	$CH_2CHOOCCH_3$	-
Polystyrol	PS	$CH_2CHC_6H_5$	70 °C
Polyvinylbutyral	PVB	$(CH_2CHO)_2CHC_3H_7$	45 °C
Polymethylmethakrylat	Plexiglas	$CH_2CCH_3OOCH_3$	90 °C
HD Polyäthylen (hart)	PE	CH_2	110 °C
LD Polyäthylen (weich)	PE	CH_2	90 °C
Polytetrafluoräthylen	Teflon	CF_2	250 °C
Polyhexamethylenadipinsäureamid	6,6-Nylon	$CO(CH_2)_4CONH(CH_2)_6NH$	125 °C
Polykaprolaktam	6-Nylon (Perlon)	$NH(CH_2)_5CO$	130 °C
Polyoxymethylen Polyacetalpolymethylen	Delrin	CH_2O	120 °C
Polypropylen	PP	CH_2CHCH_3	130 °C
Polyäthylenterephtalat	Terylene	$COC_6H_4COOCH_2CH_2O$	180 °C
Phenolformaldehydharz (Überschuß an Phenol)	Novolack	$C_6H_3OHCH_2$	-
Duroplaste			
Phenolformaldehydharz (Überschuß an Formaldehyd)	Bakelite, Resol	$C_6H_2OH(CH_2)_2$	150 °C
Karbamidformaldehydharz	Karbamidharz	$CH_2NHCONH$	80 °C
Cyanamidformaldehydharz	Melaminharz	$NCNCH_2CH_2OR$	100 °C

Fortsetzung Tabelle 15.3.

Chemische Bezeichnung	Trivial- oder Handelsname	Chemische Formel des Monomers (manchmal näherungsweise)	Ungefähre höchste Einsatztemperatur
Alkydharze (z.B. Polyglyzerinphtalatlinoleat)	Alkyd	$(CH_2O)CHRC_6H_4(CO)_2$ (R = Fettsäurekette)	175 °C
Epoxidharz	Araldit	$(C_6H_4O)_2C(CH_3)_2CH_2CHOHCH_2$	80 °C
Polyurethane (Polykarbamidsäureester)	Urethanharz	$R(NHCOO)_2R_1$	90 °C
Polysiloxan	Silikon	$SiO(CH_3)_2$	350 °C
Elastomere			
Polyisoprene	Naturkautschuk	$CH_2CH{=}CCH_3CH_2$	
Polybutadien	Buna	$CH_2CH{=}CHCH_2$	
Polystyrolbutadien	Buna S	$CH_2CHC_6H_5CH_2CH{=}CHCH_2$	
Polychlorbutadien	Neopren	$CH_2CCl{=}CHCH_2$	
Chlorosulfoniertes Polyäthylen	Hypalon	$(CHCl)_{12}(CH_2)_{72}CHSO_2Cl$	

zum Quellen neigen. Saran (vgl. Tabelle 15.3) ist gegenüber Öl beständig und kann deshalb als Alternative zu aminogehärteten Epoxidüberzügen für den innenseitigen Korrosionsschutz von Öltanks angewandt werden.

Viele Polymerisate, z.B. PVC, sind in organischen Lösungsmitteln unlöslich und können deshalb nicht als Farben oder Lacke verwendet werden. Diese Einschränkung im Gebrauch hochpolymerer Substanzen für Schutzüberzüge kann durch den Einsatz einer Dispersion des Polymers umgangen werden. Die dispergierte Phase kann in einigen Fällen zwischen 40 und 50 % betragen, ohne die Viskosität der Dispersion übermäßig zu erhöhen. Drei Arten von Dispersionen finden als Schutzüberzüge Anwendung:

— Latexfarben, in denen Polymerisate, z.B. PVA, Polystyrolbutadien oder Akrylharz, in Wasser als Dispersionsmittel dispergiert werden. Diese Dispersionsart ist weit verbreitet, jedoch weniger bei Metallen.
— Organosole, in denen das Polymerisat in einer geeigneten Mischung flüchtiger organischer Flüssigkeiten dispergiert ist. Die Mischung sollte sowohl

polare als auch nichtpolare Bestandteile enthalten. Für eine gute Konsistenz und Fluidität ist ein kleiner Durchmesser (ca. 0,1 μm) der dispergierten Teilchen des Polymerisats erforderlich, weshalb diese Größe genau kontrolliert werden muß. Dies wird durch die Anwendung sorgfältig bestimmter Anteile der polaren und nichtpolaren Flüssigkeiten erreicht. Die Organosole ergeben nach der Verdunstung der flüchtigen Flüssigkeit keinen kohärenten Film, sondern eine Schicht diskreter Teilchen. Einen dichten und festen Film erhält man, indem man die Schicht einige Minuten bei 150-180 °C sintert.

— Plastisole, in denen das Polymerisat in einem Weichmacher dispergiert wird. Diese Mischungen enthalten keine flüchtigen Bestandteile. Die Schwierigkeit in der Präparation eines Plastisols liegt in der Wahl des geeigneten Weichmachers für das entsprechende Bindemittel. Der Weichmacher sollte eine niedrige Viskosität aufweisen und keinerlei Lösungs- oder Quelleffekte auf das Bindemittel ausüben. Ferner sollte der Weichmacher reaktiv, d.h. polymerisierbar, sein. Plastisole werden entweder durch Eintauchen oder mit einem Spachtel aufgetragen. Auch bei dieser Dispersionsart ist es notwendig, die Schicht so zu erwärmen, daß die Teilchen zu einem kontinuierlichen Film verschmelzen.

15.4.3 Organische Schutzüberzüge mit inhibierender Wirkung

Zu den organischen Schutzüberzügen mit inhibierender Wirkung gehören gewöhnliche Ölfarben, die trocknende Öle wie Leinöl enthalten. Es ist bekannt, daß die Oxidationsprodukte von Leinöl, wie z.B. Zimt- und Pelargonsäure, in gleicher Weise inhibierend wirken wie Benzoesäure. Vor allem findet man in dieser Gruppe Grundiermittel, die als Passivatoren oder anodische Inhibitoren Pigmente enthalten. Dazu müssen die Pigmente eine bestimmte Löslichkeit (ca. 0,1-1 g/l) aufweisen. In den Film eindringendes Wasser wird zu einer mit dem Inhibitor gesättigten Lösung, welche das Metall passiviert und auf diese Weise auch einen gewissen Schutz in Defekten des Überzugs schafft. Beispiele für derartige inhibierende Pigmente sind Bleimennige, Calciumplumbat, Bleicyanamid, Zinkchromat, Calcium- und Zinkmolybdate. Die inhibierenden Substanzen bestehen manchmal aus Seifen, die aus basischen Pigmenten und Leinöl entstanden sind.

Wasser verliert seine korrosiven Eigenschaften im Kontakt mit einer Farbe, die aus basischen Pigmenten und Leinöl zusammengesetzt ist. Bleiweiß (basisches Bleicarbonat oder -sulfat), Bleiglätte (Bleioxid) und Zinkoxid sind Beispiele für diese Pigmente. In Abwesenheit von Leinöl verleihen sie dem Wasser keine inhibierende Wirkung, welche deshalb Produkten (metallische Seifen) zugeschrieben werden muß, die durch eine Reaktion von Leinöl und Pigmenten gebildet werden.

Das älteste und bei Stahl noch immer am weitesten verbreitete Pigment für die Korrosionsschutzgrundierung ist Bleimennige Pb_3O_4, ein Doppeloxid aus Pb(II) und Pb(IV). Die meisten Bleimennigepigmente enthalten zusätzlich ungefähr 6 % freies PbO. Die Korrosionsschutzwirkung scheint teils auf die inhibierende Wirkung von Pb(IV), teils auf die Bildung von Bleiseifen aus Bleioxiden und Abbauprodukten (Säuren) von Leinöl zurückzuführen zu sein, welches normalerweise das Bindemittel bei Bleimennigeanstrichen darstellt. Diese Bleiseifen sind zäh, elastisch, stark haftend und auch wasserabweisend. Auf Leinöl basierende Bleimennigefarbe ist sogar für Stahloberflächen geeignet, die nicht ganz frei von Rost sind, z.B. abgebürstete, aber nicht sandgestrahlte Oberflächen. Etwaige Sulfat- oder Chloridionen im Rost werden außerdem als $PbSO_4$ und $PbCl_2$ gebunden.

Wegen der Gefahr einer Bleivergiftung sollte Bleimennigefarbe nicht ohne genaue Beachtung der Vorsichtsmaßnahmen gespritzt werden. Bleimennigefarbe ist erfahrungsgemäß nicht für das Streichen unedlerer Metalle wie Zink, Aluminium und Magnesium geeignet, zum einen weil die Bleioxide zu metallischem Blei reduziert werden können, zum anderen weil das Leinöl dazu neigt, durch eine unedle und basische Metalloberfläche verseift zu werden. Die Alkaliempfindlichkeit der Bleimennige-Leinöl-Farben macht sie auch in Verbindung mit kathodischem Schutz, z.B. bei Schiffen, unbrauchbar. In Form von Spachtelmasse wird Bleimennige häufig für das Abdichten von Fugen eingesetzt, um Spaltkorrosion zu vermeiden.

Von den weiter oben erwähnten anodischen Korrosionsinhibitoren werden die Chromate als Pigmente in Korrosionsschutzgrundierungen verwendet. Das Chromation hat in neutralen und alkalischen Lösungen inhibierende Eigenschaften. Die Wirkung resultiert aus einer Reaktion, bei der sich das Eisen zu Oxihydrat umsetzt, während das Chromat zu hydratisiertem Chromoxid reduziert wird; dadurch bildet sich ein Passivfilm auf der Metalloberfläche aus. In sauren Medien besteht die Gefahr, daß die hydratisierten Oxide nicht ausgefällt werden. Dementsprechend sind Chromatgrundierungen in Industrieatmosphäre mit einem hohen Gehalt an sauren Produkten erfahrungsgemäß nicht wirksam.

Während Alkalichromate eine so hohe Löslichkeit haben, daß sie bald aus einem Farbfilm herausgelöst würden, hat Bleichromat als wichtiges farbgebendes Pigment (Chromgelb) eine zu niedrige Löslichkeit, ungefähr 10^{-4} g/l, um eine ausreichende Inhibitorwirkung auszuüben. Eine geeignete Löslichkeit wird bei bestimmten Zinkchromaten, wie z.B. basisches Zinkchromat $K_2CrO_4 \cdot 3ZnCrO_4 \cdot Zn(OH)_2$ $x 2H_2O$ mit einer Löslichkeit von 1,1 g CrO_3/l und Zinktetrahydroxidchromat $ZnCrO_4 \cdot 4Zn(OH)_2$ mit einer Löslichkeit von 0,02 g CrO_3/l, gefunden, welche deshalb für einige Korrosionsschutzgrundierungen eingesetzt werden. Diese Grundierfarben enthalten gewöhnlich synthetische Harze wie z.B. Alkydharze als Bindemittel. Alkydfarben mit Zinkchromatpigmenten trocknen wesentlich schneller als Bleimennigeanstriche, außerdem werden die Filme härter. Ihre Wirksamkeit ist jedoch stärker von der Vorbehandlung der zu streichenden Oberfläche abhängig, als es bei Bleimennigeanstrichen der Fall ist. Einige andere Bindemittel haben sich ebenfalls bewährt, z.B. Phenolharze. Im Gegensatz zu Bleimennigeanstrichen sind Zinkchromatanstriche auch für Zink und Edelmetalle sowie als Spachtelmasse und Fugenmaterial für diese Metalle gut geeignet.

Neben Polyvinylbutyral und Phosphorsäure ist Zinktetrahydroxidchromat auch ein Bestandteil des Haftgrundmittels (engl. wash-primer), welche einen Kompromiß zwischen Korrosionsschutzgrundierungen und Phosphatierungsmitteln darstellen und welche sowohl für Stähle als auch für Leichtmetalle Verwendung finden.

Ein Haftgrundmittel kann aus seinen verschiedenen Bestandteilen auf zwei Arten hergestellt werden. Entweder werden die Komponenten von Anfang an zusammengemischt oder die Farbe wird als getrennt verpacktes Zweikomponentensystem geliefert und direkt vor dem Gebrauch gemischt. Tabelle 15.4 gibt ein typisches Beispiel für ein aus zwei Komponenten bestehendes Haftgrundmittel (die Zahlen stehen für Gewichtsanteile).

Tabelle 15.4. Beispiel für ein Haftgrundmittel (Wash-Primer) des 2-Verpackungs-Typs

Lösung A		Lösung B	
7,2	Polyvinylbutyral	3,6	Phosphorsäure (85 %)
6,9	Zinktetrahydroxidchromat	3,2	Wasser
1,1	Talkum	13,2	Isopropanol
48,7	Isopropanol		
16,1	Butanol		
80,0		20,0	

Die getrennt verpackten Zweikomponentensysteme haben den Vorteil, daß ein reaktionsfähiges Gemisch auf die Metalloberfläche aufgetragen wird. Nach der Reaktion mit dem Metall entsteht ein festhaftender und fast neutraler Film. Ein wesentlicher Nachteil ist, daß das Gemisch ziemlich schnell dickflüssig wird, was meist ein Auftragen durch das Tauchverfahren ausschließt. Das Haftgrundmittel muß innerhalb kurzer Zeit, z.B. 8 Stunden nach dem Mischen, verbraucht werden.

Demgegenüber läßt sich das Einkomponentensystem über Monate lagern. In diesen Haftgrundmitteln ist Zinkchromat durch Chrom(III)-Phosphat ersetzt, woraus schlechtere Haftungs- und Filmeigenschaften resultieren.

Eine andere Art von Haftgrundmitteln wird zusätzlich zu Zinktetrahydroxidchromat mit Eisenoxid pigmentiert, wodurch sich dessen Abriebfestigkeit erheblich verbessern läßt. Diese Art wird als Werkstattgrundierfarbe (engl. shopprimer) für vorgefertigte Teile in den Fertigungsbetrieben als temporärer Korrosionsschutz für solche Teile eingesetzt, die später gestrichen oder lakkiert werden sollen. Zuvor muß die Oberfläche jedoch wieder gereinigt (entfettet) werden. Bevor der Deckanstrich aufgetragen wird, sollte die Werkstattgrundierfarbe mit einem gewöhnlichen Korrosionsschutzgrundiermittel wie Zinkchromatgrundierung überzogen werden. Als Werkstattgrundierfarben können auch Zink- oder Aluminiumstaubfarben verwendet werden. Die Anforderung der Schweißbarkeit gilt für alle Werkstattgrundierfarben, die im Schiffbau verwendet werden.

Öle, Fette und Wachse werden mit Zusatz von geeigneten Korrosionsinhibitoren für den Korrosionsschutz von Metalloberflächen während der Lagerung und des Transports eingesetzt und deshalb häufig als zeitweilige Rostschutzmittel bezeichnet. Derartige Schutzsysteme können auch zur Konservierung von Automobilteilen verwendet werden.

Die zeitweiligen Rostschutzmittel lassen sich wie folgt einteilen:

- Korrosionsschutzflüssigkeiten, die ein verdunstungsfähiges Lösungsmittel enthalten;
- Korrosionsschutzöle und -fette;
- schmelzflüssige Korrosionsschutzmittel, die auf Wachs und Asphalt basieren;
- Korrosionsschutzemulsionen, die entweder Wasser enthalten oder mit Wasser vor Gebrauch verdünnt werden.

Die zeitweiligen Rostschutzmittel werden oft in Fällen eingesetzt, in denen eine Kombination aus Schmierung und temporärem Rostschutz erforderlich ist. In diesem Zusammenhang ist es von Bedeutung, daß sie durch organische Lösungsmittel entfernt werden können. Eine große Anzahl von Mischungen dieser Art sind unter verschiedenen Handelsnamen auf dem Markt erhältlich.

Bei der temporären und periodischen Rostschutzbehandlung von Autos wird das Korrosionsschutzmittel mit einer Hochdruckspritzpistole durch speziell dafür vorgesehene Öffnungen in die Hohlräume der Karosserie eingebracht. Einige der Öffnungen werden hinterher abgedichtet, andere bleiben für die Belüftung und Entwässerung offen, um die Ansammlung von Feuchtigkeit infolge von Regen, Waschen oder Temperaturänderungen zu vermeiden. Auf ähnliche Weise werden mit einer Kombination von Rostschutzmittel und Versiegelungsmasse Chassis und Radkästen von Autos behandelt.

15.4.4 Deckanstrich

Ein Korrosionsschutzsystem besteht in der Regel aus einer Grundierung mit besonderen Korrosionsschutzeigenschaften und einem Deckanstrich. Die Hauptaufgabe des Deckanstrichs ist der Schutz der Grundierung, z.B. einer Bleimennigegrundierung, welche empfindlich auf atmosphärische Einflüsse reagiert. Ein ideales Überzugssystem wäre absolut undurchlässig und sollte eine perfekte Adhäsion und Kohäsion besitzen. Der Deckanstrich sollte die Durchtrittsgeschwindigkeit von Wasserdampf, Sauerstoff und anderen korrosiven Molekülen zur Grundierung verringern. Feuchtigkeit und Sauerstoff dringen jedoch relativ schnell in Farbfilme ein. Die Pigmentierung, insbesondere mit schuppenartigen Teilchen wie von Eisenoxid, Aluminium oder Edelstahl, vergrößert den Diffusionsweg für korrosive Gase und verlangsamt damit den Transport durch den Film.

Organische Überzüge, die häufig als semipermeable Membranen betrachtet werden können, sind für Wasser- und Sauerstoff nicht so undurchdringlich, als daß sie die Korrosion an der Metalloberfläche unterbinden könnten. Ihre hemmende Wirkung liegt eher im Schutz der Metalloberfläche vor korrosiven Salzen und festen Partikeln. Auf diese Weise erhält man auch einen hohen elektrolytischen Widerstand, der der Ionenleitung und damit auch dem Fließen von Korrosionsströmen entgegenwirkt.

Nicht pigmentierte Lacke zeigen ebenfalls eine beachtliche Schutzwirkung. Eisenoxidfarbe, deren Pigment keine inhibierende Wirkung ausübt, gewährt einen guten Korrosionsschutz, solange der Farbfilm zusammenhängend und unbeschädigt ist. Verschlechtert sich jedoch die Filmqualität an einer Stelle, erreichen korrosive Agenzien schnell die Metalloberfläche und beginnen den Korrosionsangriff.

Tabelle 15.5 zeigt die Hauptbestandteile von drei Deckanstrichen, die in Langzeituntersuchungen gute Ergebnisse als Rostschutzanstriche für Stahl unter atmosphärischen Bedingungen geliefert haben.

Tabelle 15.5. Hauptbestandteile von 3 Deckanstrichen

Farbbezeichnung	Pigment	Bindemittel
Glimmerartige Eisenoxidfarbe	Glimmerartige Eisen oxid + Al-Pulver	Leinöl
Bleiweiß	Bleiweiß (+ Al-Pulver)	Leinöl
Eisenoxidalkydfarbe	Rotes Eisenoxid	Langes Alkyd

Die Fähigkeit eines Deckanstrichs dem schädlichen Atmosphäreneinfluß zu widerstehen hängt in erster Linie vom Bindemittel ab. Alkyde sind diesbezüglich den trocknenden Ölen vorzuziehen. Für besonders beanspruchte Überzüge, z.B. unter Wasser oder in chemischen Betrieben, sind Bindemittel mit besonders hoher Beständigkeit gegen Wasser oder Chemikalien erhältlich, z.B. chlorierter Gummi, Vinylharze, Akrylharze, Epoxidharze, Urethane usw.

Bei der Oberflächenbehandlung von Metallen mit Korrosionsschutzfarben ist es sehr wichtig, daß die Gesamtdicke des Überzugs ausreichend ist. Untersuchungen haben ergeben, daß die Lebensdauer eines Überzugs von dessen Dicke abhängig ist (teilweise direkt proportional). Der Überzug darf jedoch wegen des vollständigen Trocknens und der Gefahr der Hautbildung nicht zu dick sein. Bei Ölfarben sollte jede einzelne Schicht eine Dicke von 40 µm nicht überschreiten und vollkommen trocken sein, bevor die nächste Schicht aufgetragen wird. Da das Klima für das Ausmaß der Korrosionsangriffe ausschlaggebend ist, sollte die Gesamtdicke des Überzugs und damit die Anzahl der einzelnen Schichten dem Klima entsprechend angepaßt werden. In maritimer und industrieller Atmosphäre ist es wirtschaftlich, je zwei Schichten Grundier- und Deckanstrich aufzutragen, während in ländlicher Umgebung normalerweise je eine Schicht Grundier- und Deckanstrich ausreicht.

15.4.5 Auftragung von organischen Überzügen

Die am weitesten verbreiteten Verfahren für die Auftragung von organischen Überzügen sind Streichen mit dem Pinsel, Spritzen, Streichen mit der Rolle und Tauchen sowie zwei Arten der elektrischen Aufbringung, nämlich die elektrolytische Abscheidung und das elektrostatische Aufsprühen von Farbe.

Das Streichen mit dem Pinsel ist das älteste und bekannteste Verfahren zur Auftragung von Farbe. Bei einer geringen Fluidität der Farbe kann das Streichen zu beträchtlichen Unterschieden in der Schichtdicke (Pinselstriche) führen, die jedoch nach mehreren Schichten ausgeglichen werden. Auf nicht ganz sauberen Oberflächen ist das Streichen mit dem Pinsel das beste Verfahren, da auf der Metalloberfläche befindlicher Rost und Staub in der Farbe verteilt werden und somit keine Unterkorrosion verursachen.

Das Aufsprühen von Farbe wird gewöhnlich mittels Druckluft durchgeführt, wodurch sich bei korrekter Ausführung gleichmäßige Filme ergeben. Erwärmte Farbe läßt sich ohne Zusatz von Verdünnern aufsprühen (Heißspritzen), was einen 50 % dickeren Film im Vergleich zum Kaltspritzen ergibt.

Eine neue Art des Farbspritzens ist das druckluftfreie Spritzen (Airless-Spritzen). Bei diesem Verfahren wird die Farbe mit einer zweistufigen Pumpe auf 100-150 bar verdichtet und mit Hilfe einer Spezial-Spritzpistole auf den Gegenstand gesprüht. Wegen des guten Eindringvermögens in Unebenheiten der Metalloberfläche ist das druckluftfreie Aufsprühen ein guter Ersatz für das Streichen. Während beim konventionellen Aufsprühen von Farbe mit Druckluft (Bild 15.6) ein erheblicher Rückstoß von Farbtröpfchen vom Gegenstand erfolgt, wird dieser Effekt beim Airless-Spritzen fast völlig unterbunden (Bild 15.7).

Bild 15.6. Konventionelles Aufsprühen von Farbe (auf inneren Oberflächen). Starker Rückprall der Farbe.

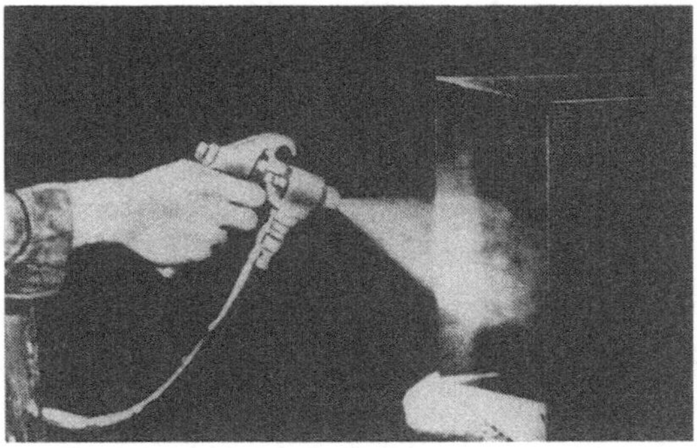

Bild 15.7. Airless-Spritzen von Farbe (auf inneren Oberflächen). Kleiner Rückprall der Farbe.

Eine besondere Form des Farbspritzens ist das elektrostatische Spritzen, bei dem die Sprühvorrichtung auf einer sehr hohen negativen Spannung (-50000 V) gegenüber dem geerdeten Lackiergut gehalten wird. Die Farbe wird in der Sprühvorrichtung meist auf mechanischem Wege fein verteilt. Die durch Elektronen negativ aufgeladenen kleinen Farbtröpfchen folgen dem elektrischen Feld und scheiden sich auf dem Metallgegenstand ab. Dadurch werden auch die Rückseiten kleiner Teile mit Farbe überzogen, nicht aber Spalten und innere Oberflächen wie bei der elektrolytischen Abscheidung von Farbe (s.u.), was auf die Wirkung des Faradayschen Käfigs zurückzuführen ist. Dieses Verfahren wird ebenfalls für das Aufsprühen von Pulver (PVC, Epoxid usw.) eingesetzt, welches dann zu einem kohärenten Überzug gesintert wird.

Das Streichen mit der Rolle ist ein schnelles Verfahren zum Überziehen großer, relativ ebener Oberflächen; es eignet sich sogar für Maschendraht. Da häufig Schwierigkeiten in bezug auf die vollständige Benetzung der Oberflächen auftreten, ist das Streichen mit einem Pinsel für die erste Grundierschicht vorzuziehen, auch wenn die nachfolgenden Schichten mit der Rolle aufgetragen werden.

Beim Tauchverfahren wird der Gegenstand einfach in die Farbe eingetaucht, wobei man den Überschuß abtropfen läßt. Für dieses Verfahren werden spezielle Farben benötigt, die sehr glatte Flächen ergeben. Besonders gute Ergebnisse erzielt man mit diesem Verfahren für kleine Teile, die innen und außen überzogen werden sollen. Es muß dabei auf große Sauberkeit geachtet werden, um nicht die Farbe im Tauchbehälter zu verunreinigen.

Die elektrolytische Abscheidung von Farbe kann als ein Spezialfall des Tauchverfahrens angesehen werden. Der zu überziehende Gegenstand wird kurzzeitig als Anode in eine wäßrige Elektrolytlösung eingetaucht, in der die Farbe in Form negativ geladener, kolloidaler Tröpfchen emulgiert wird; diese wandern unter dem Einfluß des elektrischen Feldes und scheiden sich auf dem Gegenstand ab. Das Verfahren führt zu ziemlich ebenen und dichten Überzügen sowohl an Kanten und Ecken als auch in Hohlräumen, da der Überzug einen hohen elektrischen Widerstand hat und dadurch den Strom auf noch unbedeckte Stellen zwingt.

Andere Verfahren der Farbaufbringung, die im großen Maßstab in der Industrie, z.B. für das Überziehen von Halbfertigprodukten wie Stahlblechen, Verwendung finden, sind das Coil-Coating (Lackierwalzenverfahren), das Curtain-Coating, bei dem die Teile durch einen von Sprühdüsen erzeugten Farbvorhang gezogen werden und das Flow-Coating (Flutungsverfahren), das in ähnlicher Weise in einem besonderen Tunnel durchgeführt wird.

Thermoplastische, unlösliche Materialien wie PVC, Polyäthylen und Nylon werden durch Pulverspritzen, Eintauchen in Pulver oder Flammspritzen und nachfolgendes Schmelzen oder Sintern der entstandenen Pulverschicht aufgetragen (Bilder 15.8, 15.9).

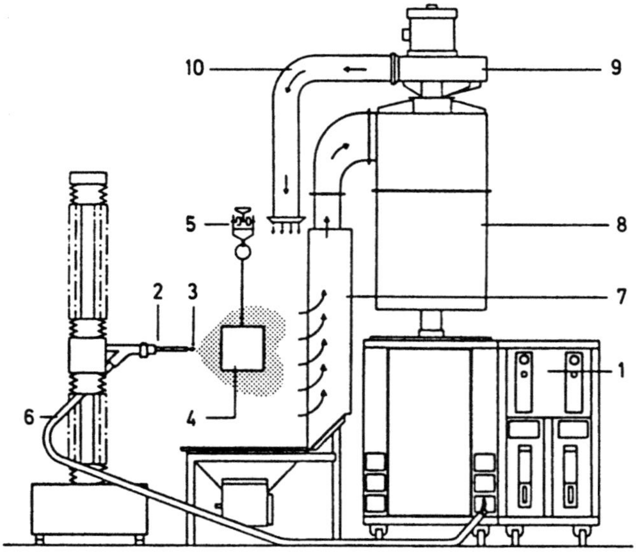

Bild 15.8. Schema einer automatischen Anlage für das Pulverspritzen von polymeren Überzügen. 1 = Aggregat; 2 = Spritzpistole; 3 = Hochspannungsdraht; 4 = zu überziehender Gegenstand; 5 = geerdetes Förderseil; 6 = Hochspannungskabel; 7 = Pulverauffanggefäß; 8 = Pulverrückgewinnung; 9 = Ventilator; 10 = Rückluft.

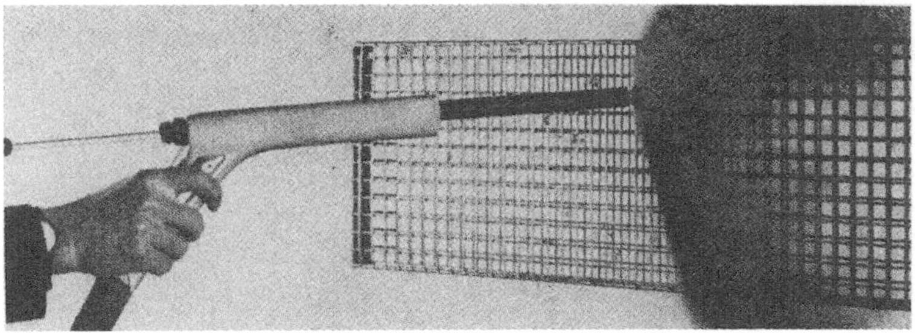

Bild 15.9. Manuelles Pulverspritzen eines Gitters.

15.4.6 Wiederanstrich

Wie der erste Anstrich, so ist auch das Ergebnis eines Wiederanstrichs stark von der Sorgfalt abhängig, mit der die Vorbehandlung durchgeführt wird. Alte Farbe kann mechanisch mit denselben Werkzeugen entfernt werden, die für das mechanische Entrosten Verwendung finden. Möglich ist auch das Abbrennen mit Gasbrennern, Lötlampen und elektrischen Brennern. Der Farbfilm wird erhitzt bis er zu sieden beginnt und die aufgeweichte Farbe kann mit einem Spachtel abgezogen werden. Die Metalloberfläche wird anschließend in der üblichen Weise abgeschabt und abgebürstet. Auf Leinöl basierende Farben, Alkyde und andere Ester, können durch die Behandlung mit Sodalauge oder Ammoniak verseift werden, wenn sie auf Stahl aufgetragen sind. Alte Farbe läßt sich auch durch emulgierende Agenzien entfernen, insbesondere durch Methylenchlorid (CH_2Cl_2). Einbrennlacke sind schwerer zu entfernen, können aber gelegentlich durch Kresole oder chlorierte Kresole erweicht werden.

Eine erstklassige Korrosionsschutzfarbe sollte sogar in Stadt- und Küstenklima mindestens 20 Jahre halten. Einen Beweis dafür bietet die 1935 erbaute Westerbrücke in Stockholm. Der ursprüngliche Farbüberzug war nach 35 Jahren (Bild 15.10) in einem sehr guten Zustand und wurde nur an bestimmten Stellen, hauptsächlich aus ästethischen Gründen, ausgebessert. Das Schutzsystem dieser Brücke besteht aus zwei Überzügen, einer Grundanstrichfarbe von Bleimennige in fettigem Leinöl und darüber aus zwei Deckanstrichen von glimmerartiger Eisenoxidfarbe (Tabelle 15.5 s.o.). Die Vorbehandlung bestand aus Abwaschen, Abschaben und Bürsten; es wurde nicht sandgestrahlt. Die Reinigung und das Streichen wurden sehr sorgfältig ausgeführt und kontrolliert.

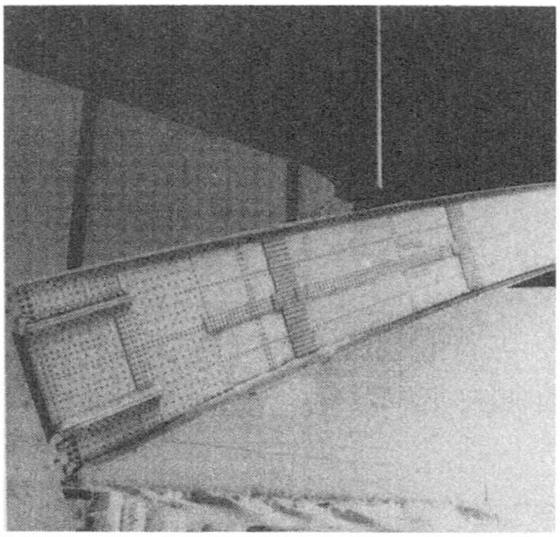

Bild 15.10. Stahlbrücke in Stockholm. Erster Anstrich im Jahr 1935, der bisher nicht erneuert wurde (s. Text).

16 Korrosionsprüfverfahren [1]

16.1 Einteilung der Korrosionsprüfverfahren

Korrosionsprüfverfahren werden entweder als Laborprüfungen oder als Betriebsprüfungen durchgeführt.

Laborprüfungen lassen sich unterteilen in:

— Modellversuche, d.h. nicht künstlich beschleunigte Langzeitversuche, bei denen die tatsächlichen Betriebsbedingungen in einer Modellvorrichtung im Labor simuliert werden. Diese Tests haben zum Ziel, eine Grundlage für die Auswahl des geeigneten Werkstoffs oder Schutzverfahrens für eine bestimmte Anwendung zu erhalten. Modellversuche sind aus folgenden Gründen den Betriebsprüfungen vorzuziehen:

  a) Sie verursachen keine betrieblichen Störungen bei industriellen Großverfahren oder im technischen Einsatz.

  b) Die Testbedingungen lassen sich leichter kontrollieren und konstant halten; ferner können die Testergebnisse in einer kleinen Modellvorrichtung sicherer ausgewertet werden als in einem Betrieb, in dem unerwünschte Änderungen der Arbeitsbedingungen die Ergebnisse beeinträchtigen.

— Beschleunigte Kurzzeitversuche, bei denen eine oder mehrere Komponenten der Korrosionsbeanspruchung verstärkt werden, um den Korrosionsangriff im Vergleich zu demjenigen bei normalen Betriebsbedingungen zu beschleunigen. Beschleunigte Kurzzeitversuche werden nach sorgfältig ausgearbeiteten Anweisungen durchgeführt und hauptsächlich in der Qualitätskontrolle von metallischen Werkstoffen oder für Schutzüberzüge dieser Werkstoffe eingesetzt. Sie können auch als eine erste Orientierung bezüglich möglicher

---

[1] DIN 50 900, 50 010, 50 907.

Anwendungen in der Entwicklung neuer Werkstoffe oder Überzüge dienen. Der Wert eines beschleunigten Kurzzeittests sollte immer durch den Vergleich mit Langzeittests überprüft werden, also mit Betriebsprüfungen oder mit solchen Modellversuchen, die unter Betriebsbedingungen ausgeführt werden.

Betriebsprüfungen können unterteilt werden in:

— Betriebsversuche, die am Einsatzort ausgeführt werden und der Auswahl geeigneter Werkstoffe oder Schutzverfahren für eine bestimmte Anwendung dienen. Häufig können Betriebsversuche vorteilhaft durch Modellversuche im Labor ersetzt werden.
— Bewitterungsversuche, die der Werkstoffauswahl bzw. der Auswahl eines Schutzverfahrens für den Einsatz in natürlichen Umgebungen (Atmosphäre, Boden oder Wasser) und der Abschätzung ihrer voraussichtlichen Lebensdauer dienen. Während gelegentlich Modellversuche im Labor anstelle von Versuchen in freiem Wasser verwendet werden, erfolgt das für Bedingungen in der Atmosphäre und im Boden nur selten.

16.1.1 Langzeit-Laborversuche

Anstelle einer Versuchsdurchführung im Betrieb erweist sich normalerweise die Verwendung einer kleinen Modellvorrichtung als besser, sofern sie die Betriebsbedingungen so nah wie möglich simuliert und sofern kleine Proben verwendet werden, die für das Wägen geeignet sind. Diese Art von Laborversuchen ist nicht der Unsicherheit von beschleunigten Laborversuchen unterworfen. Die Ergebnisse von Langzeit-Laborversuchen in einer Modellapparatur sind häufig zuverlässiger als die Ergebnisse von Betriebsversuchen in einem Industriebetrieb, da die Versuchsbedingungen wesentlich leichter kontrolliert, beobachtet und konstant gehalten werden können. Dies ist der Grund, warum Betriebsversuche häufig weitaus größere Streuungen in den Testergebnissen zeigen als Laborversuche. Ferner kann man bei Laborversuchen in einer Modellapparatur die Ergebnisse eher durch Kombination verschiedener Beobachtungen und Messungen erhalten, einschließlich des Wägens der Proben, der Analyse des korrosiven Mediums usw. Bild 16.1 zeigt eine Skizze einer Modellapparatur, die für den Test von Inhibitoren in Zentralheizungssystemen verwendet wird.

Auch Feldversuche können unter Umständen durch genau kontrollierte Laborversuche ersetzt werden. Ein Beispiel liefert die gleichmäßige Korrosion verschiedener unlegierter Stähle und niedriglegierter Stähle in natürlichen Wässern,

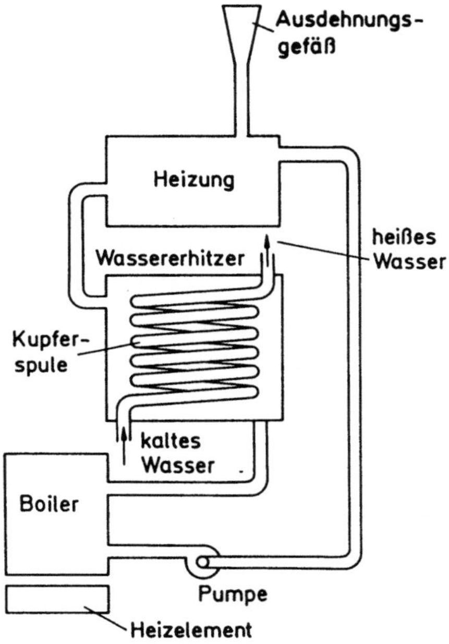

Bild 16.1. Modell eines Zentralheizungssystems mit Wassererhitzer, das zur Untersuchung von Korrosionsinhibitoren in zirkulierendem Kesselwasser dient. Stahl- und Kupferproben werden in den Wassererhitzer eingeführt und nach jedem Versuch zum Wägen herausgenommen.

die durch Sauerstoffdiffusion kontrolliert wird. In der ersten Hälfte dieses Jahrhunderts wurden Jahrzehnte dauernde Langzeit-Feldversuche durchgeführt, um das Verhalten verschiedener Stähle, Gußeisen usw. im Meerwasser zu untersuchen. Die Ergebnisse waren unterschiedlich und widersprüchlich. Die Situation konnte erst geklärt werden, nachdem sorgfältige Laborversuche gezeigt hatten, daß die gleichmäßige Korrosion in Wasser durch den Gehalt an gelöstem atmosphärischem Sauerstoff bestimmt wird, der pro Zeiteinheit an die Metalloberfläche transportiert wird, so daß der Korrosionsangriff innerhalb bestimmter Grenzen unabhängig von der verwendeten Eisen- oder Stahlsorte ist. Bei den zuvor erwähnten Langzeit-Feldversuchen waren die Ergebnisse durch zufällige Schwankungen im Abstand von der Wasseroberfläche, in den Strömungsbedingungen, in der Temperatur usw. beeinflußt.

16.1.2 Beschleunigte Laborversuche

Bei beschleunigten Laborversuchen werden eine oder mehrere Komponenten der Korrosionsbeanspruchung verstärkt, so daß der Korrosionsvorgang schneller ablaufen kann. Das Ergebnis liegt deshalb nach einer kürzeren Versuchszeit vor, also in Wochen, Tagen, Stunden oder sogar Minuten. Normalerweise ist es jedoch nicht möglich, auf der Basis von beschleunigten Kurzzeitversuchen Voraussagen bezüglich der Lebensdauer eines Werkstoffs oder Überzugs in irgendeiner natürlich vorkommenden, weniger aggressiven Umgebung, zu machen. Man kann im Grunde nur erwarten, eine korrekte Rangfolge der Werkstoffe oder Überzüge hinsichtlich ihrer Korrosionsbeständigkeit zu erhalten. Das Ergebnis eines beschleunigten Versuchs ist häufig um so unzuverlässiger, je höher der Beschleunigungsgrad und je kürzer die Versuchsperiode ist. Dies gilt insbesondere für Versuchsmedien, die in ihrer chemischen Zusammensetzung vom entsprechenden praktischen Fall abweichen. Häufig ist es notwendig, einen Kompromiß zwischen einem aussagekräftigen Testergebnis und einer kurzen Versuchsdauer zu schließen.

Ein grundlegendes Prinzip für die Wahl von Kurzzeitversuchen im Labor ist, daß das korrosive Medium in seiner Natur, d.h. in seiner qualitativen chemischen Zusammensetzung, dem praktischen Fall entsprechen sollte. Man muß versuchen, die beabsichtigte Beschleunigung des Korrosionsvorgangs durch graduelle Änderungen, d.h. durch Verstärkung einiger dominierender Umgebungsfaktoren wie Feuchtigkeit, Temperatur oder Konzentration einer bestimmten Komponente zu erzielen.

Die wichtigsten Methoden zur Beschleunigung von Korrosionstests bestehen in der Erhöhung der relativen Feuchtigkeit und der Temperatur im Testverfahren, im Gebrauch von Salzsprühnebel, wenn maritime atmosphärische Bedingungen oder Meerwasser simuliert werden sollen, oder im Zusatz hoher Gehalte an Schwefeldioxid, wenn die Korrosion in industrieller Atmosphäre verstärkt werden soll. Im letztgenannten Fall liefert ein Salzsprühtest meist irreführende Ergebnisse. Die Fähigkeit des atmosphärischen Sauerstoffs, den kathodischen Teilvorgang in Korrosionsreaktionen aufrechtzuerhalten, wird gelegentlich durch den Zusatz von Oxidationsmitteln verstärkt. Die Auflösung von Schutzfilmen bei niedrigen pH-Werten kann durch Zugabe von Essigsäure beschleunigt werden, während eine Ammoniakatmosphäre durch den Einsatz einer Ammoniaklösung imitiert werden kann. Die oxidierende Wirkung eines korrosiven Mediums läßt sich in einigen Fällen durch die Anwendung konstanter anodischer Stromdichten oder - korrekter - durch ein konstantes Potential, welches edler ist als das natürliche Potential, verstärken.

Von entscheidender Bedeutung ist, daß die Korrosionsart in einem beschleunigten Korrosionstest die gleiche ist wie im entsprechenden praktischen Fall. Z.B. sind Kurzversuche mit kleinen Testblechen von geringem Wert, wenn der vorherrschende Effekt hierbei ein Angriff an den Kanten der Bleche ist, was in der Praxis nicht angetroffen wird. Die Isolierung der Kanten von solchen kleinen Testblechen mit Wachs oder Lack ist ein übliches Verfahren, um diese Schwierigkeiten zu umgehen.

16.1.3 Betriebsversuche

Naturversuche oder Versuche in Industriebetrieben bedeuten, daß der Versuchswerkstoff der praktisch vorkommenden, natürlichen korrosiven Umgebung unterworfen wird. Solche Versuche sind vielfach besonders wertvoll, manchmal unentbehrlich. Es gibt z.B. kaum eine Möglichkeit im Labor Bedingungen zu simulieren, denen eine Metallprobe im Boden ausgesetzt ist. Die natürlich auftretende Bildung von Schutzfilmen auf Zink, Aluminium und langsam rostenden Stählen in der Atmosphäre ist ebenfalls sehr schwierig im Labor zu erzeugen.

Für Korrosionsuntersuchungen in der Atmosphäre werden kleine Testbleche verwendet, die einzeln entweder vertikal oder in einem Winkel zwischen 30 und 45 ^{o}C zur horizontalen Ebene (Bild 16.2) aufgehängt werden. Sie werden parallel zueinander aufgereiht und sind so ausgerichtet, daß die höchste Korrosionsrate zu erwarten ist, z.B. gegen eine Meeresküste, gegen ein Industriegebiet oder gegen die Sonne. Besondere Aufmerksamkeit muß der Aufhängung der Proben während der Korrosionsversuche gewidmet werden, um unerwünschte Effekte infolge von galvanischer Korrosion oder Spaltkorrosion zu vermeiden. Die Testbleche oder -proben sollten von den umgebenden metallischen Materialien elektrisch isoliert sein und punktweise durch Glas, Porzellan, Teflon oder einen anderen inerten, nichtabsorbierenden Werkstoff (Bild 16.3) unterstützt werden. Weiterhin sollten die Proben so angebracht sein, daß Korrosionsprodukte nicht von einem Teil zum anderen übertragen werden. Für galvanische Korrosionstests in der Atmosphäre, z.B. zwischen Leichtmetallen und Edelstahl, hat ASTM (American Society for Testing Materials) ein besonderes System von runden, gegeneinander gepreßten Testblechen empfohlen, deren Oberfläche aber an bestimmten Stellen freiliegt (Bild 16.4).

Betriebsversuche werden in Industriebetrieben durch Einbringung kleiner Testproben in die tatsächliche Umgebung durchgeführt. Diese Versuche können Störungen im Arbeitsablauf des Betriebes verursachen, z.B. beim Testen verschiedener Inhibitoren, und das Ergebnis kann infolge von Stillegung und Unterbrechung sowie anderer unerwarteter Veränderungen der Versuchsbedingungen verfälscht werden.

Bild 16.2. Feldversuchsstation für atmosphärische Korrosion **an der Westküste** Schwedens.

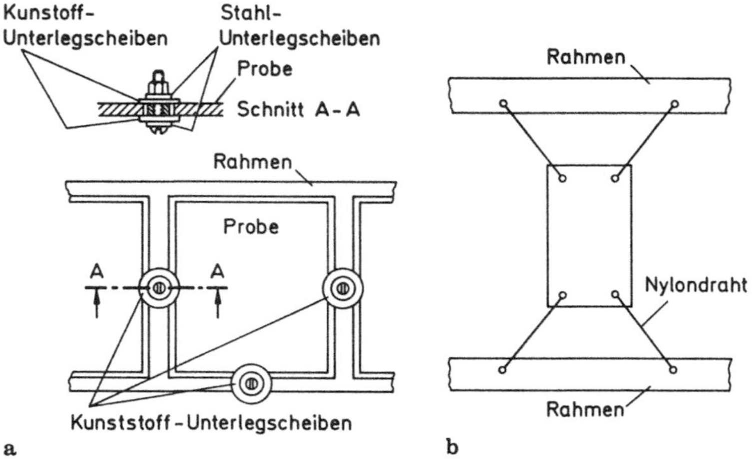

Bild 16.3. Stützvorrichtungen für Testbleche in Feldversuchen.

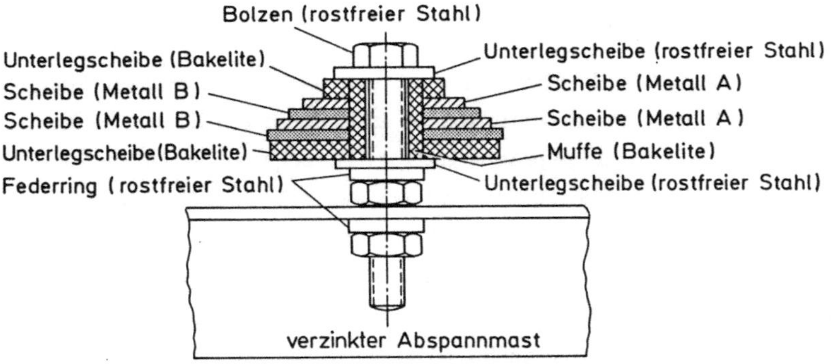

Bild 16.4. Testanordnung für atmosphärische galvanische Korrosion.

16.2 Änderungen der Korrosionsgeschwindigkeit mit der Zeit

Häufig ist es von großem praktischen Interesse, die Abhängigkeit der Korrosionsrate von der Zeit aufzuklären. Bei gleichmäßiger Korrosion ist die Korrosionsgeschwindigkeit oftmals am Anfang der Testzeit am höchsten. Später nimmt sie aufgrund der Ansammlung von mehr oder weniger schützenden Korrosionsprodukten auf der Metalloberfläche ab. In günstigen Fällen erhöht sich der Metallverlust oder die Filmdicke eher parabolisch als linear mit der Zeit. Die Extrapolation von Korrosionsraten von Kurzzeitversuchen zu längeren Zeiten führt daher zu einer Überschätzung. Mit einigen Testverfahren wie z.B. dem Widerstandsverfahren oder dem kontinuierlichen Wägen von Proben in Oxidationsversuchen erhält man unmittelbar die Beziehung zwischen Korrosion und Zeit. In den meisten Fällen werden die Korrosionsraten jedoch über Gewichtsverluste bestimmt. Dazu ist die Entfernung der mehr oder weniger schützenden Korrosionsprodukte vor dem Wägen erforderlich. Es wäre danach sinnlos, die Proben erneut zu exponieren. Um in diesen Fällen die Beziehung zwischen Korrosion und Zeit zu erhalten, sind viele Proben notwendig, die nacheinander zum Reinigen und Wägen herausgenommen werden. Wenn z.B. 15 Proben zur selben Zeit exponiert werden, können je 3 nach 1, 2, 4, 8 und 16 Zeiteinheiten entfernt werden. Die Zeiteinheit kann abhängig von der Korrosionsrate Tage, Wochen, Monate oder Jahre betragen. Bei atmosphärischen Korrosionstests ist es von großer Bedeutung, daß alle zu vergleichenden Proben zur selben Zeit ausgelegt werden, da die Lebensdauer einer Probe häufig stark von der anfänglichen Korrosionsrate und deshalb von der Jahreszeit abhängig ist, zu der sie zum erstenmal exponiert wurde. Beim Vergleich mit weiter zurückliegenden Veröffentlichungen muß auch beachtet werden, daß das Klima, meistens infolge zunehmender Luftverschmutzung, korrosiver wird.

16.3 Korrosion in strömenden Medien

Die Strömungsgeschwindigkeit von Testlösungen ist ein anderer wichtiger Faktor, der die Korrosionsgeschwindigkeit beeinflußt. Im allgemeinen nimmt die Korrosionsrate mit steigender Strömungsgeschwindigkeit zu und die Korrosionsart wechselt von gleichmäßiger Korrosion zu Erosions- und schließlich zu Kavitationskorrosion. Um den Einfluß der Strömungsgeschwindigkeit auf die Korrosion zu untersuchen, ist eine Apparatur mit sehr gut definierten Strömungsbedingungen notwendig. Weiterhin ist es häufig wünschenswert, einen möglichst praxisnahen Aufbau zu verwenden. Eine Apparatur, die diese Anforderungen erfüllt, besteht aus Rohrleitungen, durch welche die korrosive Flüssigkeit mit einer Pumpe umgewälzt wird. Eine solche Anlage ist relativ einfach und sicher in der Handhabung. Für die Bewertung der Testergebnisse muß die Rohrleitung aus fest und flach miteinander verbundenen kleinen Stücken bestehen. Auf diese Weise können auch galvanische Effekte untersucht werden.

Rotierende Zylinder und rotierende Scheiben werden häufig für das Studium des Einflusses der Strömungsgeschwindigkeit auf die Korrosionsgeschwindigkeit eingesetzt. Die Strömungsverhältnisse sind bei diesen Körpern relativ einfach und können mit den mathematischen Methoden der Hydrodynamik behandelt werden. Um mit Hilfe kleiner rotierender Zylinder hohe lineare Geschwindigkeiten zu erreichen, sind jedoch extrem hohe Umdrehungszahlen erforderlich. Daraus resultieren sehr starke Zentrifugalkräfte, so daß Korrosionsprodukte von der Oberfläche weggeschleudert werden, während in der Lösung sich eventuell bildende Gasblasen gegen die Mantelfläche des Zylinders gepreßt werden. Durch die Anwendung großer Zylinder, die vollständig aus dem Versuchswerkstoff bestehen, können diese Probleme minimiert werden; eine genaue gravimetrische Messung der Korrosionsgeschwindigkeit ist dann jedoch nicht mehr möglich. Bei einem großen rotierenden Zylinder aus Plastik mit in den Zylindermantel eingelegten Metallproben wird andererseits das Zentrieren schwierig, was auch für die Anordnung der elektrischen Verbindungen für die Messung des Korrosionspotentials gilt.

Eine Versuchsprobe in Form einer rotierenden Scheibe bietet den großen Vorteil, daß sich die Korrosionsgeschwindigkeit als Funktion der Strömungsgeschwindigkeit aus einem einzigen Versuch ergibt. Ist die Umfangsgeschwindigkeit hoch genug, so erfolgt in einer bestimmten Entfernung vom Mittelpunkt der Übergang von laminarer zu turbulenter Strömung. Im allgemeinen steigt die Korrosionsgeschwindigkeit dann plötzlich an. Das Gegenteil kann bei passivierten Metallen wie bei Edelstahl und bei Nickellegierungen der Fall sein, da sich deren Passivität unter turbulenten Bedingungen infolge der stärkeren Sauerstoffzufuhr rasch aufbaut. Versuche mit rotierenden Scheibenelektroden sind als Orientierungshilfe sehr wertvoll. Es sollte jedoch berücksichtigt werden, daß man irreführende Effekte infolge von Makrozellen erhalten kann, die aus einer unterschiedlichen Sauerstoff- und Metallionenkonzentration und damit einem unterschiedlichen Potential in verschiedenen Abständen vom Rotationszentrum resultieren.

Für eine eingehendere Untersuchung des Einflusses der Strömungsgeschwindigkeit des Korrosionsmediums auf die Korrosionsrate empfiehlt es sich, eine Apparatur mit zwei konzentrischen Kunststoffzylindern zu benutzen, wobei die Metallproben in die innere Mantelfläche des äußeren Zylinders (Bild 16.5) eingelegt sind. Die Strömungsgeschwindigkeit wird durch die Rotation des inneren Zylinders erzeugt, welche die Testlösung in dem engen Zwischenraum zwischen den beiden Zylindern vorwärtstreibt. Diese zylindrische Apparatur ergibt als Strömungsbild

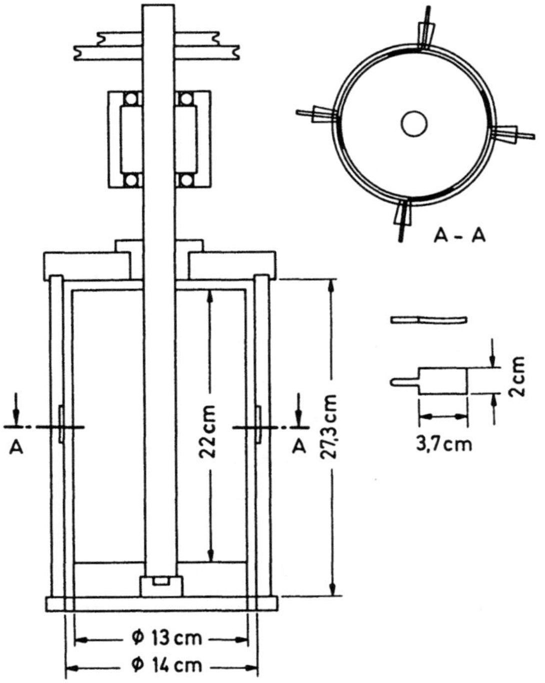

Bild 16.5. Apparatur zur Untersuchung von Korrosion in strömenden Medien, die aus zwei konzentrischen Kunststoffzylindern besteht. Der innere Zylinder (aus PVC) rotiert mit hoher Geschwindigkeit, während sich die Testbleche auf der inneren Mantelfläche des äußeren feststehenden Zylinders (aus Kunststoff) befinden.

die sog. Couette-Strömung, welche physikalisch gut definiert ist und mathematisch behandelt werden kann. Auf diese Weise können Korrosionsrate und Korrosionspotential als Funktion der Strömungsverhältnisse besonders gut gemessen werden.

Bei dem Versuch praxisnahe Bedingungen zu simulieren, die mit einer Relativbewegung zwischen einem Metall und einer korrosiven Flüssigkeit verknüpft sind, oder eine Beziehung zwischen Laborergebnissen und Betriebsbedingungen herzustellen muß berücksichtigt werden, daß die bestimmende Variable nicht die lineare Strömungsgeschwindigkeit, sondern die Reynoldssche Zahl $Re = uL/\nu$ ist. Hierbei ist u die lineare Strömungsgeschwindigkeit (m/s), L eine charakteristische Länge, z.B. Durchmesser, Schlitzweite (m) und ν die kinematische Viskosität der Lösung (m^2/s). Bei einem kritischen Wert der Reynoldsschen Zahl findet ein Übergang von laminarer zu turbulenter Strömung (s. Bild 7.14) statt. Da die Reynoldssche Zahl zu dem Produkt aus Strömungsgeschwindigkeit und der charakteristischen Länge proportional ist, kann z.B. eine Modellapparatur mit kleinerem Rohrdurchmesser als im praktischen Fall nur dann ein richtiges Ergebnis liefern, wenn bei gleicher Viskosität des Elektrolyten die Strömungsgeschwindigkeit entsprechend erhöht wird.

16.4 Einige Anwendungsbeispiele für beschleunigte Laborversuche

16.4.1 Versuche bei erhöhter Luftfeuchtigkeit und Temperatur in Klimaschränken

Das Ziel dieser Versuche ist die Beschleunigung der atmosphärischen Korrosion durch Erhöhung der Luftfeuchtigkeit über den kritischen Wert von 60-70 %. Vielfach wird dabei die Temperatur ebenfalls erhöht und einer zyklischen Änderung unterworfen, so daß periodische Kondensation auf der Probenoberfläche erfolgt. Bei der Auslegung einer solchen Versuchseinrichtung ist auf die Anwesenheit einer ausreichenden Wasseroberfläche zu achten, um den Gleichgewichts-Dampfdruck des Wassers stets einzustellen (s. Bild 16.6). Bei einem großen Klimaschrank ist Luftumwälzung und automatische Regelung erforderlich. Trotzdem wird beobachtet, daß identische Proben an verschiedenen Stellen des Schrankes zu unterschiedlichen Ergebnissen führen.

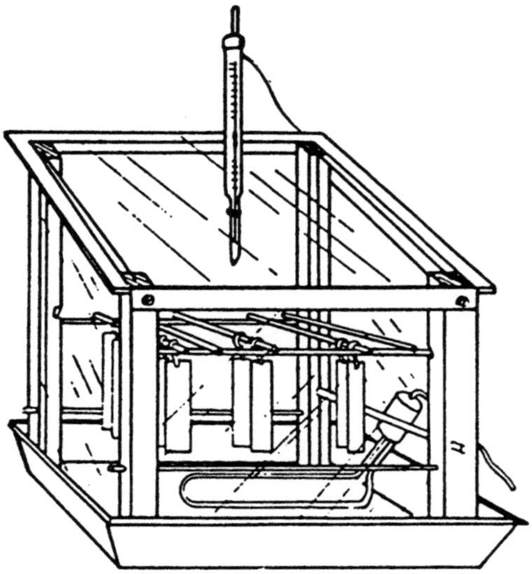

Bild 16.6. Feuchtigkeitsschrank für beschleunigte Korrosionsversuche bei erhöhter Feuchtigkeit und Temperatur.

16.4.2 Versuche in Salzsprühkammern

In Salzsprühkammern werden die Korrosionsproben einem Sprühnebel aus Natriumchloridlösung einer bestimmten Konzentration bei einer vorgeschriebenen Temperatur ausgesetzt. Die Testbleche werden an einer nichtmetallischen Aufhängung befestigt und zwar so, daß die korrosive Flüssigkeit nicht in Tropfenform zurückbleibt. Die korrosive Lösung wird nur einmal verwendet und die Testproben dürfen während des Versuchs nicht trocknen, auch wenn das Salzsprühen periodisch erfolgt. Versuchszeiten zwischen 16 und 96 Stunden sind üblich und von der Art des getesteten Metalls abhängig.

Verschiedene Arten, Formen und Größen von Salzsprühkammern sind in Gebrauch. Es ist darauf zu achten, daß der Salzsprühnebel die Proben nicht direkt trifft. Trotzdem ist die Korrosionsgeschwindigkeit in verschiedenen Teilen der Salzsprühkammer nie genau gleich. Zum Ausgleich derartiger Schwankungen werden mehrere Proben derselben Art auf verschiedenen Plätzen während des Versuchs systematisch aufgehängt. Noch größere Unterschiede ergeben sich zwischen verschiedenen Kammern, eine gleichmäßige Beanspruchung durch den Sprühnebel ist offenbar schwer zu gewährleisten. Eine schräge Anordnung der Versuchsbleche wird häufig der vertikalen Anordnung (Bild 16.7) vorgezogen.

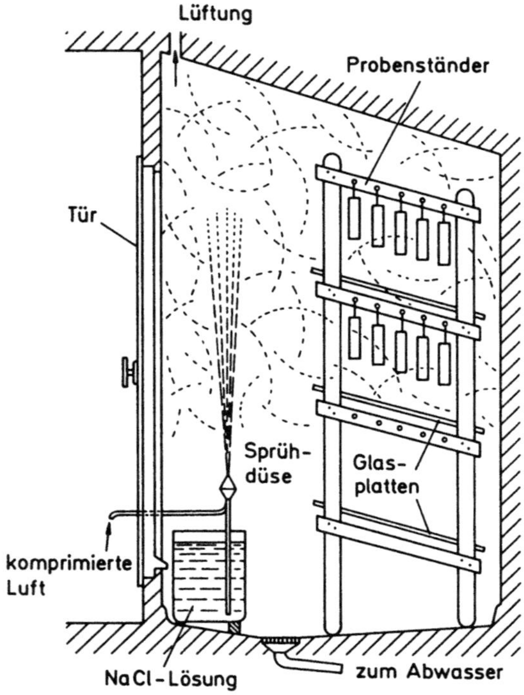

Bild 16.7. Beispiel einer Salzsprühkammer für beschleunigte Korrosionsuntersuchungen.

Eine gebräuchliche, kommerziell erhältliche Salzsprühkammer ist die "Aerosol-Kammer" (Bild 16.8). In dieser Kammer wird der Salzsprühnebel nicht durch Düsen, sondern durch eine spezielle Zentrifuge erzeugt, in der Natriumchlorid gegen ein Gitter geschleudert und fein verteilt wird. Offensichtlich ergibt sich auf diese Weise eine gleichmäßigere Teilchengröße(1-2 µm) und deshalb auch ähnlichere und reproduzierbarere Versuchsbedingungen. Die Testlösung enthält nur 0,5 NaCl pro Liter. Verschiedene Programme sind entsprechend den unterschiedlichen Korrosionsmedien in Gebrauch.

Während eine neutrale Natriumchloridlösung in einer Sprühkammer für das Testen von Chrom-Nickel-Überzügen auf Stahl nur von geringem Nutzen ist, ergibt ein Zusatz von Essigsäure zu der Lösung bis zu einem pH-Wert von 3,2 bis 3,5 Ergebnisse, die jenen unter atmosphärischen Bedingungen gleichen. Es wird eine Temperatur von 35 °C eingeregelt und die Proben kontinuierlich für 8 bis 72 Stunden besprüht. Diesen Test bezeichnet man als Essigsäure-Salzsprüh-Test oder ACSS-Test (engl. acetic acid salt spray).

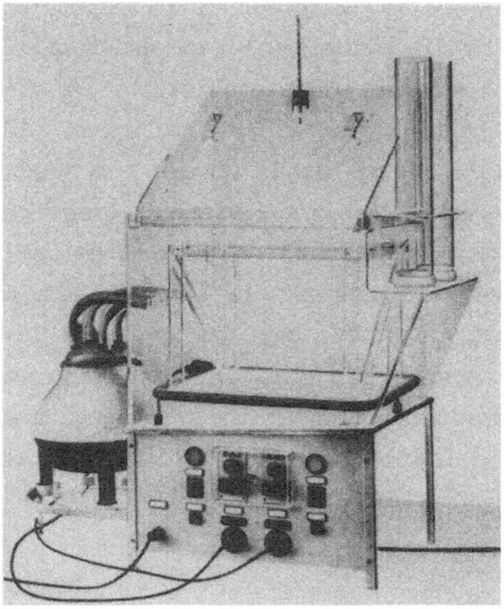

Bild 16.8. Aerosol-Kammer. Der Salzsprühnebel wird in der Zentrifuge auf der linken Seite erzeugt. Die Kammer besteht aus Plexiglas. Der Deckel befindet sich in einer Wasserschleuse und ist so geneigt, daß die kondensierte Feuchtigkeit nicht auf die Proben tropft, sondern an der Wand abläuft. Die Testproben hängen an dem Gestell in der Kammer. Die beiden Abzugsrohre auf der rechten Seite sind bei Betrieb der Anlage mit Glaskugeln gefüllt.

Bei einer weiteren Modifikation des Salzsprühtests enthält die Testlösung neben Essigsäure auch Kupferchlorid mit einer Konzentration von 0,3 g $CuCl_2 \cdot 2H_2O$ pro Liter; die Temperatur beträgt 50 °C. Auf diese Weise wird der Korrosionsangriff noch weiter verstärkt, insbesondere bei Nickel. Dieser CASS-Test (engl. copper accelerated acetic acid salt spray) läuft deshalb noch schneller ab als der oben beschriebene ACSS-Test und hat ein größeres Anwendungsgebiet. Ein 16-stündiger CASS-Test soll der Beanspruchung ähnlich sein, welche chromplattierte Stoßdämpfer unter den Bedingungen städtischer Hauptverkehrsstraßen erfahren; dies bedeutet eine Beschleunigung um den Faktor 100.

16.4.3 Versuche mit einem salzhaltigen Tonüberzug in einem Klimaschrank (Corrodkote-Test)

Beim Testen von chromplattierten Autoteilen entsprechend dem Corrodkote-Test wird ein korrodierender Überzug (corrosive coating, daher die Bezeichnung) anstelle eines Salzsprühnebels verwendet. Der Überzug wird aus einer Suspension von Ton in einer wäßrigen Lösung hergestellt, die Chlorid-, Eisen- und Kupferionen enthält. Der Test wurde als ein beschleunigter Test entwickelt, um die Wirkung von Straßenschmutz auf chromplattierten Autoteilen zu simulieren. Die Suspension besteht aus 60 g Porzellanton in 100 ml einer Lösung von NH_4Cl (20 g/l), $FeCl_3 \cdot 6H_2O$ (3,3 g/l) und $Cu(NO_3)_2 \cdot 3H_2O$ (0,7 g/l). Diese Suspension wird auf die Testbleche aufgetragen. Nachdem die Suspension getrocknet ist, kommen die Testbleche für 20 Stunden in einen Klimaschrank mit einer relativen Feuchtigkeit von 90 % bei einer Temperatur von 38 °C. Der Überzug wird anschließend abgewaschen und die Proben werden untersucht. Der Test kann in mehreren Zyklen durchgeführt werden, indem man jedesmal eine neu angesetzte Suspension verwendet. Die Beschleunigung der Korrosion durch einen Zyklus entspricht etwa derjenigen beim CASS-Test (Faktor 100).

16.4.4 Versuche in einem Klimaschrank mit einer schwefeldioxidhaltigen Atmosphäre

Während Versuche in einer chloridhaltigen Testumgebung häufig zufriedenstellende Ergebnisse im Vergleich zu maritimen Korrosionsbedingungen oder zu solchen korrosiven Umgebungen ergeben, in denen Auftausalze vorherrschen, zeigen sie nur eine geringe Übereinstimmung mit der Korrosion in typischen Industrieatmosphären, die durch einen hohen Schwefeldioxidgehalt gekennzeichnet sind. Für diesen Zweck ist es besser, den beschleunigten Test in einer SO_2-haltigen feuchten Atmosphäre durchzuführen (s. Bild 16.9). Dabei werden die Proben dem kondensierenden Dampf über einer verdünnten SO_2-Lösung bei 45 °C ausgesetzt. Das Testgefäß besitzt eine thermostatgeregelte elektrische Heizung und ist im oberen Teil wassergekühlt. Es kann z.B. 0,5 l destilliertes Wasser enthalten, dem täglich 5 ml SO_2-Lösung hinzugefügt werden. Dieser Zusatz erfolgt 5 Tage in der Woche. In Abständen von 7 Tagen wird das Becherglas ausgeleert und ein neuer 5-Tage-Zyklus mit Zusätzen von SO_2 gestartet. Die Kühlung ist so eingestellt, daß die Kondensation im oberen Teil des Gefäßes stattfindet. Die Lage der Proben wird täglich in einer bestimmten Reihenfolge geändert.

Ein etwas anderes Verfahren wird in der sog. Kesternich-Kammer verwendet, in der die Testproben einer feuchten SO_2-haltigen Atmosphäre für 8 h bei erhöhter Temperatur ausgesetzt sind. Die Auslagerung wird regelmäßig unterbrochen, damit die Proben trocknen können. Weitere Einzelheiten siehe DIN 50 018.

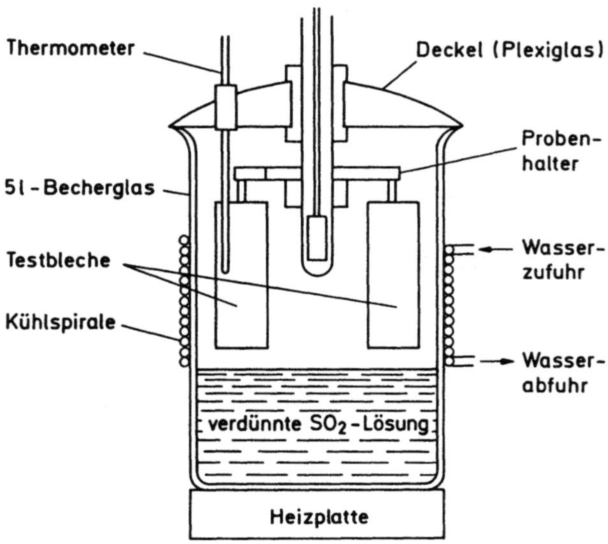

Bild 16.9. Beschleunigte Korrosionsuntersuchungen in einer SO_2-haltigen Atmosphäre.

16.4.5 Testen von Lackfilmen in einer Bewitterungsmaschine

Für beschleunigte Korrosionsuntersuchungen an gestrichenen Metalloberflächen im Labor kommt häufig eine Bewitterungsmaschine zum Einsatz. Hierbei handelt es sich um eine Einrichtung, in der gestrichene Testproben verschiedenen Graden von Feuchtigkeit, Temperatur und Belichtung ausgesetzt werden. Ein solches Gerät (Bild 16.10) kann aus einem niedrigen zylindrischen Behälter bestehen, der mit einem Deckel versehen ist, in den eine starke Bogenlampe als Licht- und Wärmequelle sowie eine Fassung mit Sprühdüsen eingesetzt ist. Die Testbleche mit einer Abmessung von 15 cm x 7,5 cm werden in einer fast vertikalen Lage in drei verschiedenen Niveaus um die innere Mantelfläche des Zylinders gruppiert, der alle 20 min gedreht wird. Da die Wasserdüsen gegen einen relativ kleinen Oberflächenbereich gerichtet sind, findet das Befeuchten der Testproben periodisch statt, wobei die Bleche durch die Wärmestrahlung der Bogenlampe zwischendurch wieder trocknen. Die ultraviolette Komponente des Lichtes der Bogenlampe wirkt in ähnlicher Weise auf Anstriche wie der UV-Anteil des Sonnenlichtes.

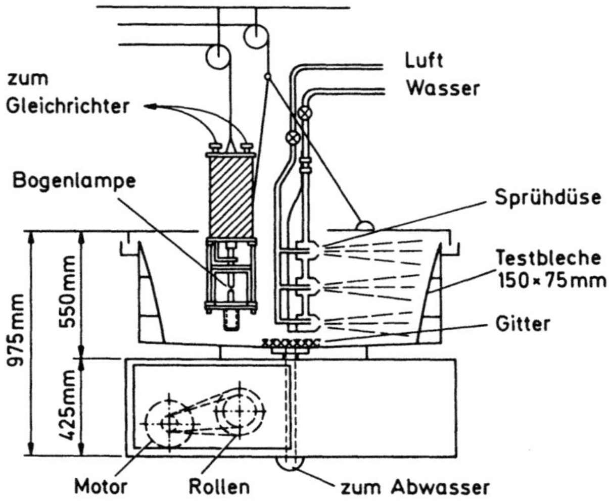

Bild 16.10. Bewitterungsmaschine für beschleunigte Untersuchungen an Farbfilmen.

16.4.6 Elektrochemische Untersuchungsverfahren

In den letzten Jahren haben elektrochemische Untersuchungsverfahren größere Bedeutung erlangt. Der Hauptgrund für diese Entwicklung liegt in dem inzwischen erreichten Kenntnisstand der elektrochemischen Mechanismen veschiedener Korrosionsarten. Die Verfügbarkeit kommerzieller Potentiostaten, die für viele Verfahren unentbehrlich sind, war ebenfalls ausschlaggebend. Die elektrochemischen Verfahren lassen sich in folgende Gruppen unterteilen:

— Aufnahme von anodischen und kathodischen Polarisationskurven

a) Direkte Methode der Polarisationsmessung
Für kleine Polarisationen, die nicht mehr als 20 mV vom Korrosionspotential abweichen, gilt eine lineare Beziehung zwischen dem angelegten Strom I und der Polarisation η. Die Steigung dieser Geraden ist

$$\frac{d\eta}{dI} \pm \frac{b_a b_k}{2{,}3\ (b_a+b_k)\ i_{kor}}$$

wobei b_a und b_k die Steigungen der anodischen und kathodischen Tafelgeraden sind. Eine experimentelle Bestimmung von $d\eta/dI$ erlaubt die Berechnung von

i_{kor}. Dieses Verfahren kann auch für die Bestimmung der Korrosionsgeschwindigkeit von passiven Metallen ($b_a = \infty$) oder für eine diffusionsgesteuerte kathodische Reaktion ($b_k = \infty$) angewandt werden.

b) Extrapolation der Tafel-Geraden
Für größere Polarisationen (η > 50 mV) kann die Korrosionsgeschwindigkeit durch Extrapolation der Tafel-Geraden für die anodische oder kathodische Reaktion zum Korrosionspotential bestimmt werden. Der Korrosionsstrom ergibt sich auch direkt aus dem Schnittpunkt der beiden Tafel-Geraden.
c) Indirekte Methode der Polarisationsmessung (Knickpunkt-Methode)
Der Korrosionsstrom i_{kor} wird bei diesem Verfahren nach folgender Gleichung bestimmt

$$i_{kor} = I_a I_k/(I_a + I_k),$$

wobei I_a der angelegte Anodenstrom ist, bei welchem die kathodische Reaktion an der Testelektrode vernachlässigbar ist, was sich in einem Knick der anodischen Polarisationskurve zeigt, entsprechend dem Übergang von einer linearen zu einer logarithmischen Beziehung zwischen η und I_a. I_k ist der entsprechende angelegte Kathodenstrom.

Die bisher behandelten Verfahren sind nur für gleichmäßige Korrosion anwendbar, die durch gleichmäßige Stromverteilung auf der Probenelektrode gekennzeichnet ist. Die Aufnahme von Polarisationskurven wird für beschleunigte Versuche der gleichmäßigen Korrosion in Wasser und im Boden sowie für die Bewertung von Korrosionsinhibitoren usw. verwendet. Dabei ergab sich eine gute Korrelation mit konventionellen Testverfahren, wie der Gewichtsverlustbestimmung und der Analyse der Testlösungen. Dies gilt insbesondere für die direkte Methode der Polarisationsmessung. Die erfolgreiche Anwendung dieser Verfahren setzt allerdings die Kenntnis der elektrochemischen Eigenschaften des zu untersuchenden Systems voraus.

— Aufnahme von anodischen Polarisationskurven für passivierbare Metalle

Mit den bisher behandelten Verfahren kann man sowohl galvanostatisch (mit Änderung des angelegten Stroms) als auch potentiostatisch (mit Änderung des angelegten Potentials) arbeiten. Die elektrochemische Untersuchung von passivierbaren Metallen erfordert jedoch ausschließlich die potentiostatische Technik. Sie beruht auf der Aufnahme anodischer Polarisationskurven,

s. Bilder 6.5 und 8.11. Besonders nützlich sind sie für die Entwicklung neuer Legierungen, z.B. rostfreier Stähle, und für die Bestimmung des Einflusses verschiedener Legierungsbestandteile und Verunreinigungen auf die Korrosionseigenschaften dieser Legierungen. Das Stromdichtemaximum beim Passivierungspotential kennzeichnet die Tendenz der Legierung, in einem vorgegebenen Korrosionsmedium passiv zu werden, während die Passivstromdichte die Korrosionsgeschwindigkeit im passiven Zustand angibt. Das Passivierungspotential und das Potential des Übergangs in den transpassiven Zustand begrenzen den Passivitätsbereich. Ferner ist es möglich, durch Aufnahme der anodischen Polarisationskurven passiver Metalle in Elektrolyten mit Chloridionen oder anderen aktivierenden Ionen, das Lochfraß- oder Durchbruchspotential zu bestimmen.

Für die Aufnahme von Polarisationskurven kann sowohl die potentiodynamische Methode mit kontinuierlicher Potentialerhöhung als auch die potentiostatische Methode mit schrittweiser Potentialerhöhung verwendet werden. In beiden Fällen sollte die Potentialerhöhung langsam erfolgen, um reproduzierbare Ergebnisse zu erhalten.

— Einstellung eines konstanten Elektrodenpotentials

Dieses Verfahren ist für die Untersuchung von interkristalliner Korrosion und Spannungsrißkorrosion in beschleunigten Labortests besonders geeignet, kann aber auch für die Prüfung von Korrosionsinhibitoren und metallischen Überzügen verwendet werden. Bei der interkristallinen Korrosion werden die Gefügebestandteile an den Korngrenzen schneller gelöst als das Korninnere. Dies kann in potentiostatischen Versuchen ausgenutzt werden, indem man ein Potential einstellt, bei dem die unedleren Bereiche schneller korrodieren, während die gleichmäßige Korrosion des größten Teils der Kornfläche vernachlässigbar ist. Für die Untersuchung der interkristallinen Korrosionsempfindlichkeit austenitischer rostfreier Stähle wird das Testpotential zwischen +50 und +100 mV gegen die Normalwasserstoffelektrode gehalten, wobei die Austenitmatrix passiviert wird, während sich die chromverarmten Korngrenzen noch im aktiven Zustand befinden. Als Elektrolyt eignet sich für einen potentiostatischen Versuch eine 5%ige Schwefelsäurelösung mit einem aktivierenden Zusatz von 0,01 % NH_4SCN. Dadurch läßt sich die Versuchszeit auf 5 min reduzieren, was eine beträchtliche Zeitersparnis im Vergleich zum konventionellen Strauß-Test (vgl. Abschn. 8.6.3) bedeutet (Versuchszeit zwischen 25 und 100 h). Bei letzterem wird das Redoxpotential der Lösung durch die Kupfersulfatelektrode (ca. +350 mV) vorgegeben, das ungefähr um +350 mV von der NWE abweicht. Bei diesem Potential liegt die gesamte Probenoberfläche im Passivbereich, in dem nur geringe Unterschiede der Korrosionsgeschwindigkeit zwischen Gebieten unterschiedlicher Chromgehalte herrschen.

Auch die Spannungsrißkorrosions-Empfindlichkeit eines Werkstoffs läßt sich mit der potentiostatischen Methode testen, da die anodische Polarisation in diesem Fall stark beschleunigend wirkt. Die Spannungsrißkorrosions-Empfindlichkeit von Aluminiumlegierungen läßt sich mit Hilfe der anodischen Polarisation mit einem Tausendstel des Zeitaufwandes bestimmen, der für den konventionellen Natriumchlorid-Wasserstoffperoxid-Versuch erforderlich ist. Auch bei der Prüfung auf SpRK-Empfindlichkeit von austenitischen rostfreien Stählen führt die Anwendung der anodischen Polarisation zu kürzeren Versuchszeiten und besser reproduzierbaren Ergebnissen als die Prüfung in siedender Magnesiumchloridlösung. Die Bilder 16.11 und 16.12 zeigen zwei Geräte für die Untersuchung der SpRK-Empfindlichkeit von Stählen. Die Proben können anodisch und kathodisch polarisiert werden.

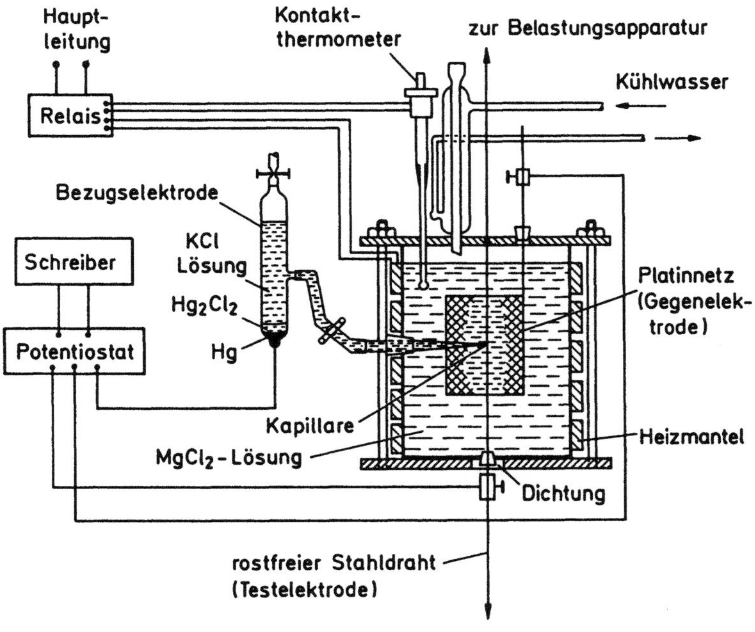

Bild 16.11. Schematische Ansicht einer Testzelle für die potentiostatische Untersuchung von rostfreien Stählen. Testlösung: 45 % $MgCl_2$; 140 °C. Vgl. Bild 9.5 und Bild 9.6.

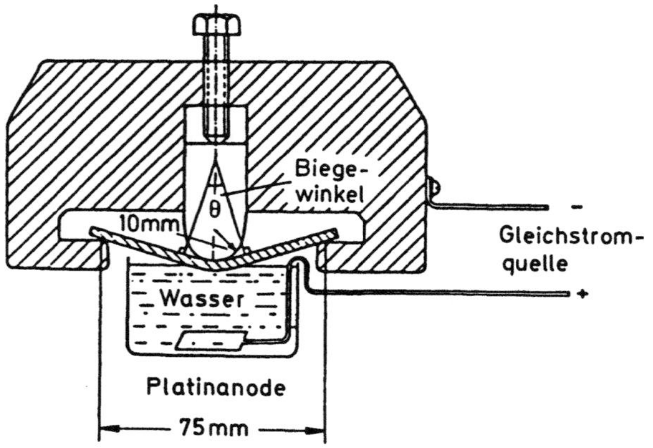

Bild 16.12. Biegevorrichtung für die Untersuchung von hochfesten Stählen auf deren Empfindlichkeit für Wasserstoffversprödung.

17 Anhang

17.1 Potential-pH-Diagramme für einige technisch wichtige Metalle

Die in Kap. 5 beschriebenen theoretischen Potential-pH-Diagramme sind ein praktisches Hilfsmittel zur Darstellung von Gleichgewichtsdaten verschiedener Metalle und ihrer Verbindungen in der Gegenwart von Wasser. Die theoretischen Potential-pH-Diagramme veranschaulichen sowohl die Korrosionseigenschaften des Metalls als auch die Ausdehnung des Passivbereiches meist recht gut. Für bestimmte stark passivierende Metalle dagegen geben die theoretischen Diagramme ein irreführendes Bild der Korrosionseigenschaften, indem sie einen wesentlich kleineren Passivbereich zeigen, als es der Praxis entspricht. Die Änderung der theoretischen Diagramme aufgrund praktischer Erfahrungen der Korrosion und der Passivität von Metallen in sauren, alkalischen und oxidierenden Medien und ihr Verhalten bei anodischer Polarisation führt zu empirischen Potential-pH-Diagrammen, die ein besseres Bild der Korrosionseigenschaften der Metalle vermitteln und damit von größerem praktischen Nutzen sind. Im folgenden sind diese Diagramme für eine Anzahl technisch wichtiger Metalle aufgeführt. Der pH-Wert einer korrosiven Lösung läßt sich im allgemeinen leicht messen oder abschätzen. Das Redoxpotential in der Lösung kann mit Hilfe einer glänzenden Platinelektrode bestimmt werden. Das Korrosionspotential (gemischtes Potential), das sich auf einem bestimmten Metall ausbildet, kann ebenfalls leicht, z.B. relativ zu einer Kalomelelektrode, gemessen werden. Anhand des sich ergebenden Potential-pH-Diagramms läßt sich dann ableiten, ob Korrosion stattfindet.

Im folgenden sind die Potential-pH-Diagramme für einige Metalle in nicht komplexbildenden Lösungen bei 25 °C aufgeführt. Die Korrosionseigenschaften dieser Metalle in verschiedenen Medien finden sich auf den gegenüberliegenden Seiten.

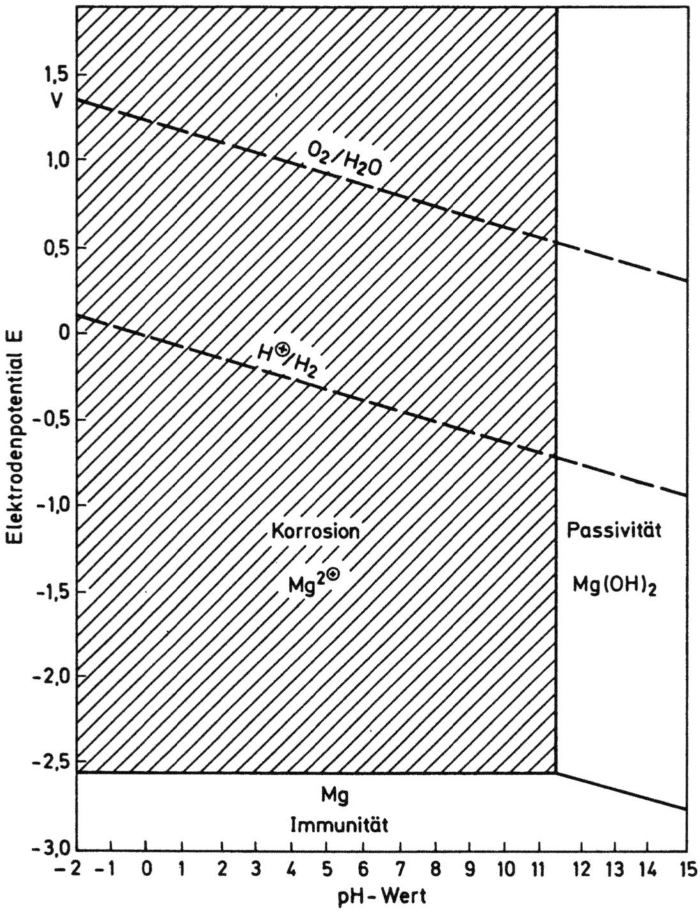

Bild 17.1. Potential-pH-Diagramm für Magnesium.

Empirische Potential-pH-Diagramme lassen sich ebenso für Legierungen aufstellen. Die Korrosionseigenschaften der rostfreien Stähle sind durch das Potential-pH-Diagramm für Chrom relativ gut wiedergegeben.

17.1.1 Magnesium

Korrosionsbeständigkeit von Magnesium in verschiedenen Medien

Beständig in	Nicht beständig in
	Saure Lösungen
HF, konz. > 2 %	Anorganische Säuren, außer den
Reine H_2CrO_4, frei von Cl^--	auf der linken Seite stehenden
und SO_4^{2+}-Ionen	
	Alkalische Lösungen
NaOH, KOH < 60 °C	NaOH, KOH > 60 °C
Beton	
NaClO, NH_4OH (konz.)	
	Salzlösungen
Chromate, Fluoride, Nitrate,	Chloride, Bromide, Jodide, Sulfate,
Phosphate von Na, K, Ca, Ba,	Persulfate, Chlorate, Hypochlorite;
Mg, Al	Salze von Schwermetallen, die durch
	Mg abgeschieden werden
	Gase
Einige trockene Gase, z.B.	Cl_2, J_2, NO, NO_2
F_2, Br_2, S_2, H_2S, SO_2	Alkylhalogenide
Trockene Freone	Feuchte Freone

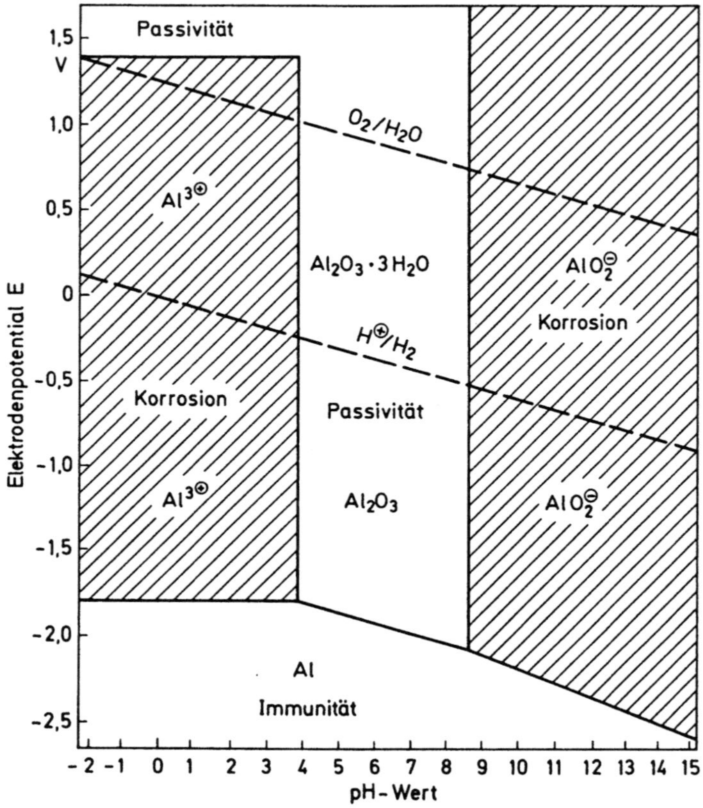

Bild 17.2. Potential-pH-Diagramm für Aluminium.

17.1.2 Aluminium

Korrosionsbeständigkeit von Aluminium in verschiedenen Medien

Beständig in	Nicht beständig in
Saure Lösungen	
Essigsäure, RT	HCl, HBr, H_2SO_4, HF,
Zitronensäure, RT	$HClO_4$, H_3PO_4
Weinsäure, RT	Ameisensäure
Borsäure, RT	Trichloressigsäure
HNO_3 > 80 %, < 50 °C	Oxalsäure
Fettsäuren	
Alkalische Lösungen	
$Ca(OH)_2$ (Beton)	LiOH, NaOH, KOH, $Ba(OH)_2$
NH_4OH > 10 %, < 50 °C	NH_4OH < 10 %, Na_2S, NaCN
$(NH_4)_2S$, Na_2SiO_3	
Salzlösungen	
Sulfate, Nitrate, Phosphate und	Salze von Schwermetallen, z.B.
Azetate von NH_4, Na, K, Ca,	Hg, Sn, Cu, Ag, Pb, Co, Ni,
Ba, Mg, Mn, Zn, Cd, Al	$NaClO_4$ (Cl^--haltig)
NaClO (mit Na_2SO_3 inhibiert)	NaClO, $Ca(ClO)_2$
$NaClO_4$ ohne Cl^-	
$KMnO_4$, RT, 1-10 %	$NaNO_2$
Gase	
Viele trockene Gase:	
Br_2, Cl_2 < 125 °C, F_2 < 230 °C,	Feuchtes SO_2, SO_3, Cl_2, HCl,
HCl, HBr, Ozon, S_2, SO_3, SO_3,	NH_3 usw.
H_2S, CO_2, NO, NO_2, NH_3	CCl_4, CH_3Cl, CH_3Br
Freone, viele Chlorkohlenwasserstoffe	

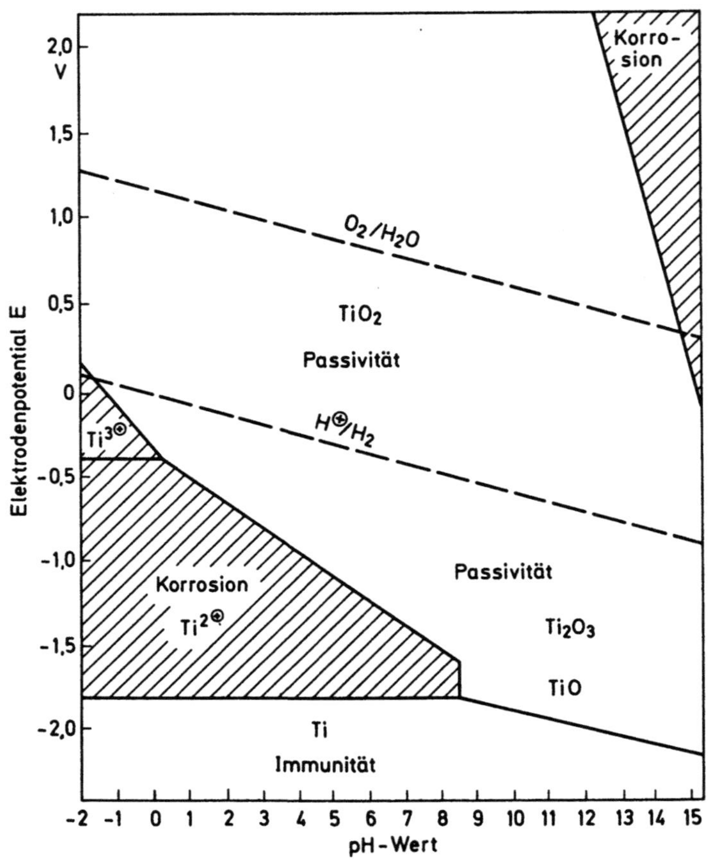

Bild 17.3. Potential-pH-Diagramm für Titan.

17.1.3 Titan

Korrosionsbeständigkeit von Titan in verschiedenen Medien

Beständig in	Nicht beständig in
Saure Lösungen	
HNO_3, alle Konz. bis zum Sdpkt.	H_2SO_4 > 10 %, HCl > 10 %, HF
Königswasser, RT	Rauchende Salpetersäure, hohe Temp.
H_2SO_4 < 10 %, HCl < 10 %, RT	H_3PO_4 > 30 %, 35 °C
H_3PO_4 < 30 %, < 35 °C	H_3PO_4 > 5 %, siedend
H_3PO_4 < 5 %, siedend	Trichloressigsäure, siedend
H_2CrO_4	Oxalsäure, siedend
Essig-, Oxal-, Milch- und Ameisensäure, RT	Ameisensäure, siedend
Alkalische Lösungen	
Verdünnte Lösungen, RT	Konzentrierte, heiße Lösungen
NaClO	
Salzlösungen	
Viele Salzlösungen, auch Chloride und oxidierende Salze bis zum Sdpkt., z.B. $FeCl_3$, $CuCl_2$	Fluoride, z.B. AlF_3
	$AlCl_3$, konz., siedend
	$MgCl_2$, konz., siedend
	$CaCl_2$, konz., siedend
Gase	
Feuchtes Cl_2, ClO_2	F_2, trockenes Cl_2
Luft, O_2 < 425 °C	Luft, O_2 > 500 °C
N_2 < 700 °C	N_2 > 800 °C
H_2 < 750 °C	H_2 > 750 °C

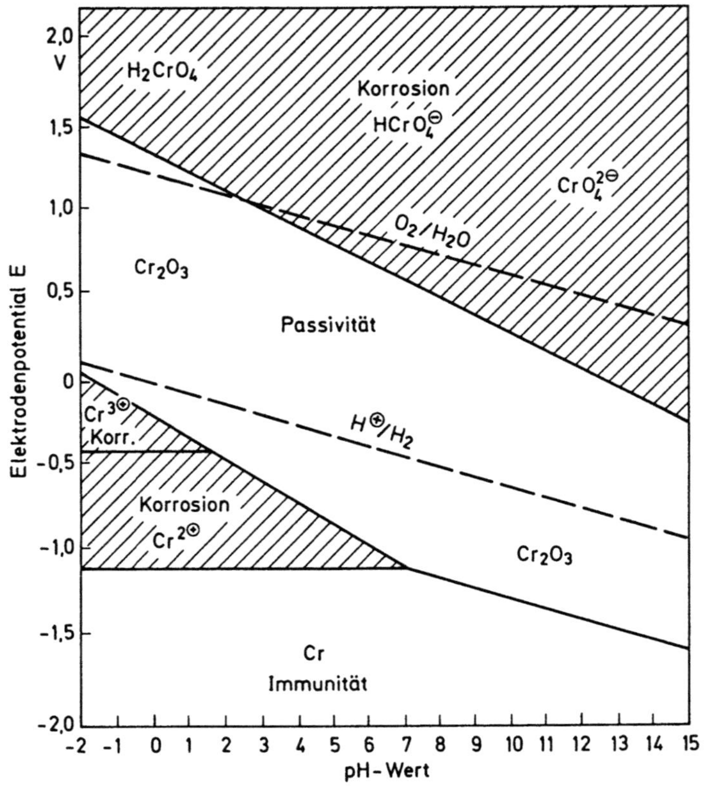

Bild 17.4. Potential-pH-Diagramm für Chrom.

17.1.4 Chrom

Korrosionsbeständigkeit von Chrom in verschiedenen Medien

Beständig in	Nicht beständig in
Saure Lösungen	
HNO_3 < 50 %, < 75 °C	HCl, HBr, HJ
H_2SO_4 + $CuSO_4$	konz. HNO_3, hohe Temp.
H_2SO_4 + $Fe_2(SO_4)_3$	H_2SO_4 > 5 %, > 50 °C
H_2SO_4 < 5 %, belüftet, RT	HF, H_2SiF_6, $HClO_3$
SO_2-Lösungen	H_3PO_4 > 60 %, > 100 °C
H_3PO_4, belüftet, RT	H_2CrO_4
Alkalische Lösungen	
Entlüftete, verdünnte alkalische Lösungen bei RT	Belüftete, konzentrierte alkalische Lösungen bei hoher Temperatur
Salzlösungen	
Viele Nichthalogenide	Halogenide; oxidierende ($FeCl_3$, $CuCl_2$, $HgCl_2$, NaClO) und saure Salze ($ZnCl_2$, $AlCl_3$) verursachen gleichmäßige Korrosion; andere Halogenide verursachen Lochfraß und Spaltkorrosion; Thiosulfate und Dithionite
Gase	
O_2 < 1100 °C	O_2 > 1100 °C
H_2O < 850 °C	H_2O > 850 °C
SO_2 < 650 °C	SO_2 > 650 °C
H_2S, S_2 < 500 °C	H_2S, S_2 > 500 °C
NH_3 < 500 °C	NH_3 > 500 °C
Cl_2, HCl < 300 °C	Cl_2, HCl > 300 °C
F_2, HF < 250 °C	F_2, HF > 250 °C

Anmerkung: Die Korrosionsbeständigkeit von rostfreien Chromstählen ähnelt derjenigen von Chrom

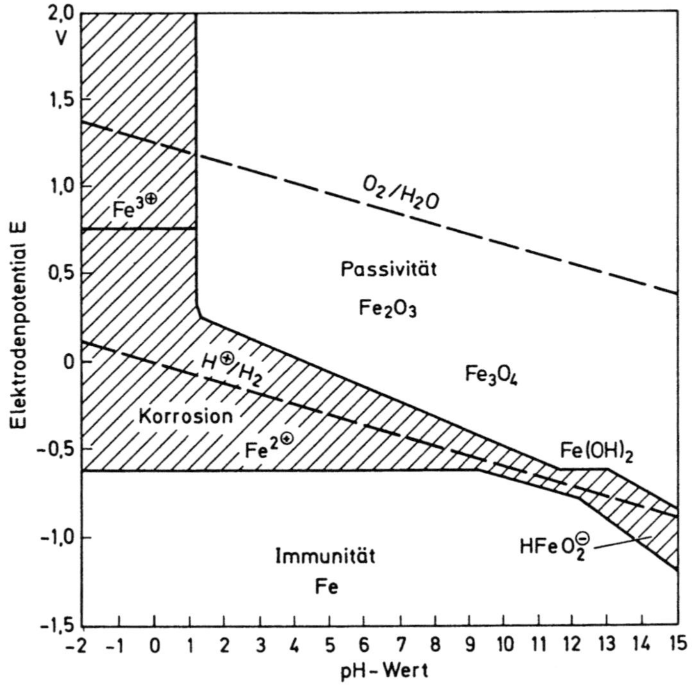

Bild 17.5. Potential-pH-Diagramm für Eisen.

17.1.5 Eisen

Korrosionsbeständigkeit von Eisen in verschiedenen Medien

Beständig in	Nicht beständig in
Saure Lösungen	
H_2CrO_4 HNO_3, konz. H_2SO_4 > 70 % HF > 70 %	Säuren, außer den auf der linken Seite erwähnten
Alkalische Lösungen	
Viele alkalische Lösungen	Heiße konzentrierte Laugen, wenn Material unter Spannung (Laugensprödigkeit)
Salzlösungen	
$KMnO_4$ > 1 g/l H_2O_2 > 3 g/l K_2CrO_4	$KMnO_4$ < 1 g/l H_2O_2 < 3 g/l Oxidierende Salze, z.B. $FeCl_3$, $CuCl_2$, $NaNO_3$ Hydrolysierende Salze, z.B. $AlCl_3$, $Al_2(SO_4)_3$, $ZnCl_2$, $MgCl_2$
Gase	
Luft < 450 °C Cl_2 < 200 °C SO_2 trocken, < 300 °C NH_3 < 500 °C $H_2O(g)$ < 500 °C H_2S < 300 °C	Luft > 450 °C Cl_2 > 200 °C F_2 SO_2, feucht NH_3 > 500 °C $H_2O(g)$ > 500 °C H_2S > 300 °C

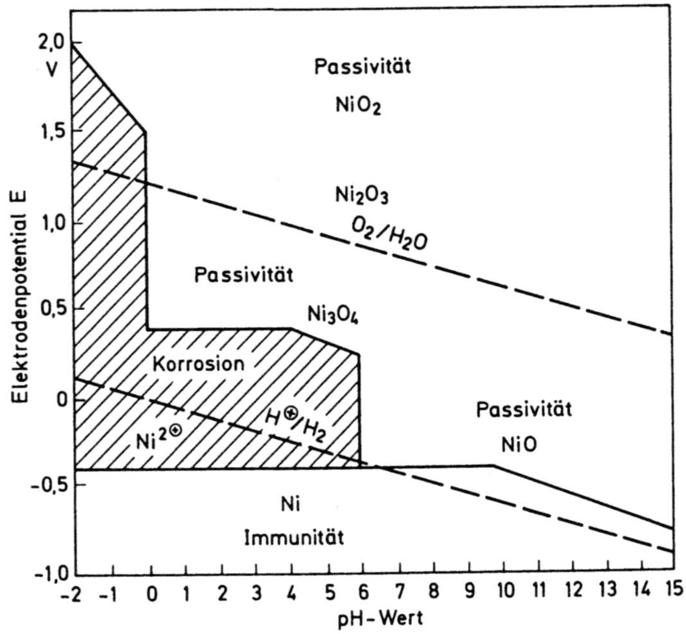

Bild 17.6. Potential-pH-Diagramm für Nickel.

17.1.6 Nickel

Korrosionsbeständigkeit von Nickel in verschiedenen Medien

Beständig in	Nicht beständig in
Saure Lösungen	
Verdünnte, nichtoxidierende Säuren	Oxidierende Säuren
H_2SO_4, entlüftet, < 80 %, RT	NHO_3
HCl, entlüftet, < 15 %, RT	H_2SO_4 > 80 %
HCl, belüftet, < 1 %, RT	HF, hohe Temp.
HF, RT	Heiße, konz. H_3PO_4
Entlüftete verdünnte organische Säuren	Belüftete organische Säuren
Reine H_3PO_4, entlüftet, RT	
Alkalische Lösungen	
LiOH, NaOH, KOH, alle Konzentrationen bis zum Sdpkt.	NH_4OH > 1 %
NH_4OH < 1 %	
Salzlösungen	
Viele nichtoxidierende Salze	Viele oxidierende Salze ($FeCl_3$, $CuCl_2$, $K_2Cr_2O_7$)
$NaClO_4$	NaClO
$KMnO_4$, RT	
Gase	
Trockene Halogene, < 200 °C	Feuchte Halogene und Wasserstoffhalogenide
Trockene Wasserstoffhalogenide, < 200 °C	
$H_2O(g)$ < 500 °C	$H_2O(g)$ > 500 °C
H_2 < 550 °C	Cl_2 > 450 °C
SO_2 < 400 °C	H_2S > 65 °C
S_2 < 300 °C	NH_3, hohe Temp.
	S_2 > 300 °C

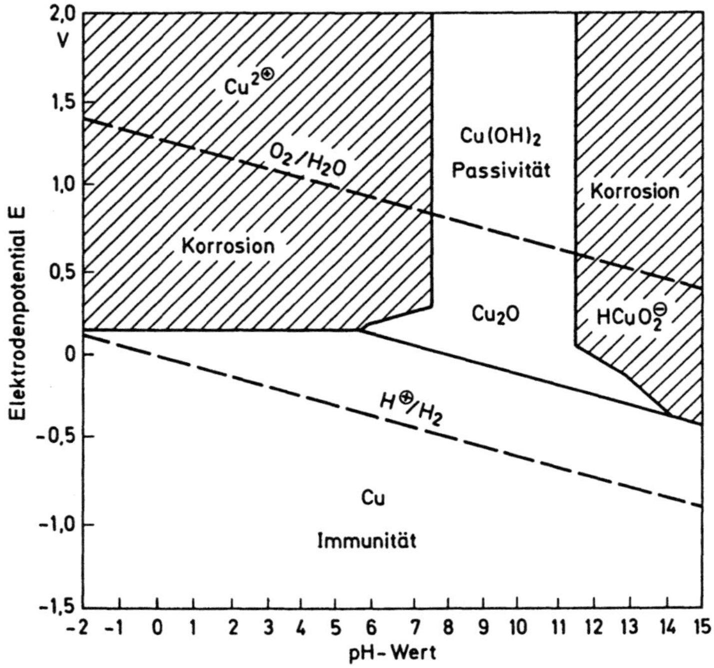

Bild 17.7. Potential-pH-Diagramm für Kupfer.

17.1.7 Kupfer

Korrosionsbeständigkeit von Kupfer in verschiedenen Medien

Beständig in	Nicht beständig in
Saure Lösungen	
Entlüftete, nichtoxidierende Säuren: HCl < 10 %, < 75 °C HF < 70 %, < 100 °C H_2SO_4 < 60 %, < 100 °C H_3PO_4, RT Essigsäure, RT	HNO_3 H_2SO_4, heiß, konz. Belüftete Säuren HCl > 10 %
Alkalische Lösungen	
Verdünnte Lösungen von NaOH, KOH, Na_2CO_3, K_2CO_3	Konzentrierte Lösungen von NaOH, KOH, Na_2CO_3, K_2CO_3 NH_4OH, NaCN, KCN, NaClO
Salzlösungen	
$KMnO_4$, K_2CrO_4, $NaClO_3$ Entlüftete, stehende Lösungen von Sulfaten, Nitraten, Chloriden Meerwasser	Viele oxidierende Salze, z.B. $FeCl_3$, $Fe_2(SO_4)_3$, $CuCl_2$, $Hg(NO_3)_2$, $AgNO_3$ Belüftete und bewegte Salzlösungen
Gase	
Viele trockene Gase: CO, CO_2, F_2, Cl_2, Br_2, SO_2 H_2, rein O_2 < 200 °C OF_2, ClF_3, ClO_3F	Feuchte Gase, z.B. SO_2, H_2S, CS_2, CO_2, F_2, Cl_2, Br_2 H_2, O_2-haltig; O_2, trocken > 200 °C

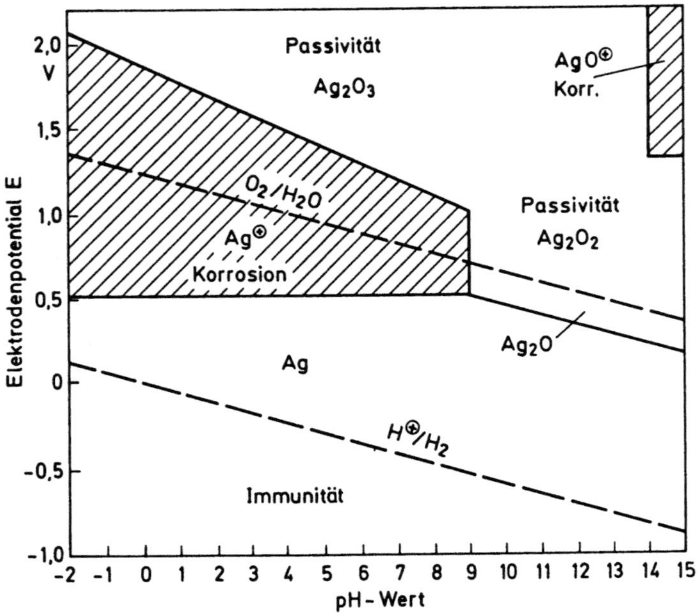

Bild 17.8. Potential-pH-Diagramm für Silber.

17.1.8 Silber

Korrosionsbeständigkeit von Silber in verschiedenen Medien

Beständig in	Nicht beständig in
Saure Lösungen	
HCl, verdünnt, RT	HCl, konz., hohe Temp.
HF, niedrige Temp., entlüftet	HF, hohe Temp., belüftet
H_3PO_4, RT	Verdünnte HNO_3, RT
H_2SO_4, RT	H_3PO_4, heiß, konz.
Organische Säuren	H_2SO_4, konz., hohe Temp.
Alkalische Lösungen	
LiOH, NaOH, KOH, alle Konzentrationen bis zum Sdpkt.	NH_4OH, Na_2S, NaCN
Salzlösungen	
Viele nichtoxidierende Salze	Oxidierende Salze (z.B. $K_2S_2O_8$, $FeCl_3$, $CuCl_2$, $HgCl_2$)
$KMnO_4$, RT	Komplexbildende Salze (z.B. Cyanide, Polysulfide, Thiosulfate, Ammoniumsalze)
Gase	
F_2, Cl_2 und Br_2 bei RT	HCl und Cl_2 > 200 °C
HCl < 200 °C	H_2S und S_2 bei RT
SO_2, RT	SO_2 bei erhöhter Temp.
Luft, O_2	

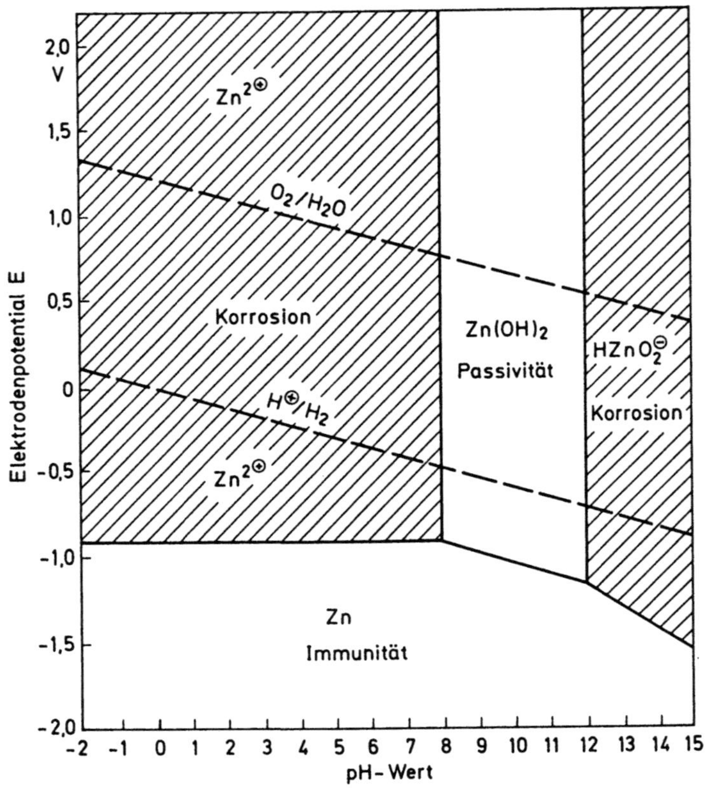

Bild 17.9. Potential-pH-Diagramm für Zink.

17.1.9 Zink

Korrosionsbeständigkeit von Zink in verschiedenen Medien

Beständig in	Nicht beständig in
Saure Lösungen	
	Alle üblichen anorganischen und organischen Säuren
Alkalische Lösungen	
pH < 12	pH > 12
Salzlösungen	
Na_2CrO_4, $Na_4B_2O_7$, Na_2SiO_3, $(NaPO_3)_6$ (Inhibitoren) 1 g/l, RT	Belüftete Salzlösungen im allgemeinen $NaNO_2$
Gase	
N_2, CO_2, CO, N_2O, Cl_2 (trocken) NH_3 (trocken)	Cl_2 (feucht) C_2H_2 (feucht)

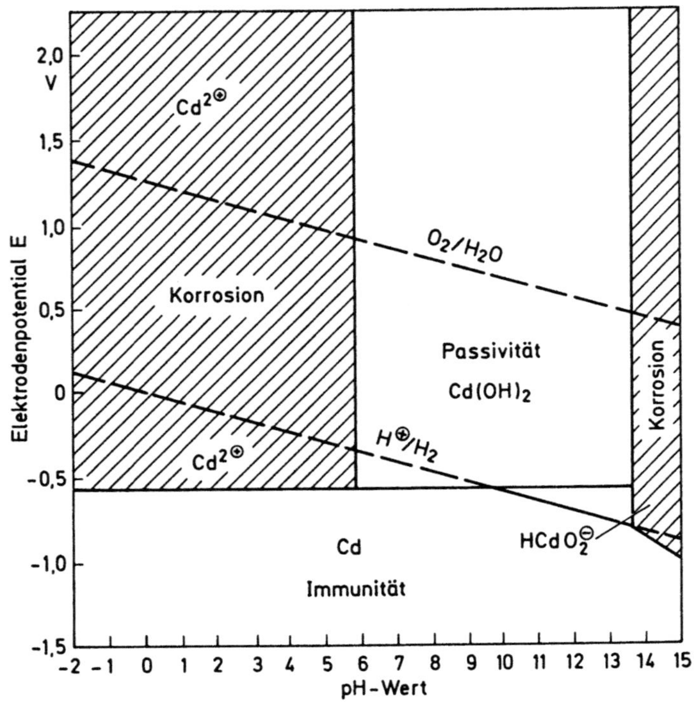

Bild 17.10. Potential-pH-Diagramm für Cadmium.

17.1.10 Cadmium

Korrosionsbeständigkeit von Cadmium in verschiedenen Medien

Beständig in	Nicht beständig in
Saure Lösungen	
	Alle üblichen anorganischen und organischen Säuren
Alkalische Lösungen	
Verdünnte LiOH, NaOH, KOH, NH_4OH	Konz. LiOH, NaOH, KOH
Salzlösungen	
Na_2CrO_4, $Na_4B_2O_7$, Na_2SiO_3, $(NaPO_3)_6$ (Inhibitoren) 1 g/l, RT	Belüftete Salzlösungen im allgemeinen
Gase	
NH_3 (trocken) H_2, N_2 Luft, O_2 < 250 °C SO_2 (trocken), RT	Cl_2, Br_2 SO_2 (feucht)

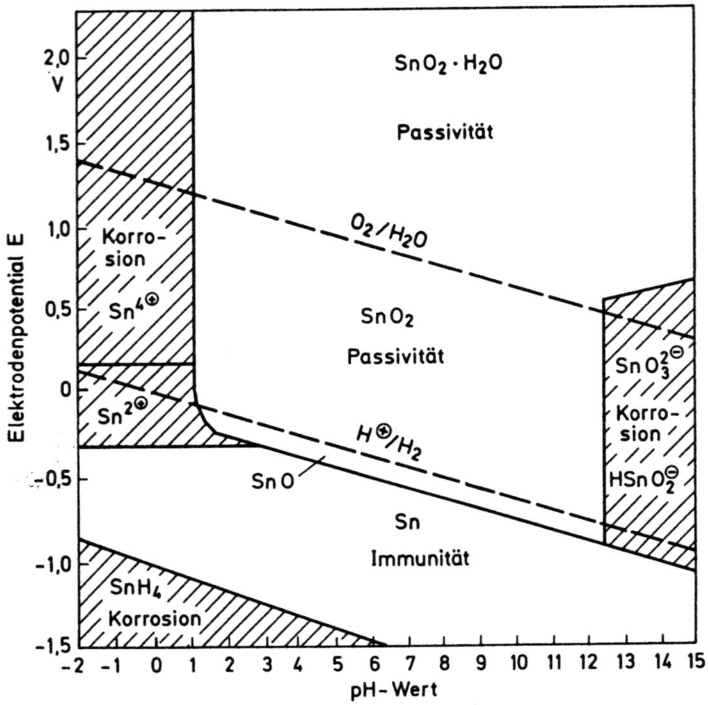

Bild 17.11. Potential-pH-Diagramm für Zinn.

17.1.11 Zinn

Korrosionsbeständigkeit von Zinn in verschiedenen Medien

Beständig in	Nicht beständig in
	Saure Lösungen
Verdünnte, entlüftete nicht-oxidierende anorganische Säuren	Oxidierende Säuren Belüftete mineralische und Komplexbildende organische Säuren
	Alkalische Lösungen
pH < 12 Höhere pH-Werte in Gegenwart von Silikaten, Phosphaten und Chromaten	pH > 12
	Salzlösungen
Phosphate, Chromate, Borate	Chloride, Sulfate, Nitrate Salze von Metallen, die edler als Zinn sind
	Gase
F_2 < 100 °C	Cl_2, Br_2, J_2 bei RT F_2 > 100 °C O_2 > 100 °C H_2S > 100 °C

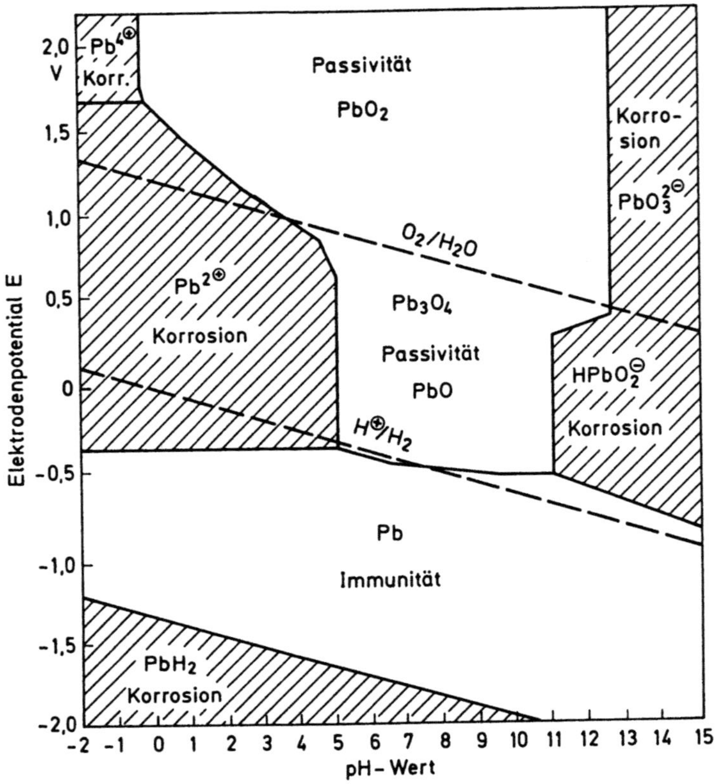

Bild 17.12. Potential-pH-Diagramm für Blei.

17.1.12 Blei

Korrosionsbeständigkeit von Blei in verschiedenen Medien

Beständig in	Nicht beständig in
Saure Lösungen	
H_2SO_4 < 96 %, RT	H_2SO_4 > 96 %, RT
H_2SO_4 < 80 %, 100 °C	H_2SO_4 > 70 %, siedend
Handelsübliche H_3PO_4 (H_2SO_4-haltig)	Reine H_3PO_4
H_2CrO_4	HNO_3 < 80 %
HF < 60 %, RT	HCl
H_2SO_3	organische Säuren
Alkalische Lösungen	
pH < 11	LiOH, NaOH, KOH, pH > 12
NH_4OH < 1 %	NH_4OH > 1 %
Na_2CO_3	
Beton	
Salzlösungen	
Sulfate, Carbonate, Bicarbonate	$FeCl_3$
Reine $NaClO_4$	$NaClO_4$ mit NaCl
	Nitrate, Azetate
Gase	
Cl_2, feucht oder trocken, < 100 °C	Cl_2 > 100 °C
Br_2, trocken, RT	Br_2, feucht oder hohe Temp.
SO_2, SO_3, H_2S	HF

17.2 Umrechnung einiger englisch-amerikanischer Einheiten in SI-Einheiten

Längen:

1 inch = 1000 mils = 0,0254 m = 25,4 mm

1 foot = 12 inches = 0,3048 m

1 yard = 3 feet = 0,9144 m

1 mile = 1760 yards = 1609,3 m

1 Ångström = 10^{-10} m = 0,1 nm

Flächen:

1 sq. inch = 6,4516 cm^2

1 sq. foot = 0,09290 m^2 = 929,0 cm^2

1 sq. yard = 0,8361 m^2

Volumen:

1 cubic inch = 16,387 cm^3

1 cubic foot = 0,02832 m^3 = 28,32 dm^3

1 cubic yard = 0,7646 m^3

1 gallon (liquid) = 4 quarts = 8 pints = 3,7854 dm^3

Massen:

1 ounce (avdp) = 28,36 g

1 pound (avdp) = 16 ounces (avdp) = 0,4536 kg

1 ounce (troy) = 31,10 g

1 pound (troy) = 12 ounces (troy) = 0,3732 g

1 ton (metric) = 1000 kg

1 ton (long) = 1016 kg

Konzentrationen:

1 ounce (avdp)/gallon = 7,492 g/l = 749,2 mg/l = 749,2 ppm

1 pound (avdp)/gallon = 119,8 g/l

Drücke:

1 pound (avdp)/sq. inch (psi) = 6,895 kPa

Spannungen:

1 pound (avdp)/sq. inch (psi) = 6,895 kPa

Energien:

1 kilowatthour (kWh) = 3,60 MJ

1 calorie (cal) = 4,184 J

1 kilocalorie (kcal) = 4,184 kJ

1 J (joule) = 1 W · s = 1 N · m

Temperaturen:

1 °F (Fahrenheit) = 1,80 °C + 32

1 °C = $\frac{5}{9}$ (°F - 32)

Stromdichten:

1 A/sq. inch = 0,1550 A/cm^2

1 A/sq. foot = 10,76 A/m^2

Elektrische Leitfähigkeit:

1 mho = 1 ohm^{-1} = 1 Ω^{-1} = 1 S (Siemens)

Ergänzende Umrechnungen

1 kp = 9,807 kg m/s^2 = 9,807 N

1 kp/mm^2 = 9,807 N/mm^2 = 9,807 MPa

1 kp/cm^2 = 1 at = 9,807 N/cm^2 = 98,07 kPa

1 atm = 760 mm Hg (0 °C) = 101,3 kPa

1 torr = 1 mm Hg (0 °C) = 133,3 Pa

1 bar = 100 kPa

17.3 Literaturverzeichnis

Kapitelbezogene Literatur

Zu Kap. 1

[1.1] Hoar, T. P.: Report of the Committee on Corrosion and Protection. HMSO, London 1979.

[1.2] Economic Effects of Metallic Corrosion in the US. Nat. Bur. Stand. Spec. Publ. No. 511-1, Washington 1978.

Zu Kap. 2

[2.1] Pourbaix, M.: Atlas of Electrochemical Equilibria in Aqueous Solutions, 2nd ed. NACE, Houston 1974.

[2.2] Bockris, J. O'M.; Reddy, A. K. N.: Modern Electrochemistry. Plenum Press, New York 1970.

[2.3] Bockris, J. O'M.; Dražič: Electrochemical Science. Taylor & Francis, London 1972.

[2.4] Bard, A. J. (Hrsg.): Encyclopedia of Electrochemistry of the Elements, Vol. 1-10 (Inorganic Series). Dekker, New York ab 1973.

[2.5] Lange's Handbook of Chemistry, 12th ed., Sect. 9. Sandusky, Ohio 1979.

Zu Kap. 3

[3.1] Hornbogen, E.: Werkstoffe, 3. Aufl. Springer, Berlin 1983.

[3.2] Guy, A. G.: Metallkunde für Ingenieure. Akad. Verlagsges., Wiesbaden 1976.

[3.3] Ilschner, B.: Werkstoffwissenschaften. Springer, Berlin 1982.

[3.4] Schatt, W.: Einführung in die Werkstoffwissenschaft. Dt.-Verlag für Grundstoffind. Leipzig 1972.

[3.5] Metals Handbook: American Society for Metals, 8th ed., Vol. 1. Metals Park, Ohio 1968.

Zu Kap. 5

[5.1] Kaesche, H.: Die Korrosion der Metalle, 2. Aufl. Springer, Berlin 1979.

[5.2] Jost, W.; Troe, J.: Kurzes Lehrbuch der physikalischen Chemie, 18. Aufl. Steinkopf, Darmstadt 1973.

[5.3] Kortüm, G.: Lehrbuch der Elektrochemie, 5. Aufl. Verlag Chemie, Weinheim 1972.

[5.4] Pourbaix, M.: Atlas of Electrochemical Equilibria in Aqueous Solutions, 2nd ed. NACE, Houston 1974.

[5.5] Pourbaix, M.: Lectures on Electrochemical Corrosion. Plenum Press, New York 1976.

Zu Kap. 6

[6.1] Blaha, F.: Nature (London) 166 (1950) 607.

[6.2] Tomashov, N. D.; Chernova, G. P.: Passivity and Protection of Metals Against Corrosion. Plenum Press, New York 1967.

[6.3] Staehle, R. W.; Okada, H. (Hrsg.): Passivity and its Breakdown on Iron Base Alloys. NACE, Houston 1976.

[6.4] Frankenthal, R. P.; Kruger, J. (Hrsg.): Passivity of Metals. Electrochem. Soc. Princeton 1978.

Zu Kap. 7

[7.1] Stern, M.: J. Electrochem. Soc. 102 (1955) 663.

Zu Kap. 8

[8.1] Staehle, R. W. (Hrsg.): Localized Corrosion. Proc. of Conf., Williamsburg 1971. NACE, Houston 1974

[8.2] EUROCOR' 77, The 6th European Congress on Metallic Corrosion 1977. Soc. Chem. Ind., London 1977.

Zu Kap. 9

[9.1] Staehle, R. W.; Forty, A. J.; van Rooyen, D. (Hrsg.): Fundamental Aspects of Stress Corrosion Cracking. Proc. of Conf. Ohio State Univ. 1967. NACE, Houston 1969.

[9.2] Scully, J. C. (Hrsg.): The Theory of Stress Corrosion Cracking in Alloys. Res. Eval. Conf. NATO Brüssel 1971.

[9.3] Hochmann, J.; Slater, J.; Staehle, R. W. (Hrsg.): Stress Corrosion Cracking and Hydrogen Embrittlement of Iron Base Alloys. Proc. of Conf. Unieux-Firminy, France 1973. NACE, Houston 1977.

[9.4] Foroulis, Z. A.: Environment - Sensitive Fracture of Engineering Materials. Proc. of Symp. Chicago 1977. Metall. Soc. of AIME 1979.

[9.5] Waterhouse, R. B.: Fretting Corrosion. Pergamon Press, Oxford 1972.

[9.6] Waterhouse, R. B.: Fretting Fatigue. Applied Science, London 1981.

Zu Kap. 10

[10.1] Barton, K.: Protection Against Atmospheric Corrosion, Wiley, London 1976.

Zu Kap. 11

[11.1] Romanoff, M.: Underground Corrosion of Steel. NBS Circular 579. Washington 1957.

[11.2] Romanoff, M.: Corrosion of Steel Pilings in Soils. J. Res. Nat. Bur. Stand., 66 C (1962) 223.

[11.3] Booth, G. L.: Microbiological Corrosion. Mills & Boon, London 1971.

[11.4] Arrhenius, O.: The Corrosion of Steel in Soil. Tekniska Skrifter, No. 159. Stockholm 1956.

[11.5] Markovič, T.: Bodenkorrosion und ihre Verhütung. Tuzla, Belgrad 1963.

[11.6] Rosenqvist, I. Th.: Subsoil Corrosion of Steel. Norw. Geo-Techn. Inst. Oslo 1961.

Zu Kap. 12

[12.1] Pludek, V. R.: Design and Corrosion Control. MacMillan, London 1977.

Zu Kap. 13

[13.1] Nathan, C. C. (Hrsg.): Corrosion Inhibitors. NACE, Houston, 1973.

[13.2] The Third European Symposium on Corrosion Inhibitors. Proc., Ferrara 1970 (Publ. 1971).

[13.3] The Fourth European Symposium on Corrosion Inhibitors. Proc., Ferrara 1975.

[13.4] The Fifth European Symposium on Corrosion Inhibitors. Proc., Ferrara 1980.

Zu Kap. 14

[14.1] v. Baeckmann, W.; Schwenk, W.: Handbook of Cathodic Protection. Portcullis Press, Redhill 1975.

[14.2] Riggs, O. L.; Locke, C. E.: Anodic Protection. Plenum Press, New York 1981.

Zu Kap. 15

[15.1] Burns, R. M.; Bradley, W. W.: Protective Coatings for Metals. Reinhold, New York 1967.

[15.2] Lowenheim, F.: Modern Electroplating, 3rd ed. Wiley, New York 1974.

Zu Kap. 16

[16.1] Ailor, W. H. (Hrsg.): Handbook on Corrosion Testing and Evaluation. Wiley-Interscience, New York 1971.

Zusammenfassende Literatur

Atkinson, J. T. N.; Van Droffelaar: Corrosion and its Control. NACE, Houston 1982.

Brubaker, R.; Phipps, P. B. P. (Hrsg.): Symposium on Corrosion Chemistry. Am. Chem. Soc. Symp. Ser. No. 89, 1979.

Butler, G.; Ison, H. C. K.: Corrosion and its Prevention in Waters. Hill. London 1966.

Evans, U. R.: The Corrosion and Oxidation of Metals. Arnold, London 1960.

Evans, U. R.: The Corrosion and Oxidation of Metals, 1st Suppl. Vol. Arnold, London 1968.

Evans, U. R.: The Corrosion and Oxidation of Metals, 2nd Suppl. Vol. Arnold, London 1976.

Fontana, M. G.; Greene, N. D.: Corrosion Engineering, 2nd ed., McGraw-Hill, New York 1978.

Gellings, P. J.: Introduction to Corrosion Prevention and Control for Engineers. Delft Univ. Press, Rotterdam 1976.

Godard, H. P. u.a. (Hrsg.): The Corrosion of Light Metals. Wiley, New York 1967.

Hamner, N. E.: NACE Corrosion Data Survey. NACE, Houston 1974.

Kaesche, H.: Die Korrosion der Metalle, Physikalisch-chemische Prinzipien und aktuelle Probleme, 2. Aufl. Springer Berlin 1979.

La Que, F. L.; Copson, H. R. (Hrsg.): Corrosion Resistance of Metals and Alloys. Reinhold, New York 1963.

NACE, Proceedings of International Corrosion Congresses:
- 1st London 1961,
- 2nd New York 1963,
- 3rd Moscow 1966,
- 4th Amsterdam 1969,
- 5th Tokyo 1972
- 6th Sydney 1975
- 7th Rio de Janeiro 1978
- 8th Mainz 1981.

Rabald, E.: Corrosion Guide. Elsevier, New York 1968.

Scully, J. C.: The Principles of Corrosion, 2nd. ed. Pergamon, New York 1975.

Shreir, L. L. (Hrsg.): Corrosion, Vol. 1-2, 2nd ed. Butterworths, London 1976.

Tomashov, N. D.: Theory of Corrosion and Protection of Metals. MacMillan, New York 1966.

Treseder, R. S.: NACE Corrosion Engineer's Reference Book. NACE, Houston 1980.

Tödt, F.: Korrosion und Korrosionsschutz, 2. Aufl. de Gruyter, Berlin 1961.

Uhlig, H. H. Corrosion and Corrosion Control, 2nd ed. Wiley, New York 1971.

West, J. N.: Basic Corrosion and Oxidation. Wiley, New York 1980.

Zeitschriften

British Corrosion Journal. Metals Soc., London.

Corrosion. NACE, Houston.

Corrosion Science. Pergamon Press, Oxford.

Materials Performance, NACE, Houston.

Protection of Metals (englische Übersetzung der russischen Zeitschrift: Zashita Metallov, Moscow).

Werkstoffe und Korrosion. Verlag Chemie, Weinheim.

NACE Corrosion Abstracts, Houston.

Bildnachweis

Bilder 8.1, 8.10, 8.12: Sandvik Steel Research.

Bilder 8.2, 8.3, 9.10: S. Bartha.

Bilder 8.4, 8.14, 9,2, 9.8, 9.9, 9.11: E. Mattson, Gränges Essem AB.

Bilder 8.5, 12.23, 14.7, 14.8, 16.2: O. Nygren, Swedish Corrosion Institute.

Bilder 8.7, 11.3: Mrs. V. Victor, Swedish Power Administration.

Bilder 8.8, 8.18, 9.3, 9.4, 12.15: S. Henriksson, Avesta Jernverks AB.

Bild 8.15: Å. Bresle, Lubrizol Scandinavia AB.

Bild 10.1: I. Sven-Nilsson, Swedish Corrosion Institute.

Bild 10.2: A. Sandin, AB Elektrokoppar.

Bilder 12.8, 12.11, 12.22: K. Fr. Trägår, Swedish Power Administration.

Bilder 13.1, 13.2: Munters' Torkar AB, Sweden.

Bild 13.3: L. Lund, Norsk Sivilforsvar, Norway.

Bild 14.6: F. Klingenberg, Skarpenord AIS, Oslo.

Bild 15.1: KIAB Apparater AB, Karlstad.

Bild 15.2: AGA AB, Sweden.

Bild 15.5: S. Berg, AB Alfort & Cronholm.

Bilder 15.6, 15.7: AB Brdr. Michaelsen, Malmö.

Bild 15.9: Universal Electronics AB, Sweden.

Bild 15.10: L. Wallin, Swedish Institute of Steel Construction.

Sachverzeichnis

Materials Research and Engineering

Editor: **B. Ilschner**

Volume 1

D. G. Altenpohl

Materials in World Perspective

Assessment of Resources, Technologies and Trends for Key Materials Industries

In collaboration with T. S. Daugherty
With contributions by numerous experts

1980. 33 figures, 40 tables. XV, 220 pages
Cloth DM 72,–
ISBN 3-540-10037-7

From the contents:
Role of Materials in the World Economy. – Present Structure and Future Trends in Key Materials Industries (Introduction, Iron and Steel, Aluminium, Copper, Cement and Concrete, Plastics, Wood and Wood Products, Advanced Materials). – Technology Planning as Part of Industry's Planning Process. – Key Issues for Technology Planning and Assessment. – Research and Development Opportunities. – Outlook. – Index.

This book deals with the entire materials cycle – from extraction or harvesting to processing, manufacture, use, and reuse or disposal. It covers the present status and ongoing developments in six key materials industries in both industrialized and developing countries. Techno-economic trends, which are recognizable today, as well as important changes taking place from the mine through the refining stage on to finished products are outlined. The "problem triangle" of the materials industry – basic or raw materials, ecology, and energy – is discussed. Of specific importance are the impacts which a given material or technology can have on the environment. Methods of assessing these impacts, which should be integrated into overall technology planning by the materials industry, are described. This book discusses resources, industry's social responsibilities and limits-to-growth. An explanation is given for opposing views on contraints and growth, not only for the materials industry, but also for the automotive and packaging industries.
Thus, this book spotlights the interactions between different fields of technology and their interrelationship with different regions on earth.

Volume 2

K. A. Padmanabhan, G. J. Davies

Superplasticity

Mechanical and Structural Aspects, Environmental Effects, Fundamentals and Applications

1980. 86 figures, 3 tables. XIV, 312 pages
Cloth DM 72,–
ISBN 3-540-10038-5

From the contents:
Historical Introduction. – The Mechanics of Superplastic Deformation and the Assessment of Superplastic Behaviour. – Structural Superplasticity – Experimental. – Structural Superplasticity – Theoretical. – Environmental Superplasticity. – Applications of Superplasticity. – References. – Subject Index.

Superplasticity in metallic materials has attracted the attention of scientists and technologists over a number of years. A great deal of work has been devoted to both the fundamental and the technological aspects of this phenomenon, resulting in alloys of considerable commercial interest as well as numerous practical forming operations involving the use of superplastic deformation.
The interest that superplasticity continues to attract has brought with the need for a comprehensive review of the field as a whole. In answer to this need, this monograph considers for the first time the full range of theoretical and experimental superplasticity, together with areas of actual and potential application. It emphasizes a multidisciplinary approach, especially since the deformation behavior of a class of metallic materials in the superplastic state is similar to that of viscous pitch and hot glass. The book is intended for materials scientists, metallurgists, physicists, and engineers in industry and academic institutions, with the aim of promoting research in and an understanding of this unique phenomenon.

Springer-Verlag Berlin Heidelberg New York Tokyo

GPSR Compliance

The European Union's (EU) General Product Safety Regulation (GPSR) is a set of rules that requires consumer products to be safe and our obligations to ensure this.

If you have any concerns about our products, you can contact us on ProductSafety@springernature.com

In case Publisher is established outside the EU, the EU authorized representative is:

Springer Nature Customer Service Center GmbH
Europaplatz 3
69115 Heidelberg, Germany

Batch number: 10621591

Printed by Printforce, the Netherlands